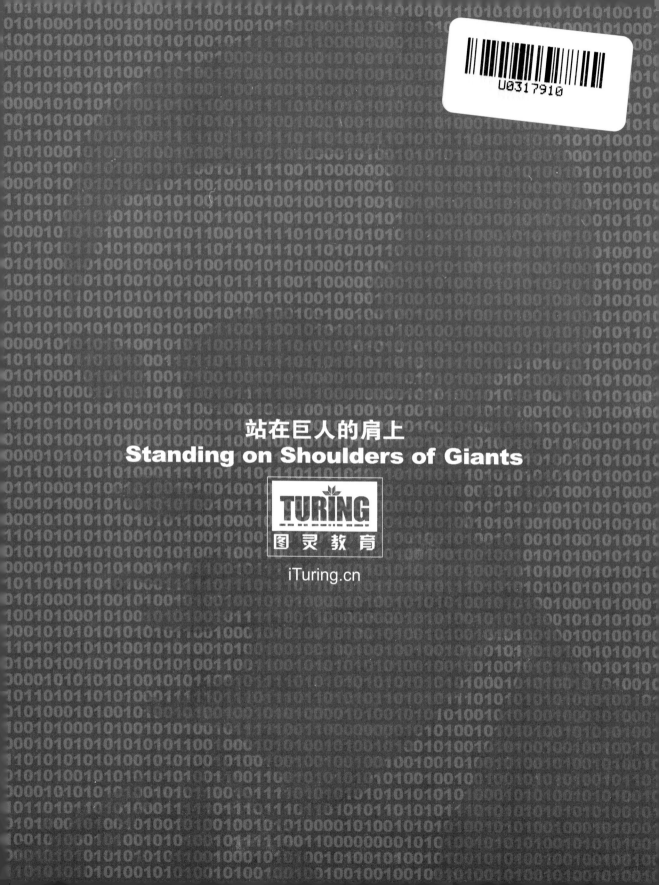

站在巨人的肩上
Standing on Shoulders of Giants

TURING
图灵教育

iTuring.cn

U0317910

站在巨人的肩上
Standing on Shoulders of Giants

iTuring.cn

图灵程序设计丛书

[印] Sandeep Karanth 著　刘淼 唐觊隽 陈智威 译

精通Hadoop

Mastering Hadoop

人民邮电出版社

北　京

图书在版编目（CIP）数据

精通Hadoop / （印）卡伦斯（Karanth, S.）著；刘
淼，唐觊隽，陈智威译. -- 北京：人民邮电出版社，
2016.1
（图灵程序设计丛书）
ISBN 978-7-115-41105-1

Ⅰ．①精… Ⅱ．①卡… ②刘… ③唐… ④陈… Ⅲ.
①数据处理软件 Ⅳ．①TP274

中国版本图书馆CIP数据核字(2015)第284747号

内 容 提 要

    这本高阶教程将通过大量示例帮助你精通 Hadoop，掌握 Hadoop 最佳实践和技巧。主要内容包括：
Hadoop MapReduce、Pig 和 Hive 优化策略，YARN 审读剖析，如何利用 Storm，等等。如果你熟悉 Hadoop，
并想将自己的技能再提高一个层次，本书是你的不二之选。

    本书适合数据处理相关工作的专业人士阅读。

◆ 著   [印] Sandeep Karanth
   译   刘 淼 唐觊隽 陈智威
   责任编辑 岳新欣
   执行编辑 李莉萍
   责任印制 杨林杰

◆ 人民邮电出版社出版发行   北京市丰台区成寿寺路11号
   邮编 100164 电子邮件 315@ptpress.com.cn
   网址 http://www.ptpress.com.cn
   北京鑫正大印刷有限公司印刷

◆ 开本：800×1000 1/16
   印张：16.75
   字数：408千字   2016年1月第1版
   印数：1 – 4 000册   2016年1月北京第1次印刷
      著作权合同登记号 图字：01-2015-6628号

定价：49.00元
读者服务热线：(010)51095186转600 印装质量热线：(010)81055316
反盗版热线：(010)81055315
广告经营许可证：京崇工商广字第 0021 号

推荐序一

Hadoop作为MapReduce的一个具体实现，已经引起了广泛关注。

今天在商业、科研等方面海量数据处理的需求已经越发普遍，开源的Hadoop成为自然而又合理的选择。

"给我一个参数，我能让大象的尾巴转起来。"Hadoop可以帮助我们应对海量数据存储与分析所带来的挑战。Hadoop具有很好的可扩展性、可靠性，且易于理解和使用。本书作者是一位从事数据工作多年的架构师，在大数据的架构及应用上具有非常丰富的经验，并且发表了不少相关的主题演讲。本书从Hadoop的发展历程开始，介绍了Hadoop 2.0版本带给大家的惊喜。其中不仅包括了Yarn、Pig、Hive等各个组件的高阶应用，而且还对如何在Yarn上引入其他计算框架（如Storm）进行了描述，这也为读者今后在实践中自行引入Tez、Spark等现在流行的计算框架打下了基础。除此以外，本书还包含了很多企业级应用中不可缺少的功能，如云、联合、安全等。而对于上述这些内容，书中既有准确的说明，又有翔实的示例。更为宝贵的是，作者将自己在10多年的项目中所积累的经验归纳总结并书写下来，对于广大读者来说，这是十分珍贵的财富。

本书原著是用英文写作的，它的内容组织得当，思路清晰，紧密结合实际。但是要把它翻译成中文介绍给中国的读者，并非易事。它不单单要求译者能够熟练地掌握英文，还要求他对书中的技术性内容有深入、准确的了解和掌握。本书的三位译者，在知名的互联网公司中从事着大数据架构师的工作，负责数百台规模的Hadoop集群的架构设计以及运营，对于Hadoop生态圈的各个组件有着非常丰富的实践经验，同时在开源社区中也很活跃。在他们的努力下，本书中文版终于要和中国的Hadoop开发者见面了。初学者可以通过阅读这本书入门，有一定经验的开发者、研究者也可以通过阅读这本书更上一层楼。希望大家可以通过阅读这本书获得收获。

春秋航空信息技术部副总经理　张振远

2015.9.8

推荐序二

近年来，随着"互联网+"行动计划的提出，互联网业态进一步繁荣，信息技术正以迅雷不及掩耳之势把信息转化为数据，但是人们如何利用好这些庞大的数据，挖掘其价值呢？古人云："工欲善其事，必先利其器。"Hadoop正是解决数据处理问题的一把利器。Hadoop发展至今已相当成熟，可以说用好Hadoop，就能在"互联网+"时代中立于不败之地。

但是要驾驭好Hadoop这头大象并非易事。虽然Hadoop有强大的社区作为依托，用户可以从社区获得一些帮助，但是缺少文档描述，信息零碎，各种最佳实践散落在互联网的各个角落。而本书可以作为Hadoop的权威资料，其内容详实，涵盖了Hadoop生态圈的各个重要组件，如Hive、Pig、Storm，对于这些组件的介绍由浅入深，如Hive方面不但介绍了如何使用，还讲解了SQL优化器等内容。本书作者还紧跟技术发展潮流，对Hadoop 2的一些新特性也有深入讲解，如YARN、HDFS块放置策略等，读者可通过这些内容迅速掌握新特性，有助于在今后的工作中更好地使用Tez、Spark等新型计算引擎。此外，本书还详细介绍了一些企业级特性，比如Hadoop Security，这些内容对于安全地保护企业数据资产很有帮助。本书最后还介绍了亚马逊AWS和微软Azure提供的Hadoop云服务，读者可以学到如何在云服务上迅速搭建Hadoop集群。除以上内容之外，作者还在书中融入其多年的工作经验，这些经验可以说是无价之宝，如小文件问题的处理、任务的优化等，可以帮助Hadoop用户少走弯路，降低使用风险。总之，此书与众不同，在理论和应用之间找到了一个绝佳的平衡点。掌握Hadoop，有此书足矣。

另外，本书的译者，在他们的公司中运维着大型Hadoop集群，对于Hadoop、Hive、Tez、Spark等都有着丰富的应用经验，并且在Tez、Hive等开源社区中也很活跃。通过他们的翻译，可以说本书中文版的内容做到了信、达。我相信本书对于Hadoop使用者和开发者来说都是一份珍贵的资料。

Apache Tez PMC 章剑锋

2015.10.23

译者序

"数据爆炸的时代已经来临了吗？"毫无疑问，答案是肯定的。随着移动互联的普及，数据已经呈指数倍增长。但是，我们注意到此轮爆炸的数据大多来自社交及电商类。随着工业互联网的发展，越来越多的数据以及新鲜概念会出现在我们的生活中，并改变我们的生活。试想一下，如冰箱、空调、电视之类的家用电器触网以后，每时每刻向制造商或是内容提供商传输数据的场面；你所穿戴的鞋服，你所乘坐的交通工具，你所居住的智能楼宇，将来你周围的一切一切，包括衣食住行，每时每刻都会产生并传输着各种各样的数据。那时的数据规模将会是如何之庞大，不敢想象，而现在，爆炸才刚刚开始。

"你，做好准备了吗？"每当想到刚才所言的场面时，都会有点儿小怕，但更多的是激动和兴奋，因为我们身处这波浪潮之中。我们迎着风，踏着浪，朝着浪潮的巅峰前进。为此，我们必须有所准备，我们学习如何收集这些海量的数据，如何清洗、转换、分析它们，并最终形成有用的信息，希望能反馈给这个世界。古人云，工欲善其事，必先利其器。而我们的利器就是Hadoop。作为开源的分布式通用计算平台，该系统已被广泛采用。围绕着Hadoop的生态圈，我们可以轻松地完成之前所说的各种工作，并愿意将它推荐给更多的人来使用。

年中，当我们接触到*Mastering Hadoop*一书时，就决定要将它尽快翻译成中文并出版。因为这本书中不仅包含了很多Hadoop重要组件的最新特性，更关键的是它还包含了很多作者在职业生涯中通过各种项目所积累的最佳实践和建议。这些最佳实践和建议，即使是我们这些长期与Hadoop打交道的人也觉得获益匪浅。所以我们也希望这本书能为广大的Hadoop使用者和对大数据感兴趣的人提供帮助。

本书主要分为12章和1个附录。参加本书翻译工作的还有唐觊隽和陈智威两位同事，其中第1、2、6、12章由陈智威翻译，第4、5、8、9、10章以及附录由唐觊隽翻译。他们以自己的专长和领域知识，为本书提供了相应章节的内容翻译。

最后要感谢我们的家人、同事给予的支持，使得我们能够按时完成翻译。感谢图灵公司对我们的信任，将本书的翻译工作交付给我们。感谢所有参与本书编辑、审校和出版的每个人。

刘淼@1号店
2015年10月 于上海浦东

前　言

我们处在一个由数据主导决策的时代。存储成本在降低，网络速度在提升，周围的一切都在变得可以数字化，因此我们会毫不犹疑地下载、存储或与周围的其他人分享各类数据。大约20年前，相机还是一个使用胶片来捕捉图片的设备，每张照片所捕捉的都要是一个近乎完美的镜头，且底片的存储也要小心翼翼，以防损坏。要冲洗这些照片则需要更高的成本。从你按动快门到看到拍摄的图片几乎需要一天的时间。这意味着捕捉下来的信息要少得多，因为上述因素阻碍了人们记录生活的各个瞬间，只有那些被认为重要的时刻才被记录下来。

然而，随着相机的数字化，这种情况得到了改变。我们几乎随时随地都会毫不犹疑地拍照；我们从来不担心存储的问题，因为TB级别（2^{40}）的外部磁盘可以提供可靠的备份；我们也很少到哪儿都带着相机，因为可以使用移动设备拍摄照片；我们还有如Instagram这样的应用给照片添加特效并分享这些美图；我们收集关于图片的意见和信息，还会基于这些内容做出决策；我们几乎不放过任何时刻，无论它们重要与否，都会将其存入纪念册中。大数据的时代来临啦！

在商业上，大数据时代也带来了类似的变化。每项商业活动的方方面面都被记录了下来：为提高服务质量，记录下用户在电子商务页面上的所有操作；为进行交叉销售或追加销售，记录下用户买下的所有商品。商家连客户的DNA恨不得都想掌握，因此只要是能得到的客户数据，他们都会想办法得到，并一个一个掐指研究。商家也不会受到数据格式的困扰，无论是语音、图像、自然语言文本，还是结构化数据，他们都会欣然接受。利用这些数据点，他们可以驱使用户做出购买决定，并且为用户提供个性化的体验。数据越多，越能为用户提供更好、更深入的个性化体验。

从某些方面来讲，我们已经准备好接受大数据的挑战了。然而，分析这些数据的工具呢？它们能处理如此庞大、快速、多样化的新数据吗？理论上说，所有数据都可以放到一台机器上，但这样一台机器的成本要多少？它能满足不断变化的负载需求吗？我们知道超级计算机可以做到这一点，但是全世界的超级计算机也就那么几台，而且都不具有伸缩性。替代方案就是构建一组机器、一个集群或者串联的计算单元来完成一项任务。一组使用高速网络互相连接的机器可以提供更好的伸缩性和灵活性，但那还不够。这些集群还要可编程。大量的机器，就像一群人，需要更多的协调和同步。机器的数量越多，集群中出现故障的可能性就越大。如何使用一种简单的方法处理同步和容错，从而减轻程序员的负担呢？答案是使用类似于Hadoop的系统。

Hadoop可以认为是大数据处理的同义词。简单的编程模型，"一次编码，任意部署"，和日益增长的生态圈，使得Hadoop成为一个可供不同技能水平的程序员共同使用的平台。今天，它是数据科学领域首屈一指的求职技能。要去处理和分析大数据，Hadoop成为了理所当然的工具。Hadoop 2.0扩张了它的羽翼，使其能覆盖各种类型的应用模式，并解决更大范围的问题。它很快成为所有数据处理需求的一个通用平台，并将在不久的将来成为各个领域中每个工程师的必备技能。

本书涵盖了对MapReduce、Pig和Hive的优化及其高级特性，同时也展示了如何使用Hadoop 2.0版本扩展Hadoop的能力。

Hadoop 2.0版本的发布使其成为一个通用群机计算平台。本书阐明了为实现这一点而在平台层面所做出的改变，也介绍了对MapReduce作业以及像Pig、Hive这种高级抽象功能进行优化的行业准则，并对一些高级作业模式以及它们的应用进行了讨论。这些论述将帮助Hadoop用户优化已有的应用作业，并将它们迁移到Hadoop 2.0版本。随后，本书深入探讨了Hadoop 2.0的专属特性，如**YARN**（Yet Another Resource Negotiator）、HDFS联合，并辅以实例。本书后半部分还探讨了使用其他文件系统替换HDFS的问题。只要理解了上述这些问题，Hadoop用户就可以将Hadoop应用扩展到其他的应用模式和存储格式，使集群的资源得到更高效的利用。

这是一本聚焦于Hadoop高级概念和特性的参考书，每一个基本概念都使用代码段或者示意图来解释，而这些概念在章节中出现的顺序则是由数据处理流程的先后决定的。

本书内容

❑ 第1章，Hadoop 2.X，讨论Hadoop 2.X版本相比先前的版本做了哪些改进。

❑ 第2章，MapReduce进阶，通过举例帮助你理解Hadoop MapReduce的最佳实践和最佳模式。

❑ 第3章，Pig进阶，讨论Pig的高级特性，它是一种在Hadoop中编写MapReduce作业的框架。

❑ 第4章，Hive进阶，讨论Hadoop MapReduce中一种更高层面的SQL抽象（即Hive）的高级特性。

❑ 第5章，序列化和Hadoop I/O，讨论Hadoop的IO能力。这一章着重讨论了Hadoop中序列化和反序列化支持的概念，以及它们存在的必要性；Avro，一种第三方序列化框架；Hadoop中可用的数据压缩编码器；上述组件间的权衡；最后，介绍了Hadoop中的文件格式。

❑ 第6章，YARN——其他应用模式进入Hadoop的引路人。讨论Hadoop 2.X中一种新的资源管理器——YARN（另一种资源协调者），以及它如何将其他计算模式引入到Hadoop平台中。

❑ 第7章，基于YARN的Storm——Hadoop中的低延时处理，讨论的是一种与MapReduce这样的批量处理系统恰恰相反的计算模型，即让数据流向计算，并对两种不同的模式进行了对比。本章也讨论了Apache Storm的架构以及如何在Storm中开发应用。最后，你将学习如何在Hadoop 2.X中使用YARN来配置Storm。

- 第8章，云上的Hadoop，讨论云计算的特点，以及云计算服务供应商如何使用Hadoop平台提供服务。此外，还深入探讨了亚马逊的Hadoop服务管理，也就是所谓的Elastic MapReduce（EMR），并研究如何在Hadoop EMR集群中准备并执行作业。
- 第9章，HDFS替代品，讨论HDFS相对于其他文件系统的优点和缺点。本章还特别关注Hadoop对亚马逊的S3云存储服务的支持。最后，通过实现Hadoop对S3原生文件系统的支持来扩展Hadoop，从而证明Hadoop HDFS的可扩展性。
- 第10章，HDFS联合，讨论HDFS联合的优点及其架构。同时还讨论在MapReduce环境中HDFS获得成功的核心因素：块布局策略。
- 第11章，Hadoop安全，聚焦于Hadoop集群的安全方面。安全的主要保障是认证、授权、审计和数据保护。我们会在这些方面一一阐述Hadoop的特点。
- 第12章，使用Hadoop进行数据分析，讨论更高级的分析流程、机器学习等相关技术，以及它们对Hadoop的支持。本章列举了一个在Hadoop中使用Pig分析文档的例子，以演示数据分析功能。
- 附录，微软Windows中的Hadoop，探索在Hadoop 2.0版本中微软Windows操作系统对Hadoop的原生支持。本章中，我们将了解Windows是如何原生支持Hadoop的构建和部署的。

阅读准备

在尝试本书中的例子之前，你需要准备以下软件。

- Java开发工具包（JDK 1.7及以上版本）：这是Oracle公司的一个免费软件，它为开发者提供了JRE（Java Runtime Environment）和其他工具。下载地址：http://www.oracle.com/technetwork/java/javase/downloads/index.html。
- 编写Java代码用的集成开发环境：这里使用IntelliJ IDEA来开发例子，但其他的集成开发环境也是可以使用的。IntelliJ IDEA的社区版本可以从这里下载：https://www.jetbrains.com/idea/download/。
- Maven：本书中使用Maven构建例子。Maven可以自动解决依赖，并使用XML文件进行配置。各章中的示例代码可以使用两个简单的Maven命令来构建成一个JAR文件：

```
mvn compile
mvn assembly:single
```

这些命令将代码编译成一个JAR文件，并与依赖的文件一起生成一个联合JAR文件。在构建联合JAR文件时，很关键的一点是要修改pom.xml文件中引用的mainClass为需要执行的类名。

Hadoop相关的JAR文件可以使用如下命令执行：

```
hadoop jar <jar file> args
```

　　这个命令直接从pom.xml文件中指定的`mainClass`获取驱动程序。你可以从http://maven.apache.org/download.cgi下载得到Maven。用于构建本书例子的Maven的XML文件模板如下所示：

```xml
<?xml version="1.0" encoding="UTF-8"?>
<project xmlns="http://maven.apache.org/POM/4.0.0"
xmlns:xsi="http://www.w3.org/2001/XMLSchema-instance"
xsi:schemaLocation="http://maven.apache.org/POM/4.0.0 http://
maven.apache.org/xsd/maven-4.0.0.xsd">
  <modelVersion>4.0.0</modelVersion>
  <groupId>MasteringHadoop</groupId>
  <artifactId>MasteringHadoop</artifactId>
  <version>1.0-SNAPSHOT</version>
  <build>
    <plugins>
      <plugin>
        <groupId>org.apache.maven.plugins</groupId>
        <artifactId>maven-compiler-plugin</artifactId>
        <version>3.0</version>
        <configuration>
          <source>1.7</source>
          <target>1.7</target>
        </configuration>
      </plugin>
      <plugin>
        <version>3.1</version>
        <groupId>org.apache.maven.plugins</groupId>
        <artifactId>maven-jar-plugin</artifactId>
        <configuration>
          <archive>
            <manifest>
              <mainClass>MasteringHadoop.MasteringHadoopTest</mainClass>
            </manifest>
          </archive>
        </configuration>
      </plugin>
      <plugin>
        <artifactId>maven-assembly-plugin</artifactId>
        <configuration>
          <archive>
            <manifest>
              <mainClass>MasteringHadoop.MasteringHadoopTest</mainClass>
            </manifest>
          </archive>
          <descriptorRefs>
            <descriptorRef>jar-with-dependencies</descriptorRef>
          </descriptorRefs>
        </configuration>
```

```
        </plugin>
      </plugins>
      <pluginManagement>
        <plugins>
          <!--这个插件的配置只用于保存Eclipse m2e的设置。
              它对Maven构建没有影响。 -->
          <plugin>
            <groupId>org.eclipse.m2e</groupId>
            <artifactId>lifecycle-mapping</artifactId>
            <version>1.0.0</version>
            <configuration>
              <lifecycleMappingMetadata>
                <pluginExecutions>
                  <pluginExecution>
                    <pluginExecutionFilter>
                      <groupId>org.apache.maven.plugins</groupId>
                      <artifactId>maven-dependency-plugin</artifactId>
                      <versionRange>[2.1,)</versionRange>
                      <goals>
                        <goal>copy-dependencies</goal>
                      </goals>
                    </pluginExecutionFilter>
                    <action>
                      <ignore />
                    </action>
                  </pluginExecution>
                </pluginExecutions>
              </lifecycleMappingMetadata>
            </configuration>
          </plugin>
        </plugins>
      </pluginManagement>
    </build>
  <dependencies>
    <!-- 依赖可以设置在这里 -->
  </dependencies>
</project>
```

❑ Hadoop 2.2.0：试验书中的例子一般需要使用Apache Hadoop。附录详细介绍了在Windows平台下安装单机版Hadoop的方式。对于其他的操作系统，如Linux或Mac，安装步骤也类似甚至更简单，它们可以在如下地址找到：http://hadoop.apache.org/docs/r2.2.0/hadoop-project-dist/hadoop-common/SingleNodeSetup.html。

本书读者

这是一本为处于各个阶段的读者所写的书。Hadoop的新手可以用它来升级自己在此技术领域的技能；有经验的人可以增强他们对Hadoop的了解，以解决工作中遇到的具有挑战性的数据处理难题；在工作中使用Hadoop、Pig或者Hive的人可以通过书中的建议提高他们作业运行的速度和效率；喜欢猎奇的大数据专业人士可以通过本书了解Hadoop的扩展领域，掌握它是如何通过融合其他应用模式来扩张自己的领地的，而不是仅限于MapReduce；最后，Hadoop 1.X的用户可以深入了解升级2.X后有哪些不同凡响之处。阅读本书之前，希望读者对Hadoop有一定的了解，但不需要你是这方面的专家。建议你在公司、云平台或者自己的台式机/笔记本上尝试安装Hadoop，以了解一些基本的概念。

排版约定

阅读本书时你会发现不同类别的信息使用了不同的文本样式，下面举例说明其中一些样式，及其表示的含义。

文本中的代码是这样表示的：“`FileInputFormat`的子类与相关联的类一般作为Hadoop作业的输入。”

代码块的表示方法如下：

```
return new CombineFileRecordReader<LongWritable,
Text>((CombineFileSplit) inputSplit, taskAttemptContext,
MasteringHadoopCombineFileRecordReader.class);
}
```

命令行输入和输出的表示方法如下：

```
14/04/10 07:50:03 INFO input.FileInputFormat: Total input paths to process : 441
```

新术语和重要的关键字用楷体表示。

　　　　这个图标表示警告或需要特别注意的内容。

　　　　这个图标表示提示或者诀窍。

读者反馈

我们非常欢迎读者的反馈。告诉我们你觉得这本书怎么样，以及你喜欢哪部分或不喜欢哪部分。有了读者的反馈，我们才能继续写出真正能让大家充分受益的作品。

如果你想反馈信息，很简单，发送电子邮件至feedback@packtpub.com，并请在邮件的主题中注明书名。

如果你也是某个领域的专家，并且有兴趣编写或者合作出版一本书，请参见我们的作者指南：www.packtpub.com/authors。

客户支持

很高兴你能成为本书的读者，而我们也会提供很多东西让你倍感物有所值。

下载示例代码

凡是通过http://www.packtpub.com网站账户购买的Packt书籍，书中的示例代码都可以从网站上下载。如果你是从其他地方购买了本书，也可以访问http://www.packtpub.com/support并注册，我们会将示例代码通过邮件发送给你。

你也可以从我们的GitHub上获取到最新的示例代码：https://github.com/karanth/MasteringHadoop。

勘误表

虽然我们会全力确保书中内容的准确性，但错误仍在所难免。如果你在某本书中发现了错误（文字错误或代码错误），而且愿意向我们提交这些错误，我们感激不尽。这样不仅可以消除其他读者的疑虑，也有助于改进后续版本。若想提交你发现的错误，请访问http://www.packtpub.com/submit-errata，在"Errata Submission Form"（提交勘误表单）中选择相应图书，输入勘误详情。勘误通过验证之后将上传到Packt网站，或添加到现有的勘误列表中。若想查看某本书的现有勘误信息，请访问http://www.packtpub.com/support，选择相应的书名。

版权声明

对所有媒体来说，互联网盗版都是一个棘手的问题。Packt很重视版权保护。如果你在互联网上发现我们公司出版物的任何非法复制品，请及时告知我们网址或网站名称，以便我们采取补救措施。

如果发现可疑盗版材料，请通过copyright@packtpub.com联系我们。

你的举报可以帮助我们保护作者权益，也有利于我们不断出版高品质的图书。我们对你深表感激。

疑难解答

如果你对本书的任何内容存有疑问，请发送电子邮件到questions@packtpub.com，我们会尽力解决。

致　谢

　　我想把本书献给我至爱的女儿Avani，她令我在时间管理效率上一次次尝尽苦头。我要感谢我的妻子和父母给予我的不断支持，帮助我按时完成本书。Packt出版社极其热情地给予了我这个机会，因此我想感谢所有参与本书编辑、审校和出版的每个人。本书的许多内容源于我演讲中好奇听众的提问和反馈。书中探讨的一些小话题则源于我在职业生涯中各种各样的项目上所积累的丰富经验。因此，我要感谢我的听众和雇主，正是他们间接帮助我完成了本书。

目　　录

第 1 章

Hadoop 2.X

1

"没有什么是不能通过搜索引擎或互联网找到的。"

——埃里克·施密特，谷歌执行主席

在大规模、高并行和分布式计算处理这个行业中，Hadoop实际上是大家所使用的一种开源框架标准。它为并行和分布式处理提供了一个计算层，与这个计算层紧密联系的是一个高度容错的存储层——Hadoop分布式文件系统（Hadoop Distributed File System，HDFS），而且它们都运行在低价、常见和相互兼容的普通硬件上。

本章我们将回顾Hadoop的发展历程，并着重介绍其准企业级特性。经过6年的发展和部署，Hadoop已经从一个只支持MapReduce模式的框架转变成更通用的集群计算框架。本章主要涵盖如下内容：

❑ 概括Hadoop代码的演进过程，以及主要的里程碑
❑ 介绍Hadoop从1.X版本发展到2.X版本所经历的变化，以及其如何演进为一个通用集群计算框架
❑ 介绍企业级Hadoop的可选项及其评估参数
❑ 概述一些流行的准企业级Hadoop发行版本

1.1 Hadoop 的起源

互联网的诞生和发展孕育了万维网（WWW），它将大量使用标记语言（HTML）编写的文档用一个超链接连接在一起。它的客户端，也就是浏览器，成为了用户通往万维网的窗口。由于万维网上的文档易于创建、编辑和发布，于是海量的文档出现在了万维网中。

在20世纪90年代后半段，万维网中海量的数据导致了查找的问题。用户发现在有信息需求的时候，很难发现和定位正确的文档，于是众多互联网公司在万维网的搜索领域掀起了一股淘金浪潮，诸如Lycos、Altavista、Yahoo!和Ask Jeeves这样的搜索引擎或者目录服务变得司空见惯。

搜索引擎开始摄取和汇总网页信息，而遍历网络、摄取文档的程序则被称为爬虫。已经开发

出来的优秀爬虫可以快速下载文档，能避免链接成环路，并且可以检测文档的更新。

在本世纪初期，谷歌的出现引领了搜索技术的发展。它的成功不仅是因为引入了强健的、反垃圾邮件的技术，还得益于它简洁的方法和快速的数据处理。对于前者，它创造了像PageRank这样新颖的概念，而对于后者，则在大规模并行、分布式的数据分析中，独具匠心地结合和应用了已有的技术，如MapReduce。

PageRank是一个以谷歌创始人Larry Page的名字命名的算法，它是为用户的网页搜索结果排序的算法之一。搜索引擎使用关键字匹配网站，以此来判断它与搜索查询间的相关度。受此启发，垃圾虫们就会在网站上加入许多相关或不相关的关键词，从而欺骗搜索引擎使它们出现在几乎所有的查询结果中。例如，一个汽车销售商却包含了关于购物和电影的关键字，这样他所对应的搜索查询范围就更广了。而用户则饱受这些无用信息的困扰。

PageRank通过分析指向某一特定页面的链接的质量和数量，阻碍了这种欺骗行为，它的出发点是重要的页面会有更多的入站链接。

大约在2004年，谷歌向世人公开了它的MapReduce技术实现，这项技术引入了与MapReduce引擎配合使用的GFS（Google File System，谷歌文件系统）。从此，其他许多公司在并行和分布式处理大数据时，都最喜欢使用MapReduce模式。Hadoop是MapReduce框架的一个开源实现，Hadoop和相关的HDFS，分别是受到了谷歌的MapReduce和GFS启发。

自从诞生以来，Hadoop和其他基于MapReduce的系统在各个领域执行着各种不同负载的任务，而网页搜索是其中一项。举个例子，http://www.last.fm/广泛使用Hadoop来产生图表和跟踪利用率的统计数据；Hadoop也被云服务提供商Rackspace用来做日志处理；雅虎（Yahoo!）是Hadoop最大的支持者之一，它不仅使用Hadoop集群创建网页索引，而且还用其执行复杂的广告植入和内容优化算法。

1.2　Hadoop 的演进

大概在2003年，Doug Cutting和Mike Cafarella开始从事一个叫Nutch的项目，这是一个具有高可扩展性、特性丰富的开源爬虫和索引构建项目，目的是提供一个现成的爬虫框架去满足文档搜索的需求。Nutch能在多台机器组成的分布式集群上工作，并且遵守网页服务器上robots.txt文件中定义的协议。它之所以具有高扩展性是因为提供了一个插件框架，程序员能添加自定义的组件在上面运行，例如，一个可以从互联网读取不同类型媒体的第三方插件。

机器人排除标准（Robot Exclusion Standard），即robots.txt协议，是一个建议爬虫如何抓取网页的忠告性协议。它是一个放在网页服务器根目录下的文件，用来建议爬虫应该或者不应该抓取某个公共网页或者目录。作为一个有礼貌的爬虫，其中一个特征就是遵守放置在robots.txt文件内的建议。

Nutch搭配其他诸如Lucene和Solr这样的索引技术，为构建搜索引擎提供了必要的组件，但还不能满足互联网级别规模的需要。早期的Nutch曾演示过使用4台机器处理1亿个网页，不过调试和维护工作很繁琐。2004年，谷歌发布的颇具影响力的MapReduce和GFS概念解决了Nutch遇到的一些扩展性问题。Nutch的贡献者开始将分布式文件系统和MapReduce编程模型集成到这个项目中。到2006年，Nutch的扩展性虽然提升了，但是也没能达到互联网级别。它使用20台机器可以抓取和构建几亿的网页文档的索引。同时，编程、调试和维护搜索引擎的工作变得容易一些了。

2006年，雅虎将Doug Cutting招入麾下，Hadoop诞生了！Hadoop项目是受Apache软件基金会（Apache Software Foundation，ASF）支持的，不过它是从Nutch项目中分离出来的，并可以独立发展。2006到2008年间，Hadoop发行了大量的小版本，最终成长为一个稳定的、互联网级别的、基于MapReduce原理的数据处理框架。2008年，Hadoop在太字节（terabyte）级别数据的排序性能标杆竞赛中获胜，正式宣告它成为了一个基于MapReduce、适用于大规模的、可靠的集群计算框架。

Hadoop 家族

从2007年和2008年发布的早期版本算起，Hadoop项目的族谱可不短。由于它归属于Apache软件基金会，所以在本书中统称为Apache Hadoop。Apache Hadoop项目是后续发行的Hadoop版本的父项目，就像一条河流的分布一样，这个父项目相当于河流的干流，而它的分支或者说发布版本就像是支流。

参照Apache Hadoop的发展历程，下页图显示了Hadoop的血缘关系。在图中，黑色实线方框显示了Apache Hadoop的主发行版本，椭圆实线框则对应Hadoop的分支版本，而黑色虚线方框代表其他的Hadoop发行版本。

Apache Hadoop有三个关系非常密切的重要分支，它们是：

- 0.20.1分支
- 0.20.2分支
- 0.21分支

在0.20版本之前，Apache Hadoop一直是沿着一条主线发行版本的，并且每次总是一个单独的主版本，没有创建分支版本。在发行0.20版本的时候，这个项目分裂成了三个主要的分支，其

中0.20.2分支被称为MapReduce 1.0版本、MRv1或者简称为Hadoop 1.0.0；0.21分支被称为
MapReduce 2.0版本、MRv2或者简称为Hadoop 2.0；其他一些旧一点的发行版本派生于0.20.1版本。
2011年，各个不同分支发行的版本数量创下了最高纪录。

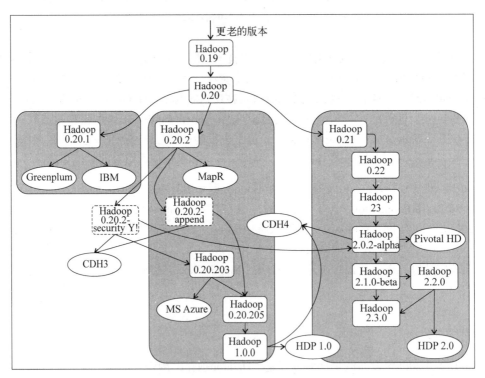

另外有两个发行版本虽然不属于主发行版本，但也非常重要，那就是：Hadoop-0.20-append
和Hadoop-0.20-security。这两个发行版本分别引入了HDFS文件追加和安全相关的特性。随着这
些增强特性的加入，Apache Hadoop渐渐被企业用户所接受。

1. Hadoop-0.20-append

文件追加（append）特性是Hadoop-0.20-append版本的主要特性，它让用户在执行HBase的时
候不再担心数据丢失的风险。在HDFS上运行的HBase是一种被广泛使用的列存储应用，可以在
面向批处理的Hadoop平台上提供在线存储功能。具体来说，文件追加特性使得HBase的日志能够
持久存储，确保了数据的安全。传统的HDFS为MapReduce批处理作业提供文件的写入和输出功
能。在完成这些作业时，一次只能打开一个文件，将很多数据写入其中，然后再关闭文件。被关
闭的文件可以被读取很多次，但是不能再被修改。语义上提供的是一种一次写入多次读取
（write-once-read-many-times）的模式，且当文件被写入时，没有人能读取文件的内容。

任何程序在写HDFS文件的过程中，当写操作失败或者程序崩溃时，都必须重写这个文件的
全部内容。在MapReduce中，用户总是重新执行任务来产生新的文件，但是在像HBase这样的在

线系统中却不是这样的。如果日志文件写失败，事务（transaction）操作就不能再被执行，从而导致数据的丢失。如果能够根据日志内容重新执行事务操作，那数据就不会丢失。文件追加功能使HBase和其他需要事务操作的应用能够在HDFS上执行，从而降低了这一风险。

2. Hadoop-0.20-security

雅虎的Hadoop团队在Hadoop-0.20-security版本中主动承担了添加安全特性的工作。企业内的团队各种各样，并且他们处理的数据类型也各不相同。为了遵守法规、保护客户隐私和保障数据安全，进行数据隔离、数据认证以及Hadoop作业和数据的授权是非常重要的。这个安全相关的版本的发布包含了丰富的特性以支持上述三方面的企业安全需求。

这个版本将Kerberos认证系统完整集成到Hadoop中。访问控制列表（Access Control Lists，ACL）的引入确保了作业的运行和数据的访问得到恰当的授权。认证与授权为系统中属于不同用户的作业和数据提供了必要的隔离性。

3. Hadoop年鉴

下图展示了Apache Hadoop的主要发行版本和里程碑。虽然该项目已经持续了8年，但是直到最后的4年，Hadoop才在大数据处理领域发挥了巨大影响力。2010年1月，谷歌获得了MapReduce技术的专利，但是4个月后这项技术专利就授权给了Apache软件基金会，这为Hadoop打了一针强心剂。摆脱了法律纠纷的烦扰，各家企业，不论规模大小，都张开双臂准备迎接Hadoop。至此，Hadoop也经历了一些重大改进，并发布了相关版本。这也为Hadoop的分销、支持、培训以及相关业务带来了商机。

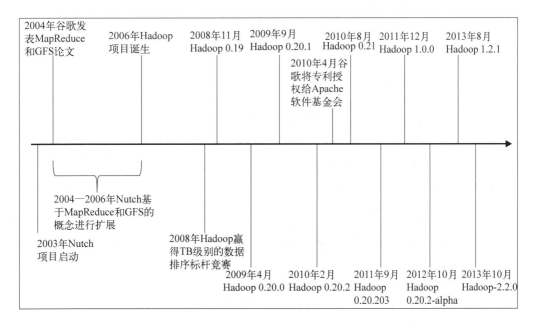

Hadoop 1.0系列版本在本书中统称为1.X版本，它经历了Hadoop作为一个纯粹的MapReduce作业处理框架从诞生到演进的全过程，它广泛采用了大数据处理工具，发挥的作用远远超出了人们的预期。这个时期，Hadoop 1.X发行版的稳定版本是1.2.1，它包括了文件追加和安全等特性。Hadoop 1.X试图通过不断的改变来保持其灵活性，例如HDFS文件追加功能，以支持HBase这样的在线系统。然而，尽管Hadoop 1.X的灵活性得到了扩展，但是原有的MapReduce计算模型却不能支持所有大数据应用涉及的领域，除非在它的架构上做出改变。

Hadoop 2.0系列版本在本书中统称为2.X版本。自2013年问世以来，这一系列的版本也经历了重大改进，拓展了Hadoop可以处理的应用范围。这个系列还针对企业内现有的Hadoop集群提升了效率，并扩大了优势。显然，Hadoop正在快速赶超MapReduce，由于它还具有向后兼容的优势，因此在大数据领域保持着遥遥领先的地位。它正在从一个仅针对MapReduce的框架成长为一种通用的集群计算和存储平台。

1.3　Hadoop 2.X

Hadoop 1.X在一些组织机构内大受欢迎，也让人们认识到了它的局限性。

- Hadoop对集群计算资源赋予了史无前例的准入方式，组织机构内的每一个人都有权访问。并且由于MapReduce编程模型比较简单，且支持"一次开发，任意部署"（develop once deploy at any scale）的模式，因此，用户将一些不怎么适合MapReduce实现的数据处理作业也部署到了Hadoop上，例如，网页服务端应用被部署到一个长时间运行的map作业中。众所周知，MapReduce难以承担迭代类型的算法运算，但是一些黑客通过改造使Hadoop能执行迭代算法，这使得集群的资源利用和容量规划面临众多挑战。

- Hadoop 1.X采用集中式作业流控制，然而集中式系统由于其负载的单点问题，很难实现扩展。一旦JobTracker（作业跟踪器）出现故障，系统中所有的作业都必须重新启动，这对整个集中式组件造成了极大压力。按照这种模式，Hadoop很难与其他类型的集群进行集成。

- 早期发行的Hadoop 1.X版本将所有HDFS目录和文件的元数据存储到一个NameNode单点。整个集群的数据状态取决于这个单点的成败。随后的版本添加了一个作为冷备的从NameNode（secondary NameNode）节点。从NameNode节点周期性地将写日志（edit log）和NameNode的映象文件（image file）合并，这样做有两个优点：首先，由于主NameNode节点在启动的时候不需要完全合并写日志和映象文件，因此主NameNode节点的启动时间缩短了；其次，从NameNode节点复制NameNode的所有信息，这样当NameNode节点出现不可恢复的故障时，数据丢失会降到最低。但是，从NameNode（它并不是NameNode的一个实时备份）并不是一个热备份节点，这意味着故障切换时间和恢复时间较长，且集群可用性会受到影响。

- Hadoop 1.X主要是一个基于Unix系统的大数据处理框架，想要直接在微软的Windows

Server操作系统上执行是不可能的。随着微软大举进入云计算和大数据分析领域，再加上业界已经在Windows Server上有了大量投入，Hadoop也应该支持微软Windows系统的功能，这一点非常重要。

❑ Hadoop的成功主要得益于企业的参与，而它被采用则是由于有现成的、企业需要的特性。尽管Hadoop 1.X尝试支持其中的一些企业特性（例如安全），但是还是有其他的企业需求亟待解决。

1.3.1　Yet Another Resource Negotiator（YARN）

在Hadoop 1.X中，资源的分配和任务的执行是由JobTracker完成的。由于计算模型是和集群的资源紧密联系的，所以只能支持MapReduce一种计算模型。这种紧密的耦合导致开发者强行适配其他的计算模型，从而出现了与MapReduce设计意图相悖的使用方式。

YARN的主要设计目标是将大家比较关注的资源管理（resource management）和应用执行（application execution）之间的耦合隔离，然后其他的应用模式就可以在Hadoop集群上执行了。增强不同计算模型和各种应用之间的交互，使得集群的资源得到高效的利用，同时也能更好地与企业中已经存在的计算结构集成在一起。

然而，为了达到资源管理和作业管理的低耦合性，也不能牺牲了向后兼容性。在过去的6年里，Hadoop已经引领了大数据并行与分布式处理领域的潮流，这意味着大量的开发、测试和部署已经投入到位了。

YARN能够保持与Hadoop 1.X（Hadoop-0.20.205+）版本API的向后兼容性。一份老版本的MapReduce程序不做任何代码修改就能继续在YARN上执行。当然，重新编译是必需的。

架构概述

下页图展示了YARN的架构。YARN将资源管理的功能抽象成一个叫资源管理器（Resource-Manager，RM）的组件。每个集群都有一个RM，它主要用来跟踪资源的使用情况，同时也负责资源的分配和解决集群中的资源竞争问题。RM使用通用的资源模型，而且不感知资源的具体情况以及应用使用资源做什么。例如，RM不需要知道资源对应一个Map还是一个Reduce。

Application Master（AM）负责一个作业的调度和执行工作，而且每个应用有一个单独的AM实例（例如，每个MapReduce作业都有一个AM）。AM向RM请求资源，然后使用资源执行作业，并处理作业执行中可能出现的错误。

一般情况下在集群中指定一台机器以守护进程（daemon）的方式运行RM，RM维护着整个集群的全局状态和资源分配情况。由于拥有全局的信息，RM可以根据集群的资源使用率做出公平的资源配置。当收到资源请求时，RM动态地分配一个容器（container）给请求方。容器是一个与节点绑定的资源抽象概念，例如，一个节点上的2个CPU和4 GB内存可以作为一个容器。

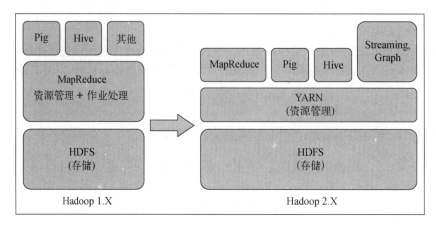

节点管理器（NodeManager，NM）是集群中每个节点上执行的一个后台进程，它协助RM做节点的本地资源管理工作。NM承担容器的管理功能，例如启动和释放容器，跟踪本地资源的使用，以及错误通知工作。NM发送心跳信息给RM，而RM通过汇总所有的NM的心跳信息从而了解整个系统的状态。

作业（job）是直接向RM提交的，RM基于集群的资源可用情况调度作业执行。作业的基本信息保存在可靠的存储系统中，这样当RM崩溃后很容易恢复作业重新执行。在一个作业被调度执行后，RM在集群的某个节点上分配一个容器给该作业，作为这个作业的AM。

然后，AM就接管了这个作业的后续处理，包括请求资源、管理任务执行、优化和处理任务的异常。AM可以用任何语言编写，并且不同版本的AM可以独立地运行在同一个集群里面。

AM请求的资源明确了本地化信息和期望的资源类型，RM会基于资源分配策略和当前可用资源的情况尽力满足AM的要求。当AM获取到一个容器时，它能在容器内执行自己的应用程序，并且可以自由地和这个容器通信，而RM并不知道这些通信的存在。

1.3.2　存储层的增强

Hadoop 2.X发行版中做了大量的存储层的增强，它们的主要目的就是为Hadoop在企业中的使用铺平道路。

1. 高可用

NameNode其实是Hadoop的一个目录服务，它包含着整个集群存储的文件的元数据。Hadoop 1.X有一个从NameNode作为冷备节点，它滞后主NameNode节点几分钟。而Hadoop 2.X则具备NameNode的热备节点。当主NameNode节点故障了，从NameNode就能够在几分钟内转变成主

NameNode。如果有热备份节点，就能够提供无数据丢失且不间断的NameNode服务，并且自动故障切换也比较容易实现。

热备份的关键在于维护它的数据尽可能与主NameNode节点保持一致，可以通过读取主NameNode的写日志文件并在备份节点上执行来实现，并且延时也是非常低的。写日志文件的共享可以使用以下两种方法来实现。

- 在主NameNode和从NameNode节点间使用共享的网络文件系统（Network File System，NFS）存储目录：主NameNode往共享目录中写入日志，而从NameNode监听这个共享目录的变更消息，然后拉取这些变更。
- 使用一组JournalNode（quorum of Journal Nodes）：主NameNode将写日志发送到部分JournalNode以记录信息，而从NameNode持续监听这些JournalNode，从而更新和同步主NameNode的状态。

下图展示了一种使用基于有效配额的存储系统的高可用实现框架。DateNode需要同时发送数据块报告信息（block report）到主从两个NameNode。

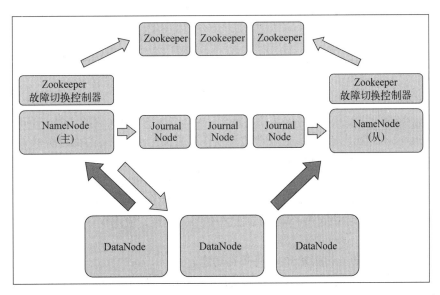

ZooKeeper等高可用的监听服务可以用来跟踪NameNode的故障，并且可以触发故障切换的流程，使从NameNode节点提升为主节点。

2. HDFS联合

类似于YARN对计算层的改进措施，在Hadoop 2.X中也实现了一个更为通用的存储模型。一个通用的块存储（block storage）层已经从文件系统层隔离出来。这种隔离使得其他存储服务有机会被集成到Hadoop集群中。在此之前，HDFS和块管理层紧紧地耦合在一起，难以集成其他的存储服务。

这种通用存储模型使得HDFS联合（HDFS Federation）功能得以实现。这个功能允许多个HDFS命名空间使用相同的底层存储设备，且联合的NameNode节点提供了文件系统层面的隔离功能。在第10章中，我们会详细介绍这个特性。

3. HDFS快照

快照（snapshot）是文件系统的整体或部分目录在某个时间点的只读镜像（image），通常是为了以下三个原因：

❑ 防止用户的错误操作导致的数据损坏或丢失
❑ 备份
❑ 容灾

快照仅在NameNode上实现，它不会涉及数据从一个数据节点复制到另一个数据节点，而仅仅是复制了块列表以及文件的大小。生成一个快照的操作几乎是瞬间完成的，它不会影响NameNode节点的性能。

4. 其他增强功能

在Hadoop 2.X中，还有大量其他的增强功能，如下所示。

❑ 以前，Hadoop的RPC通信协议是使用Java的Writables序列化实现的，但在Hadoop 2.X是基于Protocol Buffers[①]实现的。这个改进不仅很容易保持向后兼容，而且帮助集群中的不同组件实现了滚动升级（rolling the upgrades）。另外，RPC也允许在客户端实现重试功能。
❑ Hadoop 1.X是不感知存储设备的类型的，这意味着机械硬盘和SSD（固态硬盘）被无区别对待。用户无法对数据的布局做任何干预。2014年发布的Hadoop 2.X版本能够识别存储设备的类型，并且应用程序可以获取到这些信息。这样，应用程序就可以通过这些信息来优化它们的数据存取和布局策略。
❑ Hadoop 2.X发行版支持HDFS的文件追加功能。
❑ Hadoop 1.X发行版是通过HDFS客户端访问文件系统的。Hadoop 2.X开始支持NFSv3，促进了NFS网关组件的诞生。现在，HDFS可以挂载（mount）到用户本地兼容的文件系统上，他们可以直接往HDFS下载或上传文件。往已有的文件追加内容是可以的，但是随机写（random write）是不支持的。
❑ 对Hadoop的I/O进行了大量的改进。例如，在Hadoop 1.X中，当客户端运行在某个数据节点上时，它需要通过TCP来读取本地数据。但是，有了本地快捷读取（short-circuit local

---

① 这是谷歌开发的高效序列化组件。——译者注

reads），客户端就可以直接读取本地的数据；通过特定的接口还可以实现零复制
（zero-copy）数据读取；读或写数据的CRC校验码计算方法也使用英特尔的SSE 4.2 CRC 32
指令进行了优化。

1.3.3 支持增强

Hadoop通过支持其他平台和框架增广了它支持的应用的范围。上面我们展示了通过
YARN支持其他的计算模型，还有通过块存储层支持其他存储系统。此外还有如下其他方面的
支持增强。

- ❏ Hadoop 2.X天然支持微软的Windows系统。这个转变使得微软的Windows服务器有极好的
机会进入大数据处理领域。当然，部分原因得归功于Hadoop开发使用的Java编程语言有
很好的可移植性，但更重要的原因在于Hadoop对计算和存储的通用性的增强，使其能支
持包括Windows在内的系统。
- ❏ 云服务商将Hadoop作为一种按需分配的服务，作为其平台即服务（Platform-as-a-Service）
产品的一部分。Hadoop 2.X支持OpenStack，促进了在云端的弹性和虚拟化部署。

1.4　Hadoop 的发行版

如今，Hadoop和其生态圈中的各个组件都成为了一项项复杂的工程。如上所述，Hadoop在
不同的发行版本上有很多的代码分支，同时也有好几种不同的发行方式。其中，最活跃也是社区
参与度最高的，是通过Apache软件基金会的方式。这是一种免费发行的方式，并且背后有强大的
社区支持。同时，Apache Hadoop发行中的社区贡献影响着Hadoop发展的大方向。Apache Hadoop
通过在线论坛的方式提供支持，问题是提交给社区，并由论坛的成员来解答的。

在企业内部部署和管理Apache Hadoop发行版本是很枯燥和繁琐的。Apache Hadoop使用Java来
开发并且针对Linux的文件系统进行了优化。这可能与企业已有的应用程序和基础架构不匹配。另
外，当与Hadoop生态系统的其他组件集成时，Apache Hadoop版本有不少的bug，并且也不够直观。

为了解决这样的问题，出现了几个为Hadoop提供新的发行模式的公司，主要有三种不同风格
的发行方式。

- ❏ 第一种风格是为Apache Hadoop发行版提供付费的商业支持和培训。
- ❏ 第二种风格是一些公司通过提供一系列的工具来部署和管理Apache Hadoop。这些公司也
为Hadoop生态圈内不同的组件提供健壮的集成层。
- ❏ 第三种模式是有些公司通过自己私有的特性和代码来增强Apache Hadoop，这些特性属于
付费的增强功能，而它们中的大部分是为了解决具体的用户案例。

所有这些发行版本都以Apache软件基金会的Hadoop作为共同的源头。这些版本的用户，尤其是那些使用第三种模式发行版本的用户，很可能会集成一些私有代码到Apache Hadoop中。但是这些发行版本总是和Apache Hadoop保持紧密的联系并紧跟它的趋势，而且通常是经过了完善的测试，并能提供深入、及时的支持，为企业减少了大量管理成本。如果使用的并非是Apache Hadoop发行版，那就会因为被束缚于某个服务商而陷入不利的形势。一个服务商所提供的工具和私有特性往往与其他服务商发布的版本或者其他第三方所提供的工具不兼容，从而产生代码迁移的费用，而且这个费用不仅仅是指技术上的，还包括机构的培训、能力规划和架构调整等。

1.4.1　选哪个Hadoop发行版

自2008年以来，多家公司都提供了Hadoop发行版本，并且各有千秋。对于某家企业或者机构，到底该如何选择合适的发行版，这需要具体问题具体分析。发行版本的评估标准也各不相同，下面将就重点的几项进行分析。

1. 性能

让Hadoop能够在集群上快速处理数据当然是众望所归的一项能力。通常，这一直都是所有性能基准参考标准的重要基础。这项特殊的性能标准被称为"吞吐量"（throughput）。Hadoop能够处理各类分析工作，同时，这些分析工作所支持的使用案例也多种多样，因此，"延时"（latency）也成为了一项重要的性能标准。为了实现低延时的分析，Hadoop就一定要能够快速读取输入数据并且给出输出数据，这种输入到输出的成本形成了数据处理流程的主要组成部分。

延时是为了得到结果而需要等待的时间，它的度量单位是时间单位，例如毫秒、秒、分钟或者小时。

吞吐量是在单位时间内能执行操作的数量，它表明在单位时间内能完成的工作量。

无论哪种Hadoop发行版，要想达到低延时的目的，都可以采用扩充硬件规模的方法。然而这种方法的成本很高，而且很快就没有了提升的空间。从架构上说，低的I/O延时可以采用不同的方法实现。一种方法是减少数据发送器（data source）或数据接收器（data sink）与Hadoop集群之间中间数据驻留层的数量。有些发行版本提供了流（streaming）的方式写入Hadoop集群，从而减少中间驻留层数。在数据流到存储系统之前，可以在流层面插入一些用于过滤、压缩以及轻量级别数据处理的运算符，对数据进行预处理。

Apache Hadoop发行版是使用运行在虚拟机上的Java语言编写的，尽管它增加了应用程序的可移植性，但是系统负载也随之升高，比如它在执行的时候由于转换字节码解析（byte-code interpretation）以及后台垃圾回收（garbage collection）而产生额外的间接层。这样一来，执行速度比直接在目标设备上编译应用要慢。一些厂商针对特殊的硬件做了优化，提升了每个节点上作业执行的性能。例如，压缩和解压特性就可以在某些硬件类型上进行优化。

2. 可扩展性

总有一天，数据的大小会超出一家机构所能提供的计算或存储资源的物理容量，这就要求我们能够对计算资源和存储资源做扩展。自然扩展可以通过垂直扩展或者水平扩展两种方式实现。垂直扩展（或者称产品升级）成本较高，而且会受硬件技术发展的限制，此外，缺乏灵活性也是它的一个劣势。水平扩展（或者称向外扩展）是对计算和存储进行扩展的首选方式。

理想情况下，水平扩展仅仅是集群网络中添加节点和磁盘，因此配置变更最小。然而，对于Hadoop集群的扩容，不同的发行版本其难易程度也不尽相同，主要体现在工作量和成本上。水平扩展可能会大幅增加管理和部署的成本，说不定还需要重写许多应用程序的代码。扩展的成本还取决于现有的架构，以及如何让其与正在评估的Hadoop发行版本兼容。

垂直扩展（或者称**产品升级**）是指在系统中的一个单一节点处添加更多的资源，例如，添加更多的CPU、内存或者存储设备到一台计算机上。垂直扩展可以增加容量，但是不会减少系统的负载。

水平扩展（或者称**向外扩展**）是在系统中添加额外的节点。例如，通过网络连接添加一台计算机到一个分布式系统中。由于新机器也承担了一部分的负载，所以水平扩展能减轻系统负载。然而，集群中单个节点的容量并没有增加。

3. 可靠性

任何分布式系统都饱受部分故障的困扰。故障可能来自硬件、软件、网络问题，而且若在普通硬件上运行，发生故障的间隔时间还会更短。要想成为高可用、高度一致的系统，首要目标都是在处理好这些故障的同时不得中断服务或破坏数据的完整性。

重视可靠性的发行版都会令其提供的组件具有高可用性。减少单点故障（Single Point of Failures，SPOF）可以确保组件的可用性，而这也意味着需要增加组件的冗余度。在过去很长一段时间内，Apache Hadoop只有唯一一个NameNode，NameNone的硬件故障就意味着整个集群不可用了。现在，由于增加了从NameNode和热备份的概念，在NameNode故障的时候可以使用它们来恢复NameNode功能。

能够减少集群管理员手动操作的发行版会更可靠一些。手动的干预往往会导致更高的错误率，比如对故障切换的处理。故障切换是系统的危急时刻，因为此时的冗余度较低。这时，任何一个操作错误对于应用而言都是致命的。而运用自动故障切换处理，系统就能在较短的时间内恢复运行，故障恢复时间越短，系统的可用性就越好。

无论是正常操作还是处理故障，都必须保证数据的完整性。数据校验可以检测到数据中的错误并尽可能修复，这就可以确保数据安全，此外还有数据复制、数据镜像和快照等方式。数据复制会按照一定的冗余度要求来确保数据的可用性。需要密切注意感知机架信息的智能数据布局，以及对复制不足或复制过多的处理方式。镜像是通过互联网将数据异步地复制到其他站点，在主站故障的时候可以恢复数据。快照是任何发行版本都期望具有的性能，它不仅有助于灾难恢复，而且还能帮助数据的离线访问。数据分析会涉及大量数据的试验和评估，而快照就能帮助数据科学家在完成这项工作的同时不破坏分析成果。

4. 可管理性

部署和管理Apache Hadoop开源的发行版需要对代码和配置有深入的了解，这项技能在IT管理员团队中可能并不是普遍拥有的。同时，IT管理员需要管理企业大量的系统，Hadoop只是其中的一个。

面对各种不同的Hadoop版本，可能需要对这些版本及其所支持的生态圈内其他组件之间的适用性进行评估。新版本的Hadoop支持集群中执行MapReduce以外的其他应用模式，所以新版本可以根据企业的规划，更有效地利用企业内的硬件资源。

对于企业而言，要想选择一个合适的Hadoop发行版，它的管理工具的能力是很关键的鉴别标准。管理工具需要提供集中式的集群管理、资源管理、配置管理以及用户管理。此外，作业调度、自动升级、用户配额管理和集中的调试功能也是大家希望看到的性能。

集群的健康检测是管理性功能中另一项重要特性。发行版中最好包含可视化集群健康面板（Dashboard），并且最好有集成其他工具的能力。另外，更便捷的数据访问也是需要评估的因素，例如，Hadoop上支持POSIX文件系统接口会使工程师和程序员更容易浏览和访问数据，但这也有不利的一面，它使得修改数据成为了可能，事实证明这在某些情况下是存在风险的。

数据安全选项评估同样至关重要，它包括Hadoop用户认证、数据授权和数据加密。每家机构和企业可能已经有了自己的授权系统，例如Kerberos或者LDAP。如果Hadoop发行版能够集成已有的认证系统，它就在节约成本、提高兼容性方面获得了巨大优势。细化的授权有助于控制不同层面对数据和作业的访问权限。当数据迁入或迁出企业集群时，保护数据不被窃取的重要方法是使用加密的传输通道。

不同发行版本都会提供与开发和调试工具的集成。如果它所提供的工具能和机构工程师或科学家正在使用的工具有很多重合之处，那也是一个优势，这不仅体现在购买软件授权的成本上，而且也体现在更少的培训和指导上。同时，由于工作人员已经习惯使用这些工具，这也能提高机构的生产力。

1.4.2　可用的发行版

当前有好几种可用的Hadoop发行版，具体列表可参见网站：http://wiki.apache.org/hadoop/

Distributions%20and%20Commercial%20Support。我们将选择其中4个进行详细探讨：

- ❏ Cloudera Distribution of Hadoop（CDH）
- ❏ Hortonworks Data Platform（HDP）
- ❏ MapR
- ❏ Pivotal HD

1. Cloudera Distribution of Hadoop

Cloudera公司创建于2009年3月，它的主营业务是提供Hadoop软件、支持、服务和企业级Hadoop及其生态圈组件部署培训。这套软件被称为Cloudera Distribution of Hadoop。作为Apache软件基金会的赞助商之一，该公司在提供Hadoop支持和服务的同时，将大部分对Hadoop的增强功能合并到了Apache Hadoop的主线中。

CDH现在已升级到第五个主版本（CDH5.X），并且被认为是一个成熟的Hadoop发行版。它的付费版本包含一个独家的管理软件——Cloudera Manager。

2. Hortonworks Data Platform

2011年1月，雅虎公司的Hadoop团队出走创建了Hortonworks公司，它的主营业务类似于Cloudera。他们的发行版称为Hortonworks Data Platform。HDP提供的Hadoop和其他软件是完全免费的，只对技术支持和培训收费。Hortonworks也将增强功能合入到Apache Hadoop主线中。

HDP当前已升级到第二个主版本，被认为是Hadoop发行版中一颗冉冉升起的新星。它拥有一款免费并开源的管理软件——Ambari。

3. MapR

MapR创建于2009年，它的使命是提供企业级的Hadoop。它的Hadoop发行版相较于Apache Hadoop提供了大量的私有代码，其中一些组件他们承诺会与现有的Apache Hadoop项目保持兼容。MapR发行版的关键私有代码是使用了POSIX兼容的网络文件系统（POSIX-compatible NFS）来替换HDFS，另一个关键特性是支持快照功能。

MapR拥有自己的管理控制台（management console）。不同级别的版本分别命名为M3、M5和M7。其中，M5是他们的标准商业版本；M3是免费版本，但可用性不高；M7是付费版，具有重写的HBase API。

4. Pivotal HD

Greenplum是EMC公司一个主要的并行数据存储产品，EMC将Greenplum集成到Hadoop中，形成了一个较高级的Hadoop发行版本——Pivotal HD。这种整合减少了Greenplum与HDFS之间的数据导入和导出操作，从而减少了成本和延时。

Pivotal HD提供的HAWQ技术能够高效、低延时地对HDFS中的数据进行查询，在某些MapReduce工作上相对于Apache Hadoop有100倍的性能提升。HAWQ支持在Hadoop上使用SQL处理数据，使得熟悉SQL的用户能加入到Hadoop的大家庭中。

1.5   小结

本章，我们展示了Hadoop的演进、里程碑和发行版本，深入了解了Hadoop 2.X以及它给Hadoop带来的变化。从本章中学到的主要内容如下。

- ❑ MapReduce是由于互联网规模的数据收集、处理和索引需求而诞生的，Apache Hadoop是MapReduce计算模型的一个开源发行版本。
- ❑ 在Hadoop 6年的发展历程中，它变成了大数据并行和分布式计算领域的首选框架。社区已经为Hadoop在企业中运用做好了准备。Hadoop 1.X版本实现了HDFS的文件追加功能和安全特性，这是对企业用户非常有利的关键特性。
- ❑ MapReduce支持的使用实例有限，通过融入其他的应用模式，Hadoop扩展了它在数据分析领域的领地，并增加了集群资源的利用率。在Hadoop 2.X中，JobTracker被分解，而YARN可以处理集群资源管理和作业调度。MapReduce属于能够运行在YARN上的一种应用模式。
- ❑ Hadoop 2.X将块管理器从文件系统层隔离出来，从而增强了它的存储层。这样它能支持多命名空间并集成其他类型的文件系统。Hadoop 2.X还对存储可用性和快照方面进行了改进。
- ❑ Hadoop的各种发行版都提供了企业级的管理软件、工具、技术支持、培训和其他服务。它们中的大部分在功能上都胜于Apache Hadoop。

MapReduce依然是Hadoop核心中不可分割的部分。在下一章，我们将探讨MapReduce的优化和最佳实践。

第2章
MapReduce进阶

MapReduce是一种为并行和分布式数据处理而设计的编程模式，它包含两个步骤：Map和Reduce。这两个步骤的创建灵感来自函数式编程——一个把数学函数作为计算单元的计算机科学分支。对并行和分布式处理而言，函数的属性（例如，不可修改和无状态）是非常有吸引力的，它能在更低成本和复杂语义的情况下，提供很高的并行度和很强的容错性。

本章，我们将看到在Hadoop集群上运行MapReduce作业的高级优化方法。每个MapReduce的作业都有输入的数据，一个Map任务对应这些数据的一个分片（split）。Map任务循环调用map函数处理数据，而这些数据是以键–值对（key-value pair）的方式呈现的。map函数将数据从一种形式转换为另一种形式，每个Map任务中间输出的数据将被shuffle（一种打散操作，类似于扑克牌的洗牌）并排序，然后传送给下游的Reduce任务。拥有相同键值的中间数据（intermediate data）将集中到同一个Reduce任务。Reduce任务调用reduce函数处理键及其对应的所有值，然后将输出聚集并排序。

Map步骤是最高并行度的。它一般用来实现类似于过滤、排序和转换数据这样的操作。Reduce操作一般用于实现数据的汇总操作。Hadoop也提供了分布式缓存（DistributedCache）等特性作为分布数据的一个旁路通道，以及计数器（counter）来收集作业相关的全局状态。我们将会看到它们为MapReduce作业处理所提供的便利性。

我们将使用样例代码来协助理解Hadoop的高级特性和优化方法。本章全部内容基于Hadoop 2.2.0版本，并假设你已经使用过Java开发环境和Hadoop集群，可以是安装在你的公司或云上的集群，也可以是安装在你的个人电脑上的单机（standalone）/伪分布式（pseudo-distributed）模式的集群。你需要知道如何编译Java程序以及执行Hadoop作业来尝试这些例子。

本章，我们将看到如下主题。

□ 不同阶段的MapReduce作业和在每个阶段使用的优化方法。我们将使用相关的例子来深入讨论输入（input）、Map、Shuffle/排序、Reduce和输出（output）等阶段。

□ 对有益的Hadoop特性的应用，例如分布式缓存和计数器。

□ MapReduce作业中可用的数据连接（join）的类型，以及它们的实现方式。

2.1　MapReduce 输入

MapReduce作业依赖于Map阶段为它提供原始数据的输入，这个阶段提供了能获得的最大并行度，因此它的智能化对一个作业的提速至关重要。数据被分成块（chunk），然后Map任务对每块数据进行操作。每块数据被称为InputSplit。Map任务需要在每个InputSplit类上进行操作。还有其他两种类，InputFormat和RecordReader，在处理Hadoop作业的输入时，它们尤为重要。

2.1.1　InputFormat类

Hadoop中一个MapRedue作业的输入数据的规格是通过InputFormat类及它的子类给出的。InputFormat家族的类有以下几项主要功能。

- ❏ 输入数据的有效性检测。例如，检查指定路径的文件是否存在。
- ❏ 将输入数据切分为逻辑块（InputSplit），并把它们分配给对应的Map任务。
- ❏ 实例化一个能在每个InputSplit类上工作的RecordReader对象，并以键–值对方式生成数据。

当需要从HDFS中获取输入时，会广泛使用FileInputFormat的派生类；子类DBInput-Format则是一个能从支持SQL的数据库读取数据的特殊类；CombineFileInputFormat是一个直接派生于FileInputFormat的抽象子类，它能将多个文件合并到一个分片中。

2.1.2　InputSplit类

抽象类InputSplit以及它的派生类从字节的层面展示输入数据，它有以下几个主要属性：

- ❏ 输入文件名
- ❏ 分片数据在文件中的偏移量
- ❏ 分片数据的长度（以字节为单位）
- ❏ 分片数据所在的节点的位置信息

在HDFS中，当一个文件的大小少于HDFS的块容量时，每个文件都将创建一个InputSplit实例。例如，如果HDFS的块容量为128 MB，任何小于128 MB的文件都会拥有一个InputSplit实例。对于那些被分割成多个块的文件（文件的大小多于块的容量），将使用一个更为复杂的公式来计算InputSplit的数量。一般情况下，InputSplit类受限于HDFS块容量的上限，除非最小的分片也比块容量还大（这是很罕见的情况，并且可能导致数据本地化的问题）。

基于分片所在位置信息和资源的可用性，调度器将决定在哪个节点上为一个分片执行对应的Map任务，然后分片将与执行任务的节点进行通信。

```
InputSplitSize = Maximum(minSplitSize, Minimum(blocksize, maxSplitSize))

minSplitSize: mapreduce.input.fileinputformat.split.minsize

blocksize: dfs.blocksize

maxSplitSize - mapreduce.input.fileinputformat.split.maxsize
```

 在早前的Hadoop版本中，最小分片数的属性是mapred.min.split.size，最大分片数的属性是mapred.max.split.size。但现在它们都被废弃了。

2.1.3　RecordReader类

与InputSplit不同的是，RecordReader类将数据以一条条记录（record）的方式向Map传递。RecordReader在InputSplit类内部执行，并将数据以键–值对的形式产生一条条的记录。RecordReader的边界会参考InputSplit的边界，但不是强制一致的。极端情况下，一个自定义的RecordReader类可以对整个文件进行读或写（但我们不建议这么做）。大部分时候，在RecordReader类与InputSplit类重合的情况下，RecordReader类将对应一个InputSplit类，从而为Map任务提供完整的数据记录。

通过FSDataInputStream的对象，可以对一个InputSplit类以字节的方式读取数据。虽然这种方式不会感知数据的位置信息，但是通常情况下，它仅从下一个分片中获取很少字节的数据，所以不会有很明显的负载过高的问题。当一条记录很大时，由于节点间要传输大量的数据，因此会对性能造成很大的影响。

在下图中，这个文件有两个HDFS块，并且记录R5跨越了两个块。假设最小的分片小于块的容量，在这种情况下，RecordReader需要读取第二个块的数据来收集完整的记录。

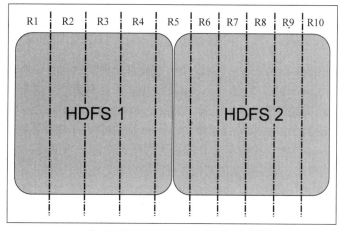

一个文件有两个块，并且记录R5跨越两个块

2.1.4 Hadoop的"小文件"问题

当输入文件明显小于HDFS的块容量时，Hadoop会出现一个众所周知的"小文件"问题。小文件作为输入处理时，Hadoop将为每个文件创建一个Map任务，这将引入很高的任务注册开销。这些任务能够在大约几秒钟内完成，然而产生任务和清理任务的时间要比执行任务的时间长得多。同时，每个文件在NameNode中大约要占据150字节的内存，如果大量的小文件存在，将使得这种对象的数量激增，严重影响NameNode的性能和可扩展性。读取大量的小文件也使效率很低，因为有大量的磁盘寻道（seek）操作，并且需要跨越不同的DateNode去读取。

不幸的是，小文件是现实存在的，但是我们可以采取如下策略处理小文件。

- ❑ 在存储文件和执行作业之前，先执行预处理步骤，即把小文件合并成一个更大的文件。SequenceFile(序列文件)和TFile格式是比较受欢迎的将小文件合并为大文件的方法。另一个可选的方案是使用Hadoop Archive File（HAR），它能减轻NameNode的内存压力。HAR是基于HFDS的元文件系统（meta-filesystem）。
- ❑ 使用CombineFileInputFormat将多个小文件合并到一个InputSplit中。同时也可以考虑用这个方法来提高处在相同节点或机架的数据的处理性能。由于这种方法没有改变NameNode中的文件数量，所以它不能减轻NameNode的内存需求量的压力。

为了演示CombineFileInputFormat的功能，我们获取了一份NSF授权的从1990到2003年的数据集，地址是https://archive.ics.uci.edu/ml/datasets/NSF+Research+Award+Abstracts+1990-2003。尽管数据集有130 000份，但是我们只考虑其中一个只有441份的子集。MapReduce Hadoop作业从数据集中逐行读取，并产生441个输入分片，然后把结果输出到标准输出（standard output）。如下所示为输入的部分摘取内容。在这个作业中，reduce任务的数量设置为0：

```
14/04/10 07:50:03 INFO input.FileInputFormat: Total input paths to process : 441
14/04/10 07:50:03 INFO mapreduce.JobSubmitter: number of splits:441
```

正如前面章节所示，Hadoop MapReduce作业的输入需要指定使用InputFormat、InputSplit和RecordReader类。在这个例子中，我们将441份文件合并为一个单独的分片。

CombineFileInputFormat是一个抽象类，它能够帮助我们合并文件，从而指定输入。开发人员唯一需要重写（override）的是createRecordReader()方法。这个方法实例化了一个自定义的RecordReader类的对象来读取记录。CombineFileInputFormat类在getSplits()方法中返回一个CombineFileSplit分片对象。每个分片可能合并了来自不同文件的不同块。如果使用setMaxSplitSize()方法设置了分片的最大容量，本地节点的文件将会合并到一个分片中，本地剩余的块[①]将与来自同一机架的其他主机的块合并。然而，如果没有设置这个最大容量，合并操作不会在本地主机层面进行，它只会在同一机架内进行合并。如果将setMaxSplitSize()

---

① 超过分片最大容量的那部分。——译者注

设置为HDFS的块容量，那是默认行为，也就是每个块对应一个分片。

下面的代码演示了基于这个抽象类实现的实体类（concrete class）：

```
package MasteringHadoop;
import org.apache.hadoop.conf.Configuration;
import org.apache.hadoop.fs.FSDataInputStream;
import org.apache.hadoop.fs.FileSystem;
import org.apache.hadoop.fs.Path;
import org.apache.hadoop.io.LongWritable;
import org.apache.hadoop.io.Text;
import org.apache.hadoop.mapreduce.InputSplit;
import org.apache.hadoop.mapreduce.RecordReader;
import org.apache.hadoop.mapreduce.TaskAttemptContext;
import org.apache.hadoop.mapreduce.lib.input.*;
import org.apache.hadoop.util.LineReader;
import java.io.IOException;
public class MasteringHadoopCombineFileInputFormat extends
    CombineFileInputFormat<LongWritable, Text>{
    @Override
    public RecordReader<LongWritable, Text>
        createRecordReader(InputSplit inputSplit, TaskAttemptContext
            taskAttemptContext) throws IOException {
        return new CombineFileRecordReader<LongWritable,
            Text>((CombineFileSplit) inputSplit, taskAttemptContext,
                MasteringHadoopCombineFileRecordReader.class);
    }
}
```

下载样例代码

你可以使用你的Packt账号从下面的地址下载通过Packt购买的所有书籍中的样例代码：http://www.packtpub.com。如果你是从其他地方购买了本书，可以访问http://www.packtpub.com/support并注册，然后就能从邮件直接收到样例代码。

CombineFileFormat类有一个isSplitable()方法，它的默认返回值为true。如果你确认整个文件需要以一个Map任务来处理，则需要将它设置为返回false。

下文所示代码演示了自定义的RecordReader类，创建这个类是为了从CombineFile-Split中返回记录。CombineFileSplit和FileSplit之间的不同点在于是否存在包含多个偏移量和长度的多个路径。自定义的RecordReader类会被分片中的每个文件调用，因此，自定义RecordReader类的构造函数必须有一个整型（integer）变量指明特定的文件正在用于产生记录。

　　第二个很重要的方法是nextKeyValue()，它负责产生下一个键–值对，getCurrentKey()和getCurrentValue()方法返回这个键–值对。在下面的例子中，键是当前位置在文件中的字节偏移量，值是当前所在行的文本。LineReader对象被用于读取每一行数据：

```java
public static class MasteringHadoopCombineFileRecordReader extends
    RecordReader<LongWritable, Text>{
        private LongWritable key;
        private Text value;
        private Path path;
        private FileSystem fileSystem;
        private LineReader lineReader;
        private FSDataInputStream fsDataInputStream;
        private Configuration configuration;
        private int fileIndex;
        private CombineFileSplit combineFileSplit;
        private long start;
        private long end;

        public MasteringHadoopCombineFileRecordReader
            (CombineFileSplit inputSplit, TaskAttemptContext
                context, Integer index) throws IOException{
            this.fileIndex = index;
            this.combineFileSplit = inputSplit;
            this.configuration = context.getConfiguration();
            this.path = inputSplit.getPath(index);
            this.fileSystem =
                this.path.getFileSystem(configuration);
            this.fsDataInputStream = fileSystem.open(this.path);
            this.lineReader = new
                LineReader(this.fsDataInputStream,
                    this.configuration);
            this.start = inputSplit.getOffset(index);
            this.end = this.start + inputSplit.getLength(index);
            this.key = new LongWritable(0);
            this.value = new Text("");
        }


    @Override
    public void initialize(InputSplit inputSplit,
        TaskAttemptContext taskAttemptContext) throws
            IOException, InterruptedException {
        // 构造函数重载
    }


    @Override
    public boolean nextKeyValue() throws IOException,
        InterruptedException {
        int offset = 0;
        boolean isKeyValueAvailable = true;
        if(this.start < this.end){
            offset = this.lineReader.readLine(this.value);
```

```
                this.key.set(this.start);
                this.start += offset;
            }

            if(offset == 0){
                this.key.set(0);
                this.value.set("");
                isKeyValueAvailable = false;
            }

            return isKeyValueAvailable;

        }

        @Override
        public LongWritable getCurrentKey() throws IOException,
            InterruptedException {
            return key;
        }

        @Override
        public Text getCurrentValue() throws IOException,
            InterruptedException {
            return value;
        }

        @Override
        public float getProgress() throws IOException,
            InterruptedException {
                long splitStart = this.combineFileSplit.getOffset(fileIndex);
                if(this.start < this.end){
                return Math.min(1.0f, (this.start - splitStart)/
                    (float) (this.end - splitStart));
            }

            return 0;
        }

        @Override
        public void close() throws IOException {
            if(lineReader != null){
                lineReader.close();
            }
        }
    }
}
```

下面的代码段给出了Mapper类和驱动程序的实现。在驱动程序中最重要的一行代码就是设置InputFormat作为job.setInputFormatClass(MasteringHadoop.MasteringHadoop-Combine FileInputFormat.class)。当程序执行时,得到的标准输出也在代码段的后面列出。分片的数量是1,数据集的大小为5 MB,而HDFS块容量为128 MB。

```
package MasteringHadoop;
```

```
import org.apache.hadoop.conf.Configuration;
import org.apache.hadoop.fs.Path;
import org.apache.hadoop.mapreduce.*;
import org.apache.hadoop.io.*;
import org.apache.hadoop.mapreduce.lib.input.FileInputFormat;
import org.apache.hadoop.mapreduce.lib.output.TextOutputFormat;
import org.apache.hadoop.util.GenericOptionsParser;
import java.io.IOException;

public class CombineFilesMasteringHadoop {
    public static class CombineFilesMapper extends
        Mapper<LongWritable, Text, LongWritable, Text>{

        @Override
        protected void map(LongWritable key, Text value, Context
            context) throws IOException, InterruptedException {
            context.write(key, value);
        }
    }
    public static void main(String args[]) throws IOException,
    InterruptedException, ClassNotFoundException{
        GenericOptionsParser parser = new
            GenericOptionsParser(args);
        Configuration config = parser.getConfiguration();
        String[ ] remainingArgs = parser.getRemainingArgs();
        Job job = Job.getInstance(config, "MasteringHadoop-
            CombineDemo");
        job.setOutputKeyClass(LongWritable.class);
        job.setOutputValueClass(Text.class);
        job.setMapperClass(CombineFilesMapper.class);
        job.setNumReduceTasks(0);
job.setInputFormatClass(MasteringHadoop.MasteringHadoopCombineFile
    InputFormat.class);
        job.setOutputFormatClass(TextOutputFormat.class);
        FileInputFormat.addInputPath(job, new
            Path(remainingArgs[0]));
        TextOutputFormat.setOutputPath(job, new
            Path(remainingArgs[1]));
        job.waitForCompletion(true);
    }
}
```

输出内容如下：

```
14/04/10 16:32:05 INFO input.FileInputFormat: Total input paths to process : 441
14/04/10 16:32:06 INFO mapreduce.JobSubmitter: number of splits:1
```

2.1.5　输入过滤

通常，一个作业的输入都需要基于某些属性进行过滤。数据层面的过滤可以在Map里面完成，但是如果能够在Map产生前的文件层面进行过滤，效率要高很多。这种过滤使得Map任务仅需要对感兴趣的文件进行处理，并能减少不必要的文件读取，从而对Map任务的运行时间产生积极的影响。例如，只有在某个时间段内生成的文件才需要进行分析操作。

计我们使用那441份授权文件来演示过滤功能。我们需要处理的文件的文件名需要匹配一个特定的正则表达式，并且满足最小文件大小。这两个要求都有特定的作业参数，分别是filter.name和filter.min.size。实现时需要扩展Configured类，并像下面代码段那样实现PathFilter接口。Configured类是能够使用Configuration进行配置的基类，PathFilter接口包含了accept()方法，而在accept()方法的实现中，接受一个Path参数作为入参，并根据是否需要在输入中包含这个文件来决定返回true或者false。下面的代码段展示了这个类的主要实现：

```java
import org.apache.hadoop.conf.Configuration;
import org.apache.hadoop.conf.Configured;
import org.apache.hadoop.fs.FileSystem;
import org.apache.hadoop.fs.Path;
import org.apache.hadoop.fs.PathFilter;
import org.apache.hadoop.io.IntWritable;
import org.apache.hadoop.io.LongWritable;
import org.apache.hadoop.io.Text;
import org.apache.hadoop.mapreduce.Job;
import org.apache.hadoop.mapreduce.Mapper;
import org.apache.hadoop.mapreduce.lib.input.FileInputFormat;
import org.apache.hadoop.mapreduce.lib.input.TextInputFormat;
import org.apache.hadoop.mapreduce.lib.output.TextOutputFormat;
import org.apache.hadoop.util.GenericOptionsParser;
import java.io.IOException;
import java.util.regex.Matcher;
import java.util.regex.Pattern;

public static class MasteringHadoopPathAndSizeFilter extends
    Configured implements PathFilter {
        private Configuration configuration;
        private Pattern filePattern;
        private long filterSize;
        private FileSystem fileSystem;

        @Override
        public boolean accept(Path path){
                // 在这里重写accept实现
        }

        @Override
        public void setConf(Configuration conf){
                // 在这里重写setConf实现
        }
    }
```

这里的一个重要变化就是重写了setConf()方法。这个方法用来对Configuration的私有变量进行设置，并且读取它的任何属性。在这个驱动类（driver class）中，需要使用下面的代码告诉作业过滤器的存在：

```
FileInputFormat.setInputPathFilter(job,
    MasteringHadoopPathAndSizeFilter.class);
```

setConf() 方法的实现如下：

```
@Override
    public void setConf(Configuration conf){
        this.configuration = conf;

        if(this.configuration != null){
            String filterRegex =
                this.configuration.get("filter.name");

            if(filterRegex != null){
                this.filePattern =
                Pattern.compile(filterRegex);
            }

            String filterSizeString =
                this.configuration.get("filter.min.size");

            if(filterSizeString != null){
                this.filterSize =
                    Long.parseLong(filterSizeString);
            }

            try{
                this.fileSystem =
                    FileSystem.get(this.configuration);
            }
            catch(IOException ioException){
                // 错误处理
            }

        }
    }
```

在下面的代码中，accept() 方法为所有的目录返回 true。当前目录的路径也是 accept() 方法的输入路径之一。它使用 Java 的正则表达式类（例如 Pattern 和 Matches）决定是否存在匹配正则表达式的路径，并以此设置一个相应的布尔（boolean）变量。进行二次检查以确定文件大小，并与过滤器设置的大小相比较。FileSystem 类的对象暴露一个能返回 FileStatus 对象的 getFileStatus() 方法，FileStatus 对象能够通过获取器（getter）检测对应文件的属性。

```
@Override
    public boolean accept(Path path){
        boolean isFileAcceptable = true;
        try{
            if(fileSystem.isDirectory(path)){
                return true;
```

```
        }

        if(filePattern != null){
            Matcher m =
                filePattern.matcher(path.toString());
            isFileAcceptable = m.matches();
        }

        if(filterSize > 0){
            long actualFileSize =
                fileSystem.getFileStatus(path).getLen();
            if(actualFileSize > this.filterSize){
                isFileAcceptable &= true;
            }
            else{
                isFileAcceptable = false;
            }
        }

    }
    catch(IOException ioException){
        // 错误处理

    }

    return isFileAcceptable;
}
```

　　如下的命令行接受文件名中包含a999645的文件，且文件的大小大于2500字节。如果两个参数都忽略，那么对于此属性就没有应用任何过滤器。

```
hadoop jar MasteringHadoop-1.0-SNAPSHOT-jar-with-dependencies.jar
-D filter.name=.*a999645.* -D filter.min.size=2500 grant-subset
grant-subset-filter
```

　　三个文件通过了测试，输出结果如下所示。需要注意的是，过滤行为是在分片产生之前执行的。

```
14/04/10 21:34:38 INFO input.FileInputFormat: Total input paths to process : 3
14/04/10 21:34:39 INFO mapreduce.JobSubmitter: number of splits:3
```

2.2　Map 任务

　　Map阶段的效率是由作业的输入数据的特点决定的。我们已经知道，过多的小文件会出现大量的分片，从而导致Map任务的激增。另一个需要特别注意的重要统计项是Map任务的平均运行时间。太多或者太少的Map任务都会对作业的性能产生不利的影响。关键是要让这两者达到一个平衡点，而这又取决于应用和数据本身。

根据实践总结的一条经验法则是：单个Map任务执行的时间大约保持在1至3分钟。

2.2.1　`dfs.blocksize`属性

　　集群中HDFS文件的块的默认容量可以被配置文件所覆盖，也就是hdfs-site.xml文件，通常位于Hadoop安装目录的etc/hadoop文件夹下。某些情况下，一个Map任务可能只需要几秒时间就可以处理一个块，所以，此时最好让Map任务处理更大的块容量。通过如下方法能够达到这个目的：

- ❑ 增加参数`fileinputformat.split.minsize`，使其大于块的容量
- ❑ 增加文件存储在HDFS中的块的容量

　　前者导致数据本地化的问题（locality problem），例如`InputSplit`可能会包含其他主机的块；后者能够维持数据都在本地节点，但要求你重新加载HDFS中的文件。你可以使用下面的命令来完成这个操作。文件tiny.dat.txt以块容量512 MB的方式上传到HDFS中，而默认的块容量是128 MB（之前的版本是64 MB）。

```
hadoop fs -D dfs.blocksize=536870912 -put tiny.dat.txt
tiny.dat.newblock.txt
```

　　　　　在任何应用中，Map任务的数量不应该超过60 000或者70 000。

　　有时Map任务可能会受到CPU的约束，也就是说，I/O是Map任务运行时的重要部分。这种情况下，最好利用集群中所有的可用计算资源。减小`fileinputformat.split.maxsize`属性值，使它小于HDFS的块的容量，从而帮助提高集群资源的利用率。

　　　　　减少利用数据本地化的Map任务数量有利于提高作业的性能。但是当出现作业失败时，它可能会增加作业的延时。当一个单独的Map任务处理相当大的一块数据时，如果失败就可能会阻塞整个作业。

2.2.2　中间输出结果的排序与溢出

　　将中间输出结果从Map任务发送到Reduce任务，需要在Map侧（如下图所示）和Reduce侧进行复杂的操作。Map任务的输出结果不仅要按照键进行分区，以发送到正确的Reduce任务，而且每个分区的键值还要排序。然后已分区的数据将会分派到合适的Reduce任务执行者。

　　Map任务产生的中间输出记录并不是直接写入磁盘，而是使用环形缓冲区的方式缓存在本地

内存中，待缓冲区满后才写入到磁盘。环形缓冲区的大小是通过`mapreduce.task.io.sort.mb`属性配置的，这个参数的默认值为100，也就是环形缓冲区有100 MB的容量。这个属性会被mapred-default.xml或mapred-site.xml文件中设定的该属性值覆盖，而这两个文件在Hadoop安装目录的etc/hadoop中。本节讨论的所有属性都可以在这两个文件中设置。被缓冲的键–值对记录已经被序列化，但是没有被排序。

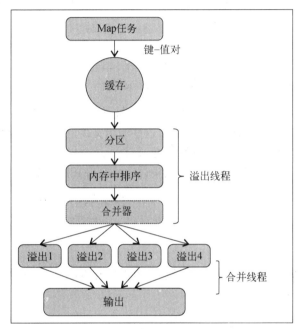

Map任务输出工作流

每个键–值对形式的记录都附带了一些额外的审计（accounting）信息。无论每个记录中的键或者值的大小是多少，这些信息都包含一个16字节长度的常量值。

为实际输出记录而申请的缓存的使用率有一个软阈值，由`mapreduce.task.io.sort.spill.percent`属性设置。这个属性的默认值是0.8，也就是当输出记录占据了缓存的80%的空间时，就会被存储到磁盘中。

> 在MAPREDUCE-64补丁之前，`io.record.sort.percent`属性是为审计信息申请的缓存的软阈值，默认值是0.05。当审计信息达到这个阈值时，将会触发缓存溢出（spill）。这经常导致更多的缓存溢出并减低缓存的使用率，特别是在记录比较小的情况下。
>
> 这个补丁之后，`io.record.sort.percent`属性修改为自动根据记录的大小调整，而不是手动设置。

当占用的环形缓存空间超出软阈值后，溢出行为会在一个后台线程执行。Map任务不会因为缓存溢出而被阻塞。但是，如果环形缓冲的占用达到了硬限制，Map任务将会被阻塞，直到溢出行为结束为止。溢出行为所在的线程会将记录基于键进行分区，在内存中将每个分区的记录按键排序，然后写到一个文件中。每次溢出，都有一个独立的文件存储。

> 按键排序的算法可以通过map.sort.class属性来指定。默认的算法是快速排序，在org.apache.hadoop.util.QuickSort中实现。

分区算法的类是通过mapreduce.partitioner.class属性设置的。缓存溢出的线程通过这个类的一个实例来决定这些分区分配给哪个Reduce任务。

一旦Map任务完成，缓存溢出的各个文件将会以按键排序后的状态合并到一个输出文件中。mapreduce.cluster.local.dir参数包含了这些输出文件应该放置的目录。在写入各个输出文件时，同时合并文件的流（stream）的数量是通过mapreduce.task.io.sort.factor参数指定的。它的默认值是10，也就是，这个步骤中将会同时打开10个文件来执行合并。

当缓存溢出发生时，I/O请求量是平时的3倍。一旦缓存溢出到磁盘，当Map任务结束时，这个文件将会被读取，并合并到单一的文件中，然后再写到磁盘中。所以，最好是仅在Map任务结束的时候才将缓存写到磁盘中。

> 如果Map任务结束时的合并操作占用的时间很少，就不需要对排序及缓存写入磁盘的步骤进行优化。

采用以下方法可以提高排序和缓存写入磁盘的效率。

- □ 设置mapreduce.task.io.mb属性增加环形缓冲区的大小，从而避免或减少缓存溢出的数量。当调整这个参数时，最好同时检测Map任务的JVM的堆大小，并必要的时候增加堆空间。
- □ 将mapreduce.task.io.sort.factor属性的值提高100倍左右，这可以使合并处理更快，并减少磁盘的访问。
- □ 为键和值提供一个更高效的自定义序列化工具。序列化后的数据占据的空间越少，缓存的使用率就越高。
- □ 提供更高效的Combiner（合并器），使Map任务的输出结果聚合效率更高。这不仅减少了通过网络传输给Reduce任务的数据，而且能够更快地写磁盘，并减少溢出的缓存和输出结果使用的存储空间。随后的章节将会介绍有关Combiner的更多详细信息。
- □ 提供更高效的键比较器和值的分组比较器，可以使得排序处理在运行时更快速。

MapReduce-4039

在很多类型的MapReduce应用中，对同一个分区的键的排序可能并不是必要的。这个补丁也被称为排序避免（sort avoidance），它可能会获得显著的性能提升。Reducer不需要等到所有的Map任务完成就可以开始执行了。

这个增强补丁当前正处于开放状态，很有可能在未来的版本中出现。

2.2.3 本地reducer和Combiner

Combiner在本地节点将每个map任务输出的中间结果做本地聚合，实际上就是本地reducer，它可以减少需要传递给reducer的数据量。用于派生和实现combiner的基础类与reducer的相同，但是，基于不同的应用，开发者可能选择让combiner和reducer有不同的逻辑。可以通过调用 `setCombinerClass()` 来指定一个作业的combiner。

Map任务的JVM的堆空间大小可以使用 `mapreduce.map.java.opts` 参数设置，默认值是 `-Xmx1024m`。

如果指定了Combiner，它可能在两个地方被调用：

- 当缓存溢出线程将缓存存放到磁盘时
- 当缓存溢出文件正在被合并到单一输出文件以便给Reduce任务消费时

无论何时，当为作业设置Combiner类时，前者都将被调用；然而，后者仅有在缓存溢出的数量超过 `mapreduce.map.combine.minspills` 属性配置的值时才会发生。这个上限的默认值为3，也就是说，只有当缓存溢出的数量至少达到3时，才会在合并的时候调用Combiner。

Map任务的中间结果文件如果匹配一个正则表达式，就能够在作业退出后依然被保存下来。可以通过 `mapreduce.task.files.preserve.filepattern` 属性指定模式来实现这个功能。

2.2.4 获取中间输出结果——Map侧

Reducer需要通过网络获取Map任务的输出结果，然后才能执行Reduce任务。因此，网络往往是一个分布式系统的瓶颈。可以通过下述Map侧的优化来减轻网络负载。

- Map任务的中间输出结果使用一个合适的压缩编码进行压缩。为了能使用压缩，需要将 `mapreduce.map.output.compress` 属性设置为 `true`，而压缩编码的类型可以通过

mapreduce.map.output.compress.codec属性来指定。有很多压缩方法可供选择，我们将在后续章节详细介绍。

❑ Reduce任务在获取Map任务的输出分片时，使用的是HTTP协议。可以使用mapreduce.tasktracker.http.threads属性指定Reduce任务执行HTTP请求的线程的数量。每个http读取请求需要一个独立的线程执行。如果这个属性设置很小的值，由于请求需要排队，会导致获取数据的请求延时增加。这个属性的默认值是40，也就是40个线程。

2.3　Reduce 任务

Reduce任务是一个数据聚合的步骤。如果Reduce任务的数量没有指定，默认值为1。只执行一个Reduce，可能会面临这个Reduce节点负载过大的风险，而使用过多的Reduce任务则意味着复杂的洗牌处理（shuffle），并使输出文件的数量激增，从而对NameNode造成很大的压力。想要确定一个最优的Reduce任务的数量，关键是要理解数据分布和分片函数。

> 理想的配置是使每个Reduce任务处理1 GB到5 GB的数据。

Reduce任务的数量可以通过mapreduce.job.reduces属性来设置，也可以通过编程的方式，调用Job对象的setNumReduceTasks()方法来设置。一个节点可以执行的Reduce任务的数量存在一个上限，可以通过mapreduce.tasktracker.reduce.maximum属性给出。

> 可以采用下列探试法来决定Reduce任务的合理数量：
> 0.95 *（节点数量 * mapreduce.tasktracker.reduce.maximum）
> 另一个方法是：
> 1.75 *（节点数量 * mapreduce.tasktracker.reduce.maximum）
> 在0.95的情况下，每个reducer都可以在Map任务完成后立即执行；而在1.75的情况下，较快的节点将在完成他们第一个Reduce任务后，马上执行第二个。这样能达到更好的负载均衡效果。

2.3.1　获取中间输出结果——Reduce侧

Reduce任务在结束时都会获取Map任务相应的分区数据，这个过程称为复制阶段（copy phase）。一个Reduce任务能够并行地从多少个Map任务获取数据是由mapreduce.shuffle.reduce.parallelcopies参数决定的。这个值越小，Reduce的队列就越长。Reduce任务可能需要等待一个可用的槽位（slot），才能开始从Map任务获取数据。

　　在Reduce任务由于网络连接问题不能获取Map任务输出数据的情况下，它会以指数退让（exponential backoff）的方式重试。在`mapred.reduce.copy.backoff`属性设置的超时时间到达之前，都会持续进行重试。超时之后，Reduce任务将被标志为失败状态。

2.3.2　中间输出结果的合并与溢出

　　与Map任务的排序和溢出类似，Reduce任务也需要对多个Map任务的输出结果进行合并，这个过程如下图所示。根据Map任务的输出数据的的大小，可能将其复制到内存或者磁盘。`mapreduce.reduce.shuffle.input.buffer.percent`属性配置了这个任务占用的缓存空间在堆栈空间中的占用比例。

　　`mapreduce.reduce.shuffle.merge.percent`属性决定了缓存溢出到磁盘的阈值，默认值是0.66。`mapreduce.reduce.merge.inmem.threshold`属性设置了Map任务在缓存溢出前能够保留在内存中的输出个数的阈值，默认值是1000。上述两个阈值中只要有一个满足，输出数据都将会写到磁盘中。

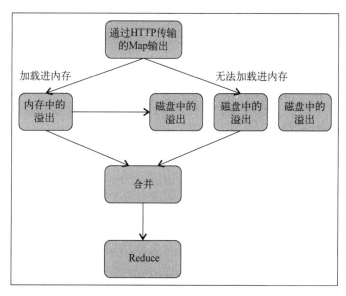

　　后台线程会持续合并磁盘的文件。在收到所有的Map任务输出数据后，Reduce任务进入合并（merge）或者排序（sort）阶段。同样，与Map任务的合并类似，同时合并的文件流（file stream）的数量是由`mapreduce.task.io.sort.factor`属性决定的。调整这类参数的方式可以参照Map侧的合并/溢出参数，关键是要尽可能在内存中进行处理。

　　在较新的Hadoop版本中，`mapreduce.reduce.merge.memtomem.enabled`和`mapreduce.reduce.merge.memtomem.threshold`参数可以实现内存中的合并功能。

　　Map任务输出数据的所有压缩操作，在合并时都会在内存中进行解压缩操作。

2.4　MapReduce 的输出

输出依赖于作业中Reduce任务的数量。下面是一些优化输出的建议。

- 压缩输出，以节省存储空间。同时，压缩也能提高HDFS写入的吞吐量。
- 避免写入带外端文件（out-of-band side file）作为Reduce任务的输出。如果需要收集统计数据，使用计数器会好一点。收集端文件的统计信息将需要额外的聚合步骤。
- 根据作业输出文件的消费者的需求，可分割的压缩技术或许合适。
- 以较大块容量的设置，写入较大的HDFS文件，有助于帮助后续的数据消费者减少他们的Map任务数。这在我们级联MapReduce作业时特别有用。在这种情况下，一个作业的输出将是下一个作业的输入。若以较大块容量的设置写入较大的HDFS文件，在后续作业中就不必专门处理Map输入。

任务的推测执行

Straggler（掉队者）是指那些跑得很慢但最终会成功完成的任务。一个掉队的Map任务会阻止Reduce任务开始执行，因此会延迟整个作业的完成。由于硬件性能的退化或者软件的错误配置，可能会出现掉队任务。

Hadoop不能自动纠正掉队任务，但是可以识别那些跑得比正常任务慢的任务，然后它会产生另一个等效的任务作为备份，并使用首先完成的那个任务的结果，此时另外一个任务则会被要求停止执行。这种技术称为推测执行（speculative execution）。

Hadoop默认使用推测执行。可以将mapreduce.map.speculative属性设置为false来关闭Map任务的推测执行，关闭Reduce的推测执行功能则使用mapreduce.reduce.speculative属性。

mapreduce.job.speculative.speculativecap属性指定了推测执行功能的任务能够占总任务数量的比例，它的取值范围在0和1之间，默认值是0.1。利用mapreduce.job.speculative.slowtaskthreshold和mapreduce.job.speculative.slownodethreshold属性来指定一个任务比正常任务慢多少时才应该启动备份任务。这些参数的度量使用的是相对于所有任务平均进度的标准偏差，默认值是1。

2.5　MapReduce 作业的计数器

计数器是在作业层面收集统计信息，它能帮助我们对Hadoop MapReduce的作业进行质量控制、性能监控和问题识别。和日志不同，它们生来就是全局的，因此不需要进行聚合操作就可以执行分析操作。计数器使用CounterGroup类进行逻辑分组，并且每个作业都有一些内置的计数器。

下面的例子说明了如何创建一个简单的自定义计数器。这个例子实现的计数器功能是将文件的行分为如下三类并统计它们的数量：包含0个单词，包含1~5个单词，以及包含5个以上单词。当对授权文件集运行这个程序时，得到如下结果：

```
14/04/13 23:27:00 INFO mapreduce.Job: Counters: 23
    File System Counters
        FILE: Number of bytes read=446021466
        FILE: Number of bytes written=114627807
        FILE: Number of read operations=0
        FILE: Number of large read operations=0
        FILE: Number of write operations=0
        HDFS: Number of bytes read=535015319
        HDFS: Number of bytes written=52267476
        HDFS: Number of read operations=391608
        HDFS: Number of large read operations=0
        HDFS: Number of write operations=195363
    Map-Reduce Framework
        Map input records=27862
        Map output records=27862
        Input split bytes=56007
        Spilled Records=0
        Failed Shuffles=0
        Merged Map outputs=0
        GC time elapsed (ms)=66
        Total committed heap usage (bytes)=62037426176
    MasteringHadoop.MasteringHadoopCounters$WORDS_IN_LINE_COUNTER
        LESS_THAN_FIVE_WORDS=8449
        MORE_THAN_FIVE_WORDS=19413
        ZERO_WORDS=6766
    File Input Format Counters
        Bytes Read=1817707
    File Output Format Counters
        Bytes Written=189102
```

第一步是创建一个计数器，使用计数器的名字定义一个Java枚举类。枚举类型的名字就是计数器的分组，如下代码段所示：

```
public static enum WORDS_IN_LINE_COUNTER{
        ZERO_WORDS,
        LESS_THAN_FIVE_WORDS,
        MORE_THAN_FIVE_WORDS
    };
```

当遇到需要增加计数器的情况时，可以在任务的上下文对象中通过计数器的名字调用getCounter()来获得计数器，计数器支持在全局范围内调用increment()方法来增加计数器的值。

一个应用所使用的自定义计数器不应该超过15到20个。

在任务上下文中使用getCounter()会带来一些额外的负载。可以在运行时使用计数器分组和计数器名字来创建动态计数器（dynamic counter）。

在下面的代码段中，Mapper类演示了如何基于文件中的每一个句子所包含单词的数量来增加WORDS_IN_LINE_COUNTER分组中的计数器。

```
public static class MasteringHadoopCountersMap extends
    Mapper<LongWritable, Text, LongWritable, IntWritable> {
private IntWritable countOfWords = new IntWritable(0);
            @Override
            protected void map(LongWritable key, Text value,
                Context context) throws IOException,
                    InterruptedException {

                StringTokenizer tokenizer = new
                    StringTokenizer(value.toString());
                int words = tokenizer.countTokens();
if(words == 0)
    context.getCounter(WORDS_IN_LINE_COUNTER.ZERO_WORDS).increment(1);
                if(words > 0 && words <= 5)
    context.getCounter(WORDS_IN_LINE_COUNTER.LESS_THAN_FIVE_WORDS)
        .increment(1);
                else
    context.getCounter(WORDS_IN_LINE_COUNTER.MORE_THAN_FIVE_WORDS)
        .increment(1);
    countOfWords.set(words);
                context.write(key, countOfWords);
            }
        }
```

计数器是在一个分布式环境中的全局变量，因此必须慎重使用。使用的计数器的数量越多，计算集群跟踪它们需要的负载就越大。因此，在实际应用中，不应该在需要聚合非常细化的统计时使用计数器。

2.6 数据连接的处理

在大数据处理过程中，连接（join）操作是很常见的，一般针对的是连接键的值和参与连接的多个数据集的数据类型。本书中，我们不会侧重解释不同类型连接的语义（例如内连接、外连接和交叉连接），而是聚焦于MapReduce中如何使用内连接以及如何优化与之相关的性能。

在MapReduce中，连接可以在Map任务中完成，也可以在Reduce任务中完成。前者被称为Map侧的连接，后者被称为Reduce侧的连接。

2.6.1 Reduce侧的连接

Reduce侧的连接更加通用，并且不需要对参与连接的数据集强加太多的条件。然而，shuffle

步骤会需要非常多的资源。

基本的原理是，在每条记录添加一个标签指明数据的来源，并在Map任务中提取连接键。Reduce任务收到同一个连接键的所有记录并执行连接操作。如果参与连接的数据集非常小，可以通过一个旁路通道（side channel，例如分布式缓存）将数据派送给每个Reduce任务。

为了使Reduce侧的连接顺利进行，需要满足下面两个要求。

❑ 对于参与连接的不同数据集，需要有一个方法为它们指定InputFormat和Mapper类。MultipleInputs类就是为这个目的而设计的。对于比较小的文件，可以使用分布式缓存（DistributedCache）的API。后面将要说到的Map侧的连接，将会展示如何使用这种旁路文件系统。

❑ 为了最优化Reduce侧的连接，二次排序（secondary sorting）的功能是必需的。参与连接的键将会被排序，但是键所在数据源也应该排序。通过二次排序功能，一个源的完整数据紧接着另一个源的数据，减少了将源的记录缓存在内存的开销。

下面的例子演示了Reduce侧连接功能。数据集包含了世界各地的城市以及城市相关的信息，信息中包含国家编码。你可以从下面网址获取一份CSV格式的数据：http://dev.maxmind.com/geoip/legacy/geolite/。每个国家有一个由两个字母组成的ISO编码。countrycodes.txt文件可以从这个网址获取：http://www.spoonfork.org/isocodes.html。

在这个以及随后的例子中，连接键使用的是国家的ISO编码。使用这个键来获取国家的名字，并累加这个国家的城市人口数，得到国家的人口总数。使用下面的步骤完成连接操作。

(1)需要实现一个自定义的Writable数据类型，从而用键为数据集打标签。如下的代码演示了一个组合键的实现：

```
package MasteringHadoop;

import org.apache.hadoop.io.IntWritable;
import org.apache.hadoop.io.Text;
import org.apache.hadoop.io.WritableComparable;

import java.io.DataInput;
import java.io.DataOutput;
import java.io.IOException;

public class CompositeJoinKeyWritable implements WritableComparable<CompositeJoin-
KeyWritable> {

    private Text key = new Text();

    private IntWritable source = new IntWritable();

    public CompositeJoinKeyWritable(){
```

```
    }

    public CompositeJoinKeyWritable(String key, int source){
        this.key.set(key);
        this.source.set(source);
    }

    public IntWritable getSource(){
        return this.source;
    }

    public Text getKey(){
        return this.key;
    }

    public void setSource(int source){
        this.source.set(source);
    }

    public void setKey(String key){
        this.key.set(key);
    }

    @Override
    public void write(DataOutput dataOutput) throws IOException {
        this.key.write(dataOutput);
        this.source.write(dataOutput);
    }

    @Override
    public void readFields(DataInput dataInput) throws IOException {
        this.key.readFields(dataInput);
        this.source.readFields(dataInput);
    }

    @Override
    public int compareTo(CompositeJoinKeyWritable o) {

        int result = this.key.compareTo(o.key);

        if(result == 0){
            return this.source.compareTo(o.source);
        }

        return result;
    }

    @Override
    public boolean equals(Object obj){

        if(obj instanceof CompositeJoinKeyWritable){

            CompositeJoinKeyWritable joinKeyWritable =
                (CompositeJoinKeyWritable)obj;
```

```
        return (key.equals(joinKeyWritable.key) && source.
            equals(joinKeyWritable.source));
    }

    return false;
    }
}
```

(2) 需要实现一个自定义的partitioner类。partitioner必须只能基于连接的原始键做数据分区，也就是国家的ISO编码。这样保证了同一个国家编码的城市将被同一个Reduce任务处理。下面的代码演示了自定义的partitioner类的实现：

```
public static class CompositeJoinKeyPartitioner extends
    Partitioner<CompositeJoinKeyWritable, Text>{

    @Override

    public int getPartition(CompositeJoinKeyWritable
        key, Text value, int i) {

        return (key.getKey().hashCode() % i);

    }

    }
```

(3) 需要写一个自定义的分组比较器（grouping comparator）。同分区类一样，分组只能基于连接的原始键进行。如下代码演示一个组合键的分组比较器的实现：

```
public static class CompositeJoinKeyComparator extends
    WritableComparator{

        protected CompositeJoinKeyComparator(){
            super(CompositeJoinKeyWritable.class, true);

        }

        @Override
        public int compare(Object a, Object b) {

            CompositeJoinKeyWritable compositeKey1 =
                (CompositeJoinKeyWritable) a;
            CompositeJoinKeyWritable compositeKey2 =
                (CompositeJoinKeyWritable) b;

            return compositeKey1.getKey()
                .compareTo(compositeKey2.getKey());
        }
    }
```

(4) 需要为每种输入数据集都写一个Mapper类。下面的例子中展现了两个Mapper类：一个为城市的数据集，另一个为国家的数据集。国家的数据集比城市的数据集要少。为了提高效率，当完成数据集的二次排序之后，一个Reduce中国家的数据集应该出现在城市的数据集之前。

```
public static class MasteringHadoopReduceSideJoinCountryMap
    extends Mapper<LongWritable, Text,
        CompositeJoinKeyWritable, Text>{

        private static short COUNTRY_CODE_INDEX = 0;
        private static short COUNTRY_NAME_INDEX = 1;

        private static CompositeJoinKeyWritable
            joinKeyWritable = new
                CompositeJoinKeyWritable("", 1);
        private static Text recordValue = new Text("");

        @Override
        protected void map(LongWritable key, Text value,
            Context context) throws IOException,
                InterruptedException {

            String[ ] tokens = value.toString().split(",", -1);

            if(tokens != null){
                joinKeyWritable.setKey(tokens[COUNTRY_CODE_INDEX]);
                recordValue.set(tokens[COUNTRY_NAME_INDEX]);
                context.write(joinKeyWritable,recordValue);
            }


        }
    }

    public static class
    MasteringHadoopReduceSideJoinCityMap extends
        Mapper<LongWritable, Text,
            CompositeJoinKeyWritable, Text>{

        private static short COUNTRY_CODE_INDEX = 0;

        private static CompositeJoinKeyWritable
            joinKeyWritable = new
                CompositeJoinKeyWritable("", 2);
        private static Text record = new Text("");

        @Override
        protected void map(LongWritable key, Text value,
            Context context) throws IOException,
                InterruptedException {

            String[] tokens = value.toString().split(",", -1);

            if(tokens != null){
```

```
joinKeyWritable.setKey(tokens[COUNTRY_CODE_INDEX]);
            record.set(value.toString());
            context.write(joinKeyWritable, record);
        }


    }
}
```

(5) Reducer类利用了二次排序的优点产生连接后的数据。迭代器的第一个值是国家的数据，国家的名字保存了下来，并且基于其他数据计算这个国家的人口数量。

```
public static class MasteringHadoopReduceSideJoinReduce
    extends
        Reducer<CompositeJoinKeyWritable, Text, Text,
            LongWritable>{

    private static LongWritable populationValue = new LongWritable(0);
    private static Text countryValue = new Text("");
    private static short POPULATION_INDEX = 4;

    @Override
    protected void reduce(CompositeJoinKeyWritable key,
        Iterable<Text> values, Context context) throws
            IOException, InterruptedException {

        long populationTotal = 0;
        boolean firstRecord = true;
        String country = null;

        for(Text record : values){

            String[] tokens =
                record.toString().split(",", -1);
            if(firstRecord){
                firstRecord = false;
                if(tokens.length > 1)
                    break;
                else
                    country = tokens[0];
            }
            else{
                String populationString =
                    tokens[POPULATION_INDEX];

                if(populationString != null &&
                    populationString.isEmpty() ==
                        false){
                    populationTotal +=
                        Long.parseLong(populationString);
                }

            }
```

```
        }

        if(country != null){
            populationValue.set(populationTotal);
            countryValue.set(country);
            context.write(countryValue,
                populationValue);
        }


    }
}
```

(6) 动程序需要指定所有Reduce侧连接需要的自定义数据类型。

```
public static void main(String args[]) throws
IOException, InterruptedException, ClassNotFoundException{

    GenericOptionsParser parser = new
        GenericOptionsParser(args);
    Configuration config = parser.getConfiguration();
    String[ ] remainingArgs = parser.getRemainingArgs();

    Job job = Job.getInstance(config, "MasteringHadoop ReduceSideJoin");

    job.setMapOutputKeyClass(CompositeJoinKeyWritable.class);
    job.setMapOutputValueClass(Text.class);
    job.setOutputKeyClass(Text.class);
    job.setOutputValueClass(LongWritable.class);

    job.setReducerClass(MasteringHadoopReduceSideJoinReduce.class);
    job.setPartitionerClass(CompositeJoinKeyPartitioner.class);
    job.setGroupingComparatorClass(CompositeJoinKeyComparator.class);
    job.setNumReduceTasks(3);


    MultipleInputs.addInputPath(job, new
        Path(remainingArgs[0]), TextInputFormat.class,
            MasteringHadoopReduceSideJoinCountryMap.class);
    MultipleInputs.addInputPath(job, new
        Path(remainingArgs[1]), TextInputFormat.class,
            MasteringHadoopReduceSideJoinCityMap.class);

    job.setOutputFormatClass(TextOutputFormat.class);
    TextOutputFormat.setOutputPath(job, new Path(remainingArgs[2]));

    job.waitForCompletion(true);
}
```

2.6.2　Map侧的连接

与Reduce侧的连接不同，Map侧的连接需要等待参与连接的数据集满足如下任一条件。

❏ 除了参与连接的键外，所有的输入都必须按照连接键排序。输入的各种数据集必须拥有相同的分区数；所有具有相同键的记录需要放在同一个分区中；当Map任务对其他MapReduce作业的结果进行处理时，Map侧的连接格外具有吸引力，因为这种情况下上述的条件就自动满足了。CompositeInputFormat类用于执行Map侧的连接，而输入和连接类型的配置可以通过属性来指定。

❏ 如果其中的一个数据集足够小，旁路的分布式通道（例如分布式缓存）可以用在Map侧的连接中。

在下面的例子中，国家相关的文件分布在所有的节点上。在Map任务启动的过程中，这些文件被TreeMap数据结果加载到内存中。Mapper类中的setup()方法被重载从而能够将较小的数据放到内存中：

```java
package MasteringHadoop;

import org.apache.hadoop.conf.Configuration;
import org.apache.hadoop.fs.FSDataInputStream;
import org.apache.hadoop.fs.FileSystem;
import org.apache.hadoop.fs.Path;
import org.apache.hadoop.io.LongWritable;
import org.apache.hadoop.io.Text;
import org.apache.hadoop.mapreduce.*;
import org.apache.hadoop.mapreduce.lib.input.TextInputFormat;
import org.apache.hadoop.mapreduce.lib.output.TextOutputFormat;
import org.apache.hadoop.util.GenericOptionsParser;
import org.apache.hadoop.util.LineReader;

import java.io.IOException;
import java.net.URI;
import java.net.URISyntaxException;
import java.util.TreeMap;

public class MasteringHadoopMapSideJoin {

    public static class MasteringHadoopMapSideJoinMap extends
        Mapper<LongWritable, Text, Text, LongWritable> {

        private static short COUNTRY_CODE_INDEX = 0;
        private static short COUNTRY_NAME_INDEX = 1;
        private static short POPULATION_INDEX = 4;

        private TreeMap<String, String> countryCodesTreeMap = new
            TreeMap<String, String>();
        private Text countryKey = new Text("");
        private LongWritable populationValue = new LongWritable(0);


        @Override
        protected void setup(Context context) throws
            IOException, InterruptedException {
```

```
        URI[] localFiles = context.getCacheFiles();

        String path = null;
        for(URI uri : localFiles){
            path = uri.getPath();
            if(path.trim().equals("countrycodes.txt")){
                break;
            }
        }

        if(path != null){
            getCountryCodes(path, context);
        }

    }
```

如下所示的私有方法getCountryCodes()用于从旁路分布式缓存中读取文件，然后逐行处理并保存在TreeMap实例中。这个方法也是Mapper类的一部分：

```
private void getCountryCodes(String path, Context context)
    throws IOException{

    Configuration configuration = context.getConfiguration();
    FileSystem fileSystem = FileSystem.get(configuration);
    FSDataInputStream in = fileSystem.open(new Path(path));
    Text line = new Text("");
    LineReader lineReader = new LineReader(in, configuration);

    int offset = 0;
    do{
        offset = lineReader.readLine(linc);

        if(offset > 0){
            String[] tokens = line.toString().split(",", -1);
            countryCodesTreeMap.put(tokens[COUNTRY_CODE_ INDEX],
                tokens[COUNTRY_NAME_INDEX]);
        }

    }while(offset != 0);

}
```

连接操作是发生在Mapper类的map()方法中。每个键都会在对应的TreeMap数据结果中做匹配检查，如果匹配，就会产生连接记录：

```
@Override
protected void map(LongWritable key, Text value, Context
    context) throws IOException, InterruptedException {

    String cityRecord = value.toString();
    String[] tokens = cityRecord.split(",", -1);
```

```
        String country = tokens[COUNTRY_CODE_INDEX];
        String populationString = tokens[POPULATION_INDEX];

        if(country != null && country.isEmpty() == false){

            if(populationString != null &&
                populationString.isEmpty() == false){

                long population = Long.parseLong(populationString);
                String countryName = countryCodesTreeMap.get(country);

                if(countryName == null) countryName = country;

                countryKey.set(countryName);
                populationValue.set(population);
                context.write(countryKey, populationValue);

            }

        }

    }

}
```

Reduce任务很简单，它基于国家编码这个键聚，合并计算一个国家的总人口，如下列代码所示：

```
public static class MasteringHadoopMapSideJoinReduce extends
    Reducer<Text, LongWritable, Text, LongWritable>{

    private static LongWritable populationValue = new LongWritable(0);
    @Override
    protected void reduce(Text key, Iterable<LongWritable>
        values, Context context) throws IOException, InterruptedException {

        long populationTotal = 0;

        for(LongWritable population : values){
            populationTotal += population.get();
        }
        populationValue.set(populationTotal);
        context.write(key, populationValue);
    }
}
```

2.7　小结

　　本章，我们看到Hadoop MapReduce工作链上的不同阶段的优化方法。在连接的例子中，我们看到MapReduce作业的其他高级特性。本章学到的主要内容如下。

　　❑ 应该避免生成太多依赖于I/O的Map任务，且Map任务的数量是由输入决定的。
　　❑ 作业的加速主要源于Map任务，因为它们有更高的并行度。

- ❑ Combiner对效率的提高，不仅体现在Map任务和Reduce任务之间的数据传输，而且体现在降低了Map侧的I/O负载。
- ❑ 默认设置下只有一个Reduce任务。
- ❑ 自定义的分区器可以在不同的Reduce之间做负载均衡。
- ❑ 分布式缓存对于小文件场景是很有用的，但应该避免过多或过大的文件存储在缓存中。
- ❑ 自定义的计数器可以用来跟踪全局级别的统计，但不应过多使用。
- ❑ 应该更经常使用压缩。不同的压缩编码有不同的考量，但是哪种压缩编码合适却是取决于应用的。
- ❑ Hadoop有很多可以调整的配置项来优化作业的执行。
- ❑ 应该避免使用不成熟的优化方法，而内置的计数器是你的得力助手。
- ❑ 推荐使用像Pig或Hive这样的高阶抽象功能代替原生的Hadoop作业。

在下一章，我们将探讨Pig——Hadoop中使用脚本编辑MapReduce作业的框架。Pig提供了高级的关系型操作，这样用户不需要使用Java代码编写低级的MapReduce，就可以实现对数据的转换功能。

第 3 章

Pig进阶

在Hadoop上运行Java MapReduce作业，以最少的抽象概念提供了最大的灵活性。然而，抽象对于推断模式、完成日常的数据操作任务、降低复杂性和扁平化学习曲线来说仍是必要的。而Pig就提供了这样一个框架以及高级抽象，可以在Hadoop上创建MapReduce程序。它包含一种称为Pig Latin的脚本语言。就操作符的功能而言，Pig Latin可以跟SQL相媲美。

Pig由雅虎于2006年左右开发，当时作为一个框架用于指定特别的MapReduce工作流。次年，被迁移到Apache软件基金会。最新的发布版是0.12.1。

> 目前，Pig的正式发布和Hadoop 2.2.0不兼容。它会从Hadoop 1.2.1中寻找库文件。运行任何Pig脚本都会失败，并抛出下面的异常：
>
> ```
> Unexpected System Error Occured:
> java.lang.IncompatibleClassChangeError: Found interface
> org.apache.hadoop.mapreduce.JobContext, but class was expected.
> ```
>
> 修复这个问题需要重新编译Pig的二进制文件。运行下面的命令，然后改用新生成的pig.jar和pig-withouthadoop.jar文件：
>
> ```
> ant clean jar-all -Dhadoopversion=23
> ```

本章，我们将通过以下内容来看看Pig的高级特性。

- ❑ 与SQL相比，Pig有何不同。
- ❑ 分析Pig Latin脚本如何被转成MapReduce程序。
- ❑ 深入研究Pig支持的高级关系操作符；我们将深入了解这些关系操作符，并通过实例来看一下它们的应用程序。
- ❑ 学习如何扩展Pig现有的功能：使用用户定义函数（UDF）可以实现多种接口，我们将仔细研究其中的一些接口。

3.1　Pig 对比 SQL

　　SQL是一种非常流行的查询和数据处理语言。任何用于数据处理的高级语言都应该与SQL对比一下。在本节中，我们将比较Pig Latin和SQL。对比的结果如下所示。

- Pig Latin基本上可以算是一种过程化语言。相反，SQL实际上是一种声明式语言。在SQL中，数据转换发生时不需要数据管道，然而，在Pig Latin中，数据管道中的每一步数据转换都是有序的。在SQL中可以通过使用中间临时表来模拟这种行为，但是创建、管理和清理这些中间表却是一件又麻烦又容易犯错的事。尽管Pig Latin脚本是过程化的，但语句却是懒惰执行，也就是说，直到真正需要某个值的时候，相应的语句才会被执行。

- 开发者使用像SQL这样的声明式语句书写数据流时，会过度地依赖于查询优化器来为数据转换步骤选择正确的实现。SQL引擎确实能够提供帮助，但不具有选择的灵活性，或者说是添加插件的能力。而Pig Latin天生带有这种灵活性。

- SQL是一种理想的线性数据流——转换产生一个单一的结果集。然而，数据流通常是有向无环图（DAG），常见的操作是将数据分割成流，在每个流上应用不同的转换函数，然后再将这些流连接起来。要在SQL上实现DAG则需要重复操作或是物化中间结果。而Pig由于物化了中间结果，所以能够通过减少磁盘的读写次数来有效地处理数据流的DAG。

- SQL不是一个抽取–转换–加载（ETL）工具，它只作用于那些已经在数据库中存在的数据。Pig为UDF提供了便捷，用户可以在数据流中自定义Java代码。它考虑到流的情况，也就是说，在数据流中可以随意插入可执行的代码。而流有助于重用数据流管道中现有的工具和代码。Pig的这些特性使它成为一个多用途的平台，不需要为了ETL和数据处理分别使用不同的工具。

- Pig过程化的特性允许它在数据管道处理过程中在任意点存储数据。这有助于手动引入检查点，并且当发生故障时，也不必从头开始执行整个查询。对于大数据的处理，这一点显得格外重要，因为数据加载和处理的时间特别长。SQL没有赋予开发者对这项功能的控制权，它很有可能需要重新执行查询中最花时间的部分。

3.2　不同的执行模式

　　Pig有以下三种执行模式。

- **交互式模式**：在这种模式中，用户可以利用一个叫作grunt的外壳程序（shell）。用户可以在一个连接Pig和Hadoop集群的交互式会话中，输入Pig命令。

- **批处理模式**：在这种模式中，用户可以在一个脚本文件中书写一系列的Pig语句，然后提交、执行这个文件。

- **嵌入式模式**：在这种模式中，通过导入Pig的库文件，可以在任何Java程序中调用Pig命令。

除了这几种执行模式以外，Pig还可以在本地的执行环境中以本地模式执行，或者在Hadoop集群的执行环境中以mapreduce模式执行。在本地模式下，所有的命令利用本地文件系统在单一的环境中执行。如果不带-x参数，Pig默认以mapreduce模式运行。如果指定-x参数，用户可以选择运行本地模式还是mapreduce模式，并使用相关的执行环境。环境变量HADOOP_CONF_DIR就是用来指定Pig在哪个Hadoop集群上运行MapReduce作业。

下面的代码演示了如何以本地或mapreduce模式运行Pig脚本：

```
pig -x local …
pig -x mapreduce … OR pig …
```

3.3　Pig 的复合数据类型

Pig的原生数据类型有int、long、float、double、chararray及bytearray等。此外，Pig也支持复合数据类型。使用这些复合数据类型，可以指定Pig关系操作符的输入及输出。在某些场合下，操作符的行为取决于它所使用的复合数据类型。这些复合数据类型如下。

❑ Map：不要将这种数据类型与MapReduce中的map函数相混淆。Map数据类型是一种关联数据类型，它保存chararray类型的键（key）及相应的值（value）。map中，值的数据类型并没有限制，它也可以是一个复合数据类型。如果无法指定值的类型，Pig就会将其默认为bytearray数据类型。键和值的关联通过符号#完成。map中的键值必须是唯一的：

```
[key#value, key1#value1…]
```

❑ Tuple：Tuple数据类型是一组数据值的集合。它们长度固定且有序。它们就好比是SQL表中的一条记录，只是对列的类型并没有什么限制。每个数据值被称为字段（field）。由于值是按序排列，因此可以在tuple中随机访问某个值：

```
(value1, value2, value3…)
```

❑ Bag：Bag数据类型是tuple和其他bag的容器。它们是无序的，也就是说无法随机访问一个bag中的某个tuple或bag。对于包含在bag中的tuple，它的结构是没有限制的。另外，一个bag中允许出现重复的tuple或是bag：

```
{ (tuple1), (tuple2) …}
```

Pig中的Bag数据类型可以溢出保存到磁盘中，这样它就可以拥有数量庞大的tuple，而无需顾虑内存的限制。但Map和Tuple数据类型不属于这种情况。

3.4　编译 Pig 脚本

Pig 的架构被设计成分层结构，这有利于插件式的执行引擎。Hadoop 的 MapReduce 作为一个执行平台，就像插件一样被加载到 Pig 中。编译和执行 Pig 脚本有三个主要阶段：准备逻辑计划，将它转成物理计划，最后，将物理计划编译成 MapReduce 计划，这样就可以在相应的执行环境中运行。

3.4.1　逻辑计划

Pig 首先会解析语句的语法错误，同时验证输入文件和输入的数据结构。如果有模式（schema）存在，那么本阶段还会进行类型检查。然后生成一个 DAG 的逻辑计划，DAG 中的节点是操作符，边是数据流。逻辑计划是不能执行的，它并不知道执行层。本阶段还会基于内置的规则进行优化。其中一些规则我们会在稍后讨论。逻辑计划与有效的操作符一一对应。在下面的脚本中，两个文本文件作为数据输入，被加载并保存到 Pig 的变量中，这也被称为关系（relation）。两组输入的数据经历诸如空值过滤（filter）、连接（join）等转换，最终根据连接键（join key）被分组和聚合。

```
cc = load 'countrycodes.txt' using PigStorage (',')  as
    (ccode:chararray, cname:chararray) ;
ccity = load 'worldcitiespop.txt' using PigStorage (',')  as
    (ccode:chararray, cityName:chararray, cityFullName:chararray,
        region:int, population:long, lat:double, long:double) ;
filteredCcity = filter ccity by population is not null;
joinCountry = join cc by ccode, ccity by ccode;
generateRecords = foreach joinCountry generate cc::cname,
    ccity::cityName, ccity::population;
groupByCountry = group generateRecords by cname;
populationByCountry = foreach groupByCountry generate group,
    SUM (generateRecords.population) ;
```

下图表明了上述脚本的逻辑计划：

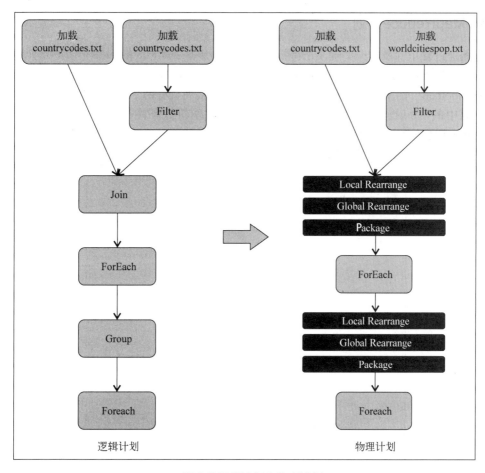

Pig脚本的逻辑计划和物理计划

3.4.2 物理计划

物理计划使Pig的编译过程开始感知到执行平台。在本阶段中，每一个操作符被转换成执行的物理形态。比如说MapReduce框架，除了少数几个操作符以外，大多数都可以和物理计划一一对应。除逻辑操作符以外，还有几个物理操作符：Local Rearrange（LR）、Global Rearrange（GR）、和 Package（P）操作符。

像GROUP、COGROUP或是JOIN这样的逻辑操作符，会被转换成有序的LR、GR和P操作符，上图中也已经表明了这一点。LR操作符对应洗牌的准备阶段，将数据按键进行分区。GR操作符对应Map和Reduce任务之间真正的洗牌操作。P操作符则是Reduce过程中的分区操作符。

3.4.3　MapReduce计划

Pig编译过程中的最后一个阶段是将物理计划编译成真实的MapReduce作业。物理计划中的LR、GR和P操作符组成的序列至少需要一个Reduce任务。编译器也会寻找机会在合适的地方添加一些Combiner。上图中的脚本转换成MapReduce计划后将会有两个MapReduce作业，一个对应逻辑计划中的JOIN操作符，另一个则对应GROUP操作符。下图表明了上述脚本所对应的MapReduce计划。对应GROUP操作符的MapReduce任务中多了一个Combiner。必须要说明的是，GROUP操作发生在Map任务中。这是因为下图中Reduce1的输出将按键做排序。

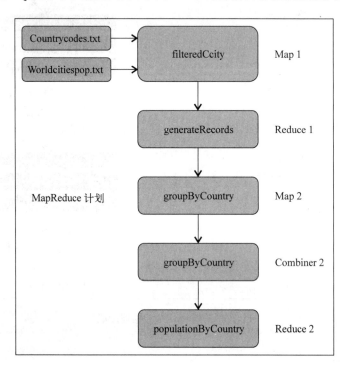

3.5　开发和调试助手

有三个重要的命令可以帮助我们开发，调试及优化Pig脚本。

3.5.1　DESCRIBE命令

DESCRIBE命令会显示一个关系的模式（schema）。当你是Pig Latin的初学者，或是想要了解操作符是如何转换数据时，会发现这个命令很有用。上述脚本中的groupByCountry（用来找出每个国家的人口数）所对应的输出是：

```
groupByCountry: {group: chararray,generateRecords: { (cc::cname:
    chararray,ccity::cityName: chararray,ccity::population: long) }}
```

DESCRIBE命令的输出同样符合Pig的语法。在前面的例子中，groupByCountry是Bag数据类型，它包含一组元素和另一个bag：generateRecords。

3.5.2　EXPLAIN命令

对于一个关系，EXPLAIN命令会显示Pig脚本将如何执行。当我们试着去优化Pig脚本或是调试错误时，它会很有帮助。它会显示一个关系的逻辑计划、物理计划及MapReduce计划。下面的截屏显示的就是当我们对populationByCountry执行EXPLAIN命令时，第二个MapReduce作业（对应GROUP操作符）的MapReduce计划。你可以使用EXPLAIN命令去学习针对各种计划所采取的优化。

3.5.3　ILLUSTRATE命令

ILLUSTRATE命令也许是最重要的开发助手了。当你对一个关系使用ILLUSTRATE命令时，它会给出一些样本数据，然后你可以在这些样本数据上做查询，这可以节省大量的调试时间。样品数据要比实际数据小很多，这样，编码–测试–调试周期就变得非常快。在很多情况下，JOIN或FILTER操作符并不会产生输出，这时候ILLUSTRATE会制造一些流经这些操作符的记录，并将它们放进样本数据集中。下面的截屏显示的是对populationByCountry关系执行ILLUSTRATE命令后的部分结果：

3.6　Pig 操作符的高级特性

在本节中，我们将研究一些Pig操作符的高级特性及有用的提示。

3.6.1　FOREACH操作符进阶

FOREACH操作符主要用于将输入关系的每一条记录转换成别的记录。表达式列表被用来做这个转换操作。在某些情况下，FOREACH操作符会增加输出数据的记录条数。我们会在后面的部分中讨论这些内容。

1. FLATTEN操作符

FLATTEN关键字是一个操作符，不过它在语法上看起来像一个UDF。它是用来解套（un-nest）那些嵌套的tuple和bag的。然而当解套分别作用在tuple和bag上时，语义却是不同的。

如下面的代码片段所示，当对一个嵌套的tuple运用FLATTEN时，会产生一个单一的tuple。所有的嵌套tuple都会被提升到最高级别。

思考一下下面的数据：

```
(1, (2, 3, 4) )
X = FOREACH A GENERATE $0, FLATTEN ($1) ;
```

这会产生一个(1,2,3,4)的tuple。

对于bag，情况就更加复杂了。当我们解套一个bag时，会产生新的tuple。假设我们有一个由tuple组成的bag关系（{(b,c),(d,e)}），然后我们对它做GENERATE FLATTEN（$0）操作，最后我们会得到两个tuple，(b,c)和(d,e)。换句话说，FLATTEN做了一次交叉乘积，bag中的每一元素都会产生一行记录。

让我们以worldcitiespop.txt作为一个例子来看一下：

```
cCity = load 'worldcitiespop.txt' using PigStorage(',') as
    (ccode:chararray, cityName:chararray, cityFullName:chararray,
        region:int, population:long, lat:double, long:double);
groupCcityByCcode = group cCity by ccode;
```

groupCcityByCcode变量产生了一个包含tuple的嵌套bag，如下面所示，tuple的个数等于group的个数，在这个例子中即为国家的个数：

```
(ae, { (ae,ae,sharjah,Sharjah,6,543942,25.35731,55.403304) ,
(ae,ae,dubai,Dubai,3,1137376,25.258172,55.304717) })
```

FLATTEN操作符可以将它们解套，对于指定的国家，每个城市生成一条记录，代码如下：

```
unGroupCcityByCcode = foreach groupCcityByCcode generate group,
    FLATTEN (cCity) ;
```

嵌套bag中每个元素与国家代码的交叉乘积结果是：

```
(ae,ae,sharjah,Sharjah,6,543942,25.35731,55.403304)
(ae,ae,dubai,Dubai,3,1137376,25.258172,55.304717)
```

> 对空的嵌套bag和tuple运用FLATTEN操作符不会产生输出。这是因为，在数学上，一个非空的集合与一个空的集合做交叉乘积后会得到一个空的集合。如果你并不希望得到这样的结果，最好的办法是用一个常量bag取代空的bag和tuple。

2. 嵌套FOREACH操作符

关系操作符可以应用在FOREACH操作符的每一条记录上。这被称为嵌套FOREACH或内FOREACH操作符。让我们通过worldcitiespop.txt文件上的一个例子来研究一下。我们想找出每个国家人口最多的那个城市的详细信息。有很多方法可以解决这个问题，但这次我们将使用嵌套FOREACH操作符，代码如下：

```
ccity = load 'worldcitiespop.txt' using PigStorage(',') as
    (ccode:chararray, cityName:chararray, cityFullName:chararray,
        region:int, population:long, lat:double, long:double);
groupCcityByCcode = group cCity by ccode;
cityWithHighestPopulation = foreach groupCcityByCcode {
    citiesWithPopulation = filter cCity by (population is
```

```
      not null AND population > 0) ;
orderCitiesWithPopulation = order citiesWithPopulation by
    population desc;
topPopulousCity = limit orderCitiesWithPopulation 1;
generate flatten (topPopulousCity) ; };
```

具体步骤如下。

(1) 第一步是基于一种模式（schema）加载worldcitiespop.txt文件。

(2) 然后，通过国家编号将数据分组。下一句就是嵌套FOREACH操作符了。花括号（｛｝）语法表示嵌套FOREACH操作符。

(3) 在嵌套的部分中，各种关系操作符被应用于分组bag。

    (a) FILTER操作符用来剔除每个国家中那些缺少人口值的城市。另一种更有效的方法是在FOREACH操作符之前先做过滤（参见3.9节）。 在这个例子中，我们在嵌套FOREACH操作符里面做过滤。

    (b) 过滤后的城市bag，通过ORDER操作符，按城市人口的降序进行了排序。现在第一条记录是人口最多的城市了。

    (c) 我们用LIMIT操作符来选择第一条记录。

    (d) 嵌套FOREACH操作符的最后一句语句往往是GENERATE方法。这一步，生成了人口最多城市的记录。FLATTEN操作符用来解套bag。

最终输出的结尾部分内容如下：

```
(uz,tashkent,Tashkent,13,1978078,41.3166667,69.25)
(vc,kingstown,Kingstown,4,17995,13.1333333,-61.2166667)
(ve,maracaibo,Maracaibo,23,1948269,10.6316667,-71.6405556)
(vg,road town,Road Town,0,8449,18.4166667,-64.6166667)
(vn,ho chi minh city,Ho Chi Minh City,20,3467426,10.75,106.666667)
(vu,vila,Vila,8,35903,-17.7333333,168.3166667)
(wf,alele,Alele,0,901,-13.2333333,-176.15)
(ws,apia,Apia,0,40407,-13.8333333,-171.7333333)
(ye,aden,Aden,2,550744,12.7794444,45.0366667)
(yt,mamoudzou,Mamoudzou,0,54837,-12.7794444,45.2272222)
(za,cape town,Cape Town,11,3433504,-33.925839,18.423218)
(zm,lusaka,Lusaka,9,1267458,-15.4166667,28.2833333)
(zw,harare,Harare,4,2213701,-17.8177778,31.0447222)
```

　现在，Pig的嵌套FOREACH操作符支持LIMIT、ORDER、DISTINCT、CROSS、FOREACH及FILTER这些关系操作符。

3. COGROUP操作符

这个操作符有点类似GROUP操作。它按键聚积n组输入的记录，而不是只针对一组。GROUP

操作符作用于一个单一的输入关系，而COGROUP则能够作用于很多组输入关系。COGROUP可以被认为是连接（join）的第一个阶段——COGROUP操作符后面紧跟一个用于解套bag的FOREACH操作符，这就是一个内连接（inner join）操作。下面的代码演示了worldcitiespop.txt和countrycodes.txt这两个文件之间使用COGROUP实现的连接：

```
cc = load 'countrycodes.txt' using PigStorage (',') as
    (ccode:chararray, cname:chararray) ;
ccity = load 'worldcitiespop.txt' using PigStorage (',') as
    (ccode:chararray, cityName:chararray, cityFullName:chararray,
        region:int, population:long, lat:double, long:double) ;
groupedCity = cogroup cc by ccode, ccity by ccode;
flattendGroupedCity = foreach groupedCity generate flatten (cc) ,
    flatten (ccity) ;
filteredGroup = filter flattendGroupedCity by cc::ccode ==
    ccity::ccode;
```

COGROUP操作符最多可以将127个关系一起分组。

像半连接（semi-join）这样的操作可以通过COGROUP操作符实现。

两个关系的半连接指的是第一个关系中的记录，通过连接键可以在第二个关系中找到一条或多条匹配的记录。

4. UNION操作符

UNION操作符被用来连接两个或多个数据集。不同于SQL，Pig中的UNION操作符对这两个数据集的模式并没有限制。如果它们模式相同，则结果也是同样的模式。如果一个模式通过强制转换可以变成另一个模式，那么结果将是这个模式。否则，结果就没有模式。

UNION操作符不保留tuple的顺序，它也不会剔除重复的tuple。UNION操作符有一个叫作ONSCHEMA的关键字，它会给出结果集的模式。这个模式是数据集中所有命名字段的一个并集。ONSCHEMA关键字要求所有的输入关系有同一个模式。

在我们的countrycodes.txt和worldcitiespop.txt文件里，数据集的模式并不一致，于是结果也就没有任何模式。然而，若我们使用UNION操作符时一起使用ONSCHEMA关键字，结果集就会有一个模式。这个模式就是所有关系的模式的一个并集。下面的代码会清楚地说明这一点：

```
cc = load 'countrycodes.txt' using PigStorage (',') as
    (ccode:chararray, cname:chararray) ;
ccity = load 'worldcitiespop.txt' using PigStorage (',') as
    (ccode:chararray, cityName:chararray, cityFullName:chararray,
        region:int, population:long, lat:double, long:double) ;
```

```
unionCountryCity = union cc, ccity;
unionOnSchemaCountryCity = union onschema cc, ccity;
describe unionCountryCity;
describe unionOnSchemaCountryCity;
```

> 模式的比较包括字段的名称。对于字段有不同名称的数据集，如果使用UNION操作符的话，结果集将没有模式。这种情况下的解决方法是在UNION语句前，先使用FOREACH操作符将那些字段改成相同的名称。

Describe语句的结果如下：

```
Schema for unionCountryCity unknown.
unionOnSchemaCountryCity: {ccode: chararray,cname:
    chararray,cityName: chararray,cityFullName: chararray,region:
        int,population: long,lat: double,long: double}
```

5. CROSS操作符

CROSS操作符对两个关系进行交叉集合的操作。Pig中的CROSS操作符是通过并行地构造一个人工的连接键，然后复制记录来实现的。这使得使用CROSS操作符的开销十分昂贵，特别是在洗牌和排序阶段，这是因为每一个被创建的人工连接键都需要复制所有参与连接的记录。

尽管如此，在有些情况下CROSS操作符仍然是必须的。其中一种情况就是θ连接。内连接是基于相等的连接键，也就是说，在交叉连接几个关系的记录时使用的是相等操作。然而，有时候需要使用不等式来连接记录。这时候，就可以通过CROSS操作符，随后紧跟一个对连接键的FILTER操作来实现θ连接。下面这个假设的例子演示了如何使用CROSS操作符来实现θ连接。只有当a1的值小于b1时，连接才会发生：

```
A = LOAD 'inputA.txt' AS (a0:chararray, a1:int) ;
B = LOAD 'inputB.txt' AS (b0:chararray, b1:int) ;
ACrossB = CROSS A, B;
thetaJoin = FILTER ACrossB BY a1 < b1;
```

模糊连接（fuzzy join）则是另一种可以用CROSS操作符来实现的连接变种。将worldcitiespop.txt中有相同区域编号的城市做自连接（self-join）就是一个例子。

3.6.2 Pig的特殊连接

Pig支持连接优化。这些优化根据数据集以及连接的特性可以直接使用。这些连接优化提升了Pig脚本的性能，所以强烈推荐。

1. 复制连接

在第2章中，我们实现了Map侧的连接和Reduce侧的连接。当连接的某个输入数据集小到能够全部加载进内存时，Map侧就会将最小的数据集复制到所有的Map任务中，然后执行连接操作。这在Pig中被称为分段复制连接（fragment-replicate join）。这也就是Map侧的连接在Pig中的实现。关于分段复制连接，下面有一些关键点需要记住。

❑ 如果小文件不能被加载进内存，Pig会抛出异常并执行失败。如果小文件大于pig.join.replicated.max.bytes属性的设定值I，Pig也会抛出异常。

❑ 分段复制连接可以连接多于2个数据集。然而，除了第一个数据集以外，其他的都会被加载进内存。

❑ 输入数据通过分布式缓存被复制到不同的Map任务中去，这一点跟我们在第2章中讨论过的实现很相似。

❑ 分段复制连接可以被用于内连接（inner join）或是左外连接（left-outer join），不能用于右外（right-outer）或是全外连接（full-outer join）。这是因为左边的关系会被分段，而右边的关系会被整个复制。当连接处理器从右边的关系中得到一条记录时，由于它只有左边关系的一个本地视图，所以它并不知道在左边关系的别的分片里是否存在着匹配的键。

你可以通过replicated关键字来使用分段复制连接。下面的例子就是使用这种连接将countrycodes.txt和worldcitiespop.txt连接起来。必须注意的是，countrycodes.txt是其中数据量相对较小一点的关系，而且在连接的定义中也是被写在了后面：

```
cc = load 'countrycodes.txt' using PigStorage (',') as
    (ccode:chararray, cname:chararray) ;
ccity = load 'worldcitiespop.txt' using PigStorage (',') as
    (ccode:chararray, cityName:chararray, cityFullName:chararray,
        region:int, population:long, lat:double, long:double) ;
joinCountryCity = join ccity by ccode, cc by ccode using
    'replicated';
```

2. 倾斜连接

数据倾斜的存在会使某个Reduce任务超载运行，从而影响整个连接的性能。数据倾斜是统计上的一种奇怪问题，恰巧一个或是少量的键却拥有超大量的记录。通过提供数据倾斜连接（skewed join），Pig能帮助缓解这种情况。具体思路就是对连接的输入关系做采样，然后对每个键的记录条数绘制直方图。

随后分析直方图，那些拥有很多记录的键会被分割，然后分派给不同的Reduce任务。通过这种方法，在Reduce端实现了记录的负载均衡。然而，这也需要复制其他的输入关系，以便那些Reduce任务都能够拥有相关的记录，从而顺利连接。

当执行数据倾斜连接时，有一些关键点需要记住。

❑ 数据倾斜连接只可以对两个数据集进行操作。如果你有两个以上数据集需要连接，那么开发者的职责就是将它分解成多个双表连接。

- 当使用这种连接时，由于需要采样和构造直方图，所以会增加一些性能开销。据观察，这个额外开销平均在5%左右。
- 被采样的数据集是连接的第二个关系。
- pig.skewedjoin.reduce.memusage参数值用来决定需要多少额外的Reduce任务去处理数据倾斜键。这个属性的默认值是0.5，也就是说JVM堆的50%可分配给Reduce任务去运行这个连接。

通过skewed关键字来使用数据倾斜连接，如下例所示：

```
cc = load 'countrycodes.txt' using PigStorage (',')  as
    (ccode:chararray, cname:chararray) ;
ccity = load 'worldcitiespop.txt' using PigStorage (',')  as
    (ccode:chararray, cityName:chararray, cityFullName:chararray,
        region:int, population:long, lat:double, long:double) ;
joinCountryCity = join cc by ccode, ccity by ccode using 'skewed';
```

3. 合并连接

正如我们在第2章中看到的，如果输入的数据都按连接键做了排序，那么可以在Map侧直接做连接。Pig也实现了这种类型的连接，称为排序连接（sort join）或合并连接（merge join）。

这个连接算法把第二个关系放到一边，将第一个关系放入Map任务。被放到一边的关系会对键做采样，然后用MapReduce作业创建索引。索引是键和偏移（offset）之间的映射，其中的键记录了文件的开始位置。一旦索引创建完毕，另一个MapReduce作业就开始了，并将第一个关系作为输入数据。作业读取每一条记录，并且在索引中寻找第二个文件中相应的偏移量。随后第二个关系中的记录也被读取出来，连接也随之完成。

下面的例子用countrycodes.txt和worldcitiespop.txt演示了一个合并连接。同样，我们注意到countrycodes.txt会被创建索引。通过merge关键字来使用合并连接：

```
cc = load 'countrycodes.txt' using PigStorage (',')  as
    (ccode:chararray, cname:chararray) ;
ccity = load 'worldcitiespop.txt' using PigStorage (',')  as
    (ccode:chararray, cityName:chararray, cityFullName:chararray,
        region:int, population:long, lat:double, long:double) ;
joinCountryCity = join cc by ccode, ccity by ccode using 'merge';
```

合并连接有一种变体称为合并稀疏连接（merge-sparse join）。当某一个关系中的数据十分稀疏时可以使用这个连接，也就是说，在这个连接中只有很少量的记录被匹配。这个连接类型仍然处于实验中。目前，合并稀疏连接算法仅支持内连接。

3.7　用户定义函数

用户定义函数（User-Defined Functions，UDF），可由开发者自行实现，用以扩展Pig的功能，添加自定义处理。这些函数几乎可以被所有的Pig操作符所调用。最初UDF用Java编写。从Pig 0.8开始，UDF支持Python。在Pig的最新版本中，除Python和Java以外，还可以使用Jython、JavaScript、Ruby和Groovy编写。

除了Java，其他的语言并不支持所有的Pig接口。比如，加载和存储接口就不支持其他的语言。本书中，我们将使用Java来创建和说明UDF的力量。

有一个Java UDF存储库称为piggy bank。这是一个公共的存储库，你可以利用别人写好的UDF，同时也可以贡献你自己的UDF给社区。

在Pig中使用UDF之前，需要在Pig的脚本中先注册这个JAR文件。使用`REGISTER`命令可以进行注册。除了每个Map或是Reduce任务中的UDF类的实例外，Pig还会在脚本的逻辑计划和物理计划中创建一个实例。这样主要是为了做验证。

 每个Map和Reduce任务都有自己的UDF副本。跨Map和Reduce任务是无法共享状态的，不过，在同一个Map或Reduce任务中是可以共享的。

Pig的UDF大致可以分为以下三种类型：

❑ 运算函数（evaluation function）
❑ 加载函数（load function）
❑ 存储函数（store function）

让我们一个个来看看其中的细节。

3.7.1　运算函数

顾名思义，这些函数都是用于计算的。下面的例子就是一个自定义的UDF以及它在Pig脚本中的使用方法。所有的运算函数都从`org.apache.pig.EvalFunc`基类派生而来。最重要的重写（override）方法是`exec`方法。`EvalFunc`类的返回值是一个泛型，我们需要明确UDF的返回类型。`exec`方法的输入是一个`Tuple`类型。使用`get()`方法来解开这个`Tuple`，然后`exec`方法就能处理这些解开的数据项。最简单的UDF只需要重写`exec`方法即可：

```
package MasteringHadoop;
import org.apache.pig.EvalFunc;
import org.apache.pig.data.Tuple;
import java.io.IOException;
```

```
public class UPPER extends EvalFunc<String>{


    @Override
    public String execTuple objects) throws IOException {

        if(objects == null || objects.size) == 0){
            return null;
        }
        try{
            String inputString = String) objects.get0);
            return inputString.toUpperCase);
        }
        catch(Exception ex){

            throw new IOException("Error processing input ", ex);
        }


    }
}
register MasteringHadoop-1.0-SNAPSHOT-jar-with-dependencies.jar;
cc = load 'countrycodes.txt' using PigStorage(',') as
    (ccode:chararray, cname:chararray);
ccCapitalized = foreach cc generate
    MasteringHadoop.UPPER(cc.cname);
```

1. 聚合函数

这些UDF都是针对组（group）的运算函数。比如内置的SUM和COUNT之类的函数都是这类聚合函数（aggregate function）。聚合UDF接受一个bag的输入，返回一个标量（scalar）。

> 整条记录可以用*传递给UDF。当整条记录被传递后，它会被包裹进别的tuple。比如，执行input.get(0).get(1)就可以得到一条记录的第二个元素。第一个get()调用可以从tuple中得到整条记录。

● Algebraic接口

如果一个聚合函数实现了可用于本地聚合处理的Algebraic接口，那么Combiner就会被使用。在第2章中，我们研究了Combiner如何帮助减少从Map任务到Reduce任务的数据流，以及它是如何通过减少IO次数来加快查询的。

任何代数（algebraic）函数都可以分解成三个函数：初始函数（initial function），中间函数（intermediate function），最终函数（final function）。如果这三个函数以级联方式连接，它就被标记为一个代数函数。也就是说，首先数据被分解成分段，然后初始函数对这些分段数据进行处理，随后初始函数的结果又被中间函数处理，最后，中间函数的结果又会被最终函数处理。COUNT函数就是一个代数函数的例子。它的初始函数是count，中间函数和最终函数都是前一个函数执行结果的sum（求和）。

分布（distributive）函数是一种特殊的代数函数。所有的三个子函数都做同样的计算。SUM就是分布函数的一个例子。

Pig提供了org.apache.pig.Algebraic接口，实现这个接口可以使UDF具有代数特性。下面的例子显示的就是一个实现Algebraic接口的COUNT聚合UDF。

代数函数要进行如下的转换。使用Combiner的Map任务将执行Initial和Intermediate静态类的exec方法，Reduce任务将执行Final类的exec方法：

```java
package MasteringHadoop;

import org.apache.pig.Algebraic;
import org.apache.pig.EvalFunc;
import org.apache.pig.backend.executionengine.ExecException;
import org.apache.pig.data.DataBag;
import org.apache.pig.data.Tuple;

import java.io.IOException;
import java.util.Iterator;

public class COUNT extends EvalFunc<Long> implements Algebraic {

    protected static Long count(Tuple input) throws
        ExecException{
        DataBag dataBag = (DataBag) input.get(0);
        return dataBag.size();
    }

    protected static Long sum(Tuple input) throws ExecException{

        long returnSum = 0;
        DataBag dataBag = (DataBag) input.get(0);
        for(Iterator<Tuple> it = dataBag.iterator();
            it.hasNext();){
            Tuple tuple = it.next();
            returnSum += (long)tuple.get(0);
        }
        return returnSum;
    }

    static class Initial extends EvalFunc<Long>{

        @Override
        public Long exec(Tuple objects) throws IOException {
            return count(objects);
        }
    }

    static class Intermediate extends EvalFunc<Long>{
```

```
        @Override
        public Long exec(Tuple objects) throws IOException {
            return sum(objects);
        }
    }

    static class Final extends EvalFunc<Long>{

        @Override
        public Long exec(Tuple objects) throws IOException {
            return sum(objects);
        }
    }

    @Override
    public Long exec(Tuple objects) throws IOException {
        return count(objects);
    }

    @Override
    public String getInitial() {
        return Initial.class.getName();
    }


    @Override
    public String getIntermed() {
        return Intermediate.class.getName();
    }


    @Override
    public String getFinal() {
        return Final.class.getName();
    }
}
```

● Accumulator接口

在很多情况下，当使用GROUP或COGROUP操作符时，tuple中的所有bag不能按某个特定键全部加载到内存里。而且，UDF也并不需要一次性访问所有的tuple。Pig允许UDF通过实现Accumulator 接口去处理这些情况。Pig并不是一次性传递全部记录，而是通过这个接口，针对某个给定的键，增量地传递记录的子集。

虽然Algebraic接口通过聚合处理缓解了内存的问题，但仍然有很多函数并不具有代数性质。这些函数仍可以通过累加来实现聚合，而且可能不需要访问整个数据集。

让我们实现LongMax UDF，通过Accumulator接口找出bag中的最大值。如下面的代码所示，有三个方法需要实现：accumulate、getValue和cleanup。当一个中间记录集被传递给

UDF时会调用accumulate方法，当每个键被处理后会调用cleanup方法：

```java
package MasteringHadoop;

import org.apache.pig.Accumulator;
import org.apache.pig.EvalFunc;
import org.apache.pig.backend.executionengine.ExecException;
import org.apache.pig.data.DataBag;
import org.apache.pig.data.Tuple;

import java.io.IOException;
import java.util.Iterator;

public class LONGMAX extends EvalFunc<Long> implements
    Accumulator<Long> {

    private Long intermediateMax = null;

    @Override
    public Long exec(Tuple objects) throws IOException {
        return max(objects);
    }

    @Override
    public void accumulate(Tuple objects) throws IOException {
        Long newIntermediateMax = max(objects);

        if(newIntermediateMax == null){
            return;
        }

        if(intermediateMax == null){
            intermediateMax = Long.MIN_VALUE;
        }

        intermediateMax = Math.max(intermediateMax,
            newIntermediateMax);
    }

    @Override
    public Long getValue() {
        return intermediateMax;
    }

    @Override
    public void cleanup() {
        intermediateMax = null;
    }

    protected static Long max(Tuple input) throws ExecException{
        long returnMax = Long.MIN_VALUE;
        DataBag dataBag = (DataBag) input.get(0);
        for(Iterator<Tuple> it = dataBag.iterator();
```

```
            it.hasNext();){
            Tuple tuple = it.next();
            Long currentValue = (Long)tuple.get(0);
            if(currentValue > returnMax){
                returnMax = currentValue;
            }
        }
        return returnMax;

    }
}
```

2. 过滤函数

过滤函数（filter function）也是运算函数，只不过它返回的是布尔值（Boolean）。只要是布尔表达式运算的地方就可以使用它们。它们最常被用作FILTER操作符的一部分。它们实现了FilterFunc接口。

3.7.2　加载函数

Pig脚本中的加载函数是用来处理输入数据的。它们实现了LoadFunc抽象类，且随同LOAD语句一起被使用。下例是一个简单的加载CSV文件的UDF。需要重写setLocation、getInput-Format、prepareToRead和getNext这些方法。

setLocation函数告知加载的路径，随后加载器（loader）将这个信息通知给InputFormat。setLocation方法可以被Pig多次调用。

prepareToRead方法得到InputFormat类的RecordReader对象。然后在getNext方法中，可以用RecordReader来读取并解析记录。getNext方法将记录解析成Pig的复合数据类型，如下例所示，它读取每一行记录，然后将它们解析成tuple。

getInputFormat方法通过加载器将InputFormat类交给Pig。Pig同样以Hadoop MapReduce作业的方式调用InputFormat。下面的代码段显示了这个加载CSV文件的UDF。

> 如果需要递归地读取HDFS文件夹中的文件，则可以使用PigFileInput-Format 和 PigTextInputFormat。你可以在 org.apache.pig.backend.hadoop.executionengine.mapReduceLayer 包里找到这些Pig所特有的InputFormat类。Hadoop自带的TextInputFormat和FileInputFormat只能读取一层目录的文件。

```
package MasteringHadoop;

import org.apache.hadoop.io.Text;
```

```
import org.apache.hadoop.mapreduce.InputFormat;
import org.apache.hadoop.mapreduce.Job;
import org.apache.hadoop.mapreduce.RecordReader;
import org.apache.hadoop.mapreduce.lib.input.FileInputFormat;
import org.apache.hadoop.mapreduce.lib.input.TextInputFormat;
import org.apache.pig.LoadFunc;
import org.apache.pig.backend.hadoop.executionengine
    .mapReduceLayer.PigSplit;
import org.apache.pig.data.DataByteArray;
import org.apache.pig.data.Tuple;
import org.apache.pig.data.TupleFactory;

import java.io.IOException;
import java.util.ArrayList;

public class CsvLoader extends LoadFunc {
    private RecordReader recordReader = null;
    private TupleFactory tupleFactory =
        TupleFactory.getInstance();
    private static byte DELIMITER = (byte)',';
    private ArrayList<Object> tupleArrayList = null;


    @Override
    public void setLocation(String s, Job job) throws IOException {
        FileInputFormat.setInputPaths(job, s);
    }

    @Override
    public InputFormat getInputFormat() throws IOException {
        return new TextInputFormat();
    }

    @Override
    public void prepareToRead(RecordReader recordReader, PigSplit
        pigSplit) throws IOException {
        this.recordReader = recordReader;
    }

    @Override
    public Tuple getNext() throws IOException {
        try{

            if(recordReader.nextKeyValue()){

                Text value = (Text)
                    recordReader.getCurrentValue();
                byte[] buffer = value.getBytes();

                tupleArrayList = new ArrayList<Object>();

                int start = 0;
                int i = 0;
                int len = value.getLength();
```

```
        while(i < len){

            if(buffer[i] == DELIMITER){

                readFields(buffer, start, i);
                start = i + 1;

            }
            i++;
        }

        readFields(buffer, start, len);

        Tuple returnTuple =
            tupleFactory.newTupleNoCopy(tupleArrayList);
        tupleArrayList = null;

        return returnTuple;


        }

    }
    catch(InterruptedException ex){
        // 错误处理

    }
    return null;


}


private void readFields(byte[] buffer, int start, int i){
    if(start == i){
        // Null字段
        tupleArrayList.add(null);
    }
    else{
        // 从start读到i
        tupleArrayList.add(new DataByteArray(buffer, start, i));
    }

}


}
```

3.7.3　存储函数

存储UDF和加载UDF类似。它们扩展StoreFunc抽象类，处理Hadoop的OutputFormat相关的类以及`RecordWriter`。需要重写`StoreFunc`抽象类中的`putNext`、`getOutputFormat`、`setStoreLocation`和`prepareToWrite`方法。

3.8 Pig 的性能优化

在本节中，我们将看到不同的性能参数，以及如何调整它们从而优化Pig脚本的执行。

3.8.1 优化规则

优化规则适用于为Pig脚本而生成的逻辑计划。默认情况下，所有规则都是打开的。`pig.optimizer.rules.disabled`属性可以关闭这些规则，也可以在执行Pig脚本时通过指定命令行参数`-optimizer_off`来关闭规则。不过有些规则是强制性的，不能被关闭。参数`all`可以关闭所有的非强制性规则：

```
set pig.optimizer.rules.disabled <comma-separated rules list>
```

或者，你也可以使用以下的命令：

```
pig -t|-optimizer_off [rule name | all]
```

> 默认情况下，`FilterLogicExpressionSimplifier`是关闭的。可以通过将属性`pig.exec.filterLogicExpressionSimplifier`的值设为`true`来打开它。

我们即将讨论的多数优化规则都很简单，而且都借鉴了数据库的查询优化。

❑ `PartitionFilterOptimizer`：这个规则将所有上游的过滤都下推到加载器。很多加载器都是分区敏感的，并且会被指示用过滤条件加载一个分区。

❑ `FilterLogicExpressionSimplifier`：打开这个规则可以简化过滤语句表达式。以下是一些已经完成的简化处理。

■ **常量预计算**：任何计算常量的表达式都会被预先计算。

X = FILTER A BY $0 > 2*5;会被简化成X = FILTER A BY $0 > 10;

■ **去除否定**：过滤表达式中的否定都会被去除，当然逻辑含义不会发生改变。

X = FILTER A BY NOT(NOT ($0 > 10) OR $0 > 20);会被简化成X = FILTER A BY $0 > 10 AND $0 <= 20;

■ **去除AND中的隐含表达式**：AND表达式中多余的逻辑条件会被去除。

```
X = FILTER A BY $0 > 5 AND $0 > 10;会被简化成X = FILTER A BY $0 > 10;
```

- **去除OR中的隐含表达式**：OR表达式中多余的逻辑条件会被去除。

```
X = FILTER A BY $0 > 5 OR $0 > 15;会被简化成X = FILTER A BY $0 > 5;
```

- **去除等价**：表达式中的等价比较都会被简化。

```
X = FILTER A BY $0 != 5 AND $0 > 5;会被简化成X = FILTER A BY $0 > 5;
```

- **去除OR互补表达中的过滤**：当OR中存在互补表达式时，过滤是不会被执行的。

这个例子X = FILTER A BY $0 <= 5 OR $0 > 5;中的过滤是不会被执行的。

- **去除"总是为真"的表达式**：结果总是为真的过滤表达式会被去除。

```
X = FILTER A BY 1 == 1;
```

□ SplitFilter：这个优化规则尝试分割过滤语句。这个SplitFilter优化与其他的过滤优化组合使用时，对于提升性能将会非常有效。在下面的例子中，SplitFilter优化将joinCountryFilter关系分割成两个过滤。

```
joinCountryFilter1 = filter joinCountry by
    INDEXOF(cc::ccode, 'a', 0) == 0;
joinCountryFilter = filter joinCountryFilter1 by population > 0;

cc = load 'countrycodes.txt' using PigStorage(',') as
    (ccode:chararray, cname:chararray);

ccity = load 'worldcitiespop.txt' using PigStorage(',') as
    (ccode:chararray, cityName:chararray,
        cityFullName:chararray, region:int,
            population:long, lat:double, long:double);
joinCountry = join cc by ccode, ccity by ccode;
store joinCountry into 'country-code-join-pig' using
    PigStorage(',');
joinCountryFilter = filter joinCountry by
    INDEXOF(cc::ccode, 'a', 0) == 0 and population > 0;
```

□ PushUpFilter：这种优化背后的思想是将数据管道中的过滤语句推往上游。这样做的好处是减少了将要被处理的记录条数。在SplitFilter例子中，一旦过滤被分割，PushUpFilter会移动joinCountryFilter1，并且把joinCountryFilter移到JOIN语句和LOAD语句之间。

□ MergeFilter：MergeFilter规则是SplitFilter的补充。SplitFilter应用在PushUpFilter之前，而MergeFilter是应用在PushUpFilter之后。多个相同数据集的过滤被合并成一个单一的过滤。

```
X = FILTER A BY $0 > 10;和
Y = FILTER X BY $1 > 10; 会被合并成
```

```
Y = FILTER A BY ($0 > 10 AND $1 > 10);
```

❑ PushDownForEachFlatten：FOREACH语句中的FLATTEN操作通常会产生比输入更多的tuple。秉承着"在数据管道中处理最少记录条数"这一原则，PushDownForEachFlatten优化将这些FOREACH语句推往下游。在下面的例子中，FOREACH语句将被移到JOIN语句之后。

```
X = FOREACH A GENERATE FLATTEN($0), $1;
Y = JOIN X BY $1, B BY $1;
```

❑ LimitOptimizer：和PushUpFilter类似，这里的思想是将LIMIT操作符语句往上游推动。这样可以减少下游需要处理的记录条数。

❑ ColumnMapKeyPrune：这种优化背后的思想是让加载器只加载需要的数据列。如果加载器无法做到这一点，那么就在加载调用之后插入一条FOREACH语句。这个优化可以很好地作用在map键上。

❑ AddForEach：AddForEach优化用于将脚本不再需要的列尽快裁剪掉。在下面的例子中，column1在ORDER语句之后不再被使用。

```
A = LOAD 'input.txt' AS (column1, column2);
X = ORDER A by column1;
Y = FILTER X by column2 > 0;
```

一个FOREACH操作符会被添加到ORDER和FILTER语句的中间：

```
X1 = FOREACH X GENERATE column2;
Y = FILTER X1 by column2 > 0;
```

❑ MergeForEach：这个优化将多个FOREACH语句合并成一个FOREACH语句。这样可以不必多次遍历数据集。这个优化只有当下面的三个条件都满足时才生效。

- FOREACH中不包含FLATTEN操作符。
- FOREACH语句是连续的。
- FOREACH语句中没有嵌套。序列中第一个FOREACH语句除外。

❑ GroupByConstParallelSetter：在一个执行GROUP ALL的语句中，即使将PARALLEL设置成Reduce任务的数量，仍然只会使用一个Reduce任务。其余的Reduce任务会返回空的结果。这个优化自动将Reduce任务的数量设置为1。

3.8.2　Pig脚本性能的测量

UDF是开发者所写的函数，这些函数可能需要性能分析来识别热点。Pig提供了一些使用了Hadoop计数器的UDF统计功能。可以把pig.udf.profile设为true。一旦这个设置有效以后，Pig会跟踪执行某个特定UDF所花的时间，以及UDF的调用频率。approx._microsecs测量UDF

中大致花费的时间，`approx._invocations`则测量UDF在执行过程中被调用的次数。

> 通过设置`pig.udf.profile`，可以在Hadoop作业执行过程中启用计数器。正如我们在前一章中看到的，计数器是全局的，而且在跟踪Hadoop作业时会增加额外开销。所以此设置应谨慎使用，最好只在测试时设置。

3.8.3　Pig的Combiner

在前一章，我们已经了解Combiner如何减少磁盘I/O，同时减少通过网络从Map任务发送到Reduce任务的数据量。在Pig中，基于脚本的结构，Combiner也可能会被调用。下面是一些调用Combiner的条件。

- 使用无嵌套的FOREACH语句。
- 一条FOREACH语句中的所有投影都是分组表达式，或者说所使用的UDF都是代数函数，也就是说它们实现了Algebraic接口。

> 当DISTINCT是嵌套中唯一一个操作符时，Combiner也可以被用在嵌套FOREACH语句中。

在以下条件下，Combiner不会被使用。

- 脚本在执行前面提到的规则时失败。
- 在GROUP和FOREACH之间存在任何语句；Pig 0.9以后，LIMIT操作符除外。

> 逻辑优化器可能会使用PushUpFilter优化将任何紧随FOREACH的FILTER操作符推往上游。这可能会阻碍Combiner的使用。

3.8.4　Bag数据类型的内存

Bag是唯一一种当数据不能全部加载到内存时，会被保存到磁盘的复合数据类型。`pig.cachedbag.memusage`参数决定了分配给bag的内存百分比。默认值是0.2，也就是说应用中的所有bag可以共享20%的的内存。

3.8.5　Pig的reducer数量

不同于原始的MapReduce，Pig会根据输入数据的大小来决定Reduce任务的数量。输入的数据根据pig.exec.reducers.bytes.per.reducer参数的值来进行切分，从而得到Reduce任务的数量。这个参数的默认值是1000000000（1 GB）。不过，Reduce任务的最大数量由pig.exec.reducers.max参数的值决定。它的默认值是999。

实现计算Reduce数量算法的类由pig.exec.reducer.estimator决定。只要实现了org.apache.pig.backend.hadoop.executionengine.mapReduceLayer.PigReducer-Estimator接口，然后将完整的类名写到该配置项中，就可以用自定义算法覆盖它。通过提供一个值给pig.exec.reducer.estimator.arg配置项，就可以传递参数给这个自定义的算法。这个值被作为字符串参数传递给构造函数。

3.8.6　Pig的multiquery模式

默认的情况下，Pig以multiquery模式执行。一个Pig脚本中所有的语句将作为一个Pig作业执行。比如：

```
#使用-M或-no_multiquery参数来关闭multi-query模式的执行.
pig -M <script> or pig -no_multiquery <script>
```

> 应避免使用DUMP，因为它禁用multiquery执行，而这会导致重新评估关系，使得Pig脚本变得低效。相反，使用STORE不失为一个好办法。交互式命令DUMP会强制Pig编译器避免multiquery执行。

当multiquery执行发生时，对用户来说，一定要区分哪些作业执行成功，哪些执行失败。STORE命令的输出将有不同的路径，然后通过查看这些文件可以知道执行的结果。此外，在执行结束时，Pig会返回一个表明脚本执行状态的返回值。下表显示了不同的返回值及它们所代表的含义：

返回值	含　　义
0	成功
1	可修复的错误
2	失败（全部）
3	失败（部分）

3.9　最佳实践

上一节中所述的优化规则通过改变Pig脚本的逻辑计划以提高性能。我们知道，这些规则将有助于开发高效的脚本，同时，另外有一些做法也可以加快Pig脚本。但这些最佳的实践并不能称之为规则，因为它们是针对特定的应用程序和数据而言。同时，这些优化规则趋于保守，所以并不能保证一定有效。

3.9.1　明确地使用类型

Pig支持很多类型，既有基本的，也有复杂的。类型的正确使用可以加快你的脚本，有时甚至能达到2倍。比如，在Pig中，所有没有类型声明的数值计算都默认为double计算。Pig中的double类型占用8个字节的存储，而int类型只占4个字节。int的计算速度比double类型的更快。

3.9.2　更早更频繁地使用投影

正如我们之前所看到过的AddForEach和ColumnMapKeyPrune优化器，只投影（project）下游需要的字段就是一种好的实践。这有助于减少需要传输的数据以及下游要处理的数据。检查脚本，看看其中是否包含没有被使用的字段，这也是一种很好的做法。在每个使用FOREACH语句的操作后，只投影必要的字段从而剔除未使用的字段。更早、更频繁地使用投影是Pig的一项最佳实践。

3.9.3　更早更频繁地使用过滤

类似于投影，更早、更频繁地使用过滤一样有效。同样，过滤减少需要传输的数据以及下游要处理的数据。过滤通过减少记录的条数来减少数据，而投影是通过减少数据集的字段数来减少数据。

　　如果过滤去除的是很少量的数据，且过滤操作开销很高的话，那么更早更频繁地使用过滤就不一定有效。在实施这一实践时，一定要了解你的数据。

3.9.4　使用LIMIT操作符

很多时候，我们感兴趣的是取样或是取得结果集中最上面的几条记录。这时你可以用LIMIT操作符来做这个。正如我们在LimitOptimizer规则中看到的，LIMIT操作符将被推往上游，以减少整体的处理时间。

3.9.5　使用DISTINCT操作符

在Pig中有两种方法可以找出某个字段中有多少不同的元素：一种方法是使用GROUP操作符，然后生成分组键，另一种方法是使用DISTINCT操作符。后者比前者更高效。

3.9.6　减少操作

MergeForEach和MergeFilter将连续的FOREACH和FILTER语句合并成一个单一的

FOREACH或FILTER语句。设法找出那些可以合并多个操作的机会。在数据管道中减少操作符的数量可以提高Pig脚本的性能。

3.9.7 使用Algebraic UDF

当你要开发UDF，并且处理过程是代数性质，那么让UDF实现Algebraic接口是一个很好的实践。当Algebraic UDF作用在已经被分过组的数据时，将调用Combiner。在MapReduce中，使用Combiner将提高作业的性能。

3.9.8 使用Accumulator UDF

通过将输入数据分块，Accumulator UDF可以减少UDF所需的内存数。

3.9.9 剔除数据中的空记录

对关系做JOIN或GROUP操作会将所有的空（NULL）键分配到一个单一的Reduce任务。如果使用FLATTEN将分组解开，那么所有的空记录也将被剔除。然而，这个剔除是发生在Reduce任务执行以后。在JOIN或GROUP/COGROUP操作符之前主动过滤掉空记录，去除那些需要处理空键的Reduce任务，可以显著地提高脚本的性能。

3.9.10 使用特殊连接

普通连接的第二个输入被作为流传输，而不是被加载到内存中。这在Pig中是一种常规的连接优化。当连接不同大小的数据集时，更高效的做法是将数据量大的数据集作为连接的最后一个输入：

```
C = JOIN small_file BY s, large_file by F;
```

正如我们在3.6.2节中所看到的，Pig中还可以利用很多其他的连接优化。

3.9.11 压缩中间结果

Pig脚本可能被编译成多个MapReduce作业。每个作业都可能产生中间输出。可以用LZO压缩编码来压缩这些中间输出。这不仅有助于节省HDFS的存储，还可以帮助减少加载时间从而更快地执行作业。

pig.tmpfilecompression属性决定了是否压缩中间文件。默认情况下，该值为false。pig.tmpfilecompression.codec属性的值表示用于压缩的编码器。目前，这个参数的可用值是gz和lzo。虽然GZIP压缩编码提供了更好的压缩，但它并不是首选，因为它的执行时间相对比较慢。

3.9.12　合并小文件

在第2章中，我们已经看到小文件带来的问题，以及CombineFileInputFormat的使用方法。Pig现在已经内置支持小文件的合并。这可以减少分片的数量，进而减少Map任务数。

可以将pig.splitCombination属性的值设为true来合并小文件。每个分片的大小由pig.maxCombinedSplitSize属性决定。将这个属性的值设为每个Map任务输入数据的建议大小（单位为字节）。小文件将被合并，直到达到这个限制值。

自带的PigStorage加载器对于合并小文件很有效。如果你要写一个自定义的加载器，它必须是无状态地调用prepareToRead方法。此外，这个加载器不能实现IndexableLoadFunc、OrderedLoadFunc和Collectable- LoadFunc接口。

3.10　小结

在本章中，我们探讨了Pig的一些高级特性，此外还深入了解了Pig提供的优化功能。本章学到的主要内容如下。

- 一般说来，尽可能在更多的情况下尝试使用Pig。Pig的抽象、开发助手及其灵活性可以节省你的时间和金钱。在转换成MapReduce作业前伸展Pig的能力。
- 逻辑计划优化可能会改变语句的执行顺序。广泛使用EXPLAIN和ILLUSTRATE命令来学习Pig脚本。
- 遵循本章提到的一些准则有助于Pig更快地执行脚本。努力让UDF实现Algebraic或Accumulator接口，两个都实现当然更理想。
- 了解你正在尝试处理的数据。特殊问题特殊对待，某些类型的数据问题就可以采用专门的支持，比如数据倾斜连接可用于连接倾斜的数据。

下一章，我们会详细探讨Hive（Hadoop MapReduce上一种更高层面的SQL抽象）的一些高级特性。

## 第 4 章

Hive进阶

SQL作为一门数据处理语言，流行了近40年。对于关系数据存储和SQL，很多人已了如指掌。通过引入用户熟知的概念来降低学习难度，自然而然，越来越多的人就会选择Hadoop。基于Hadoop MapReduce，Hive引入了关系型SQL。在上一章有关Pig的介绍中，我们学习了使用Pig脚本来设计MapReduce工作流的高级用法。本章我们会深入学习Hive的高级用法。

Apache Hive经常被视为数据仓库的基础设施。通常，商业智能信息来自数据仓库——企业内部汇集了许多数据源数据的数据库。企业内部的历史与当前数据都保存在这些数据库中，基本上，报表和分析都需要查询这些数据。通常，关系型数据库（RDBMS）是构成数据仓库的基础设施，查询语言SQL用来分析与生成报表。关系数据存储和SQL查询通常是数据仓库的基础，数据存储建模通常基于专门的星型或雪花模型。Apache Hive沿用了SQL，但是底层存储变为了HDFS，而且查询语句转变为MapReduce作业。Hive查询语句所用的变种SQL称为HiveQL。

本章，我们将介绍如下几个主题：

❑ 基于Hadoop集群的Hive架构
❑ Hive支持的数据类型、底层文件格式和数据模型
❑ 各种Hive查询计划优化器以及它们的重要性
❑ Hive扩展功能，比如UDF、UDAF、UDTF

4.1 Hive 架构

Hive架构如下图所示。接下来会详细介绍各个组件。

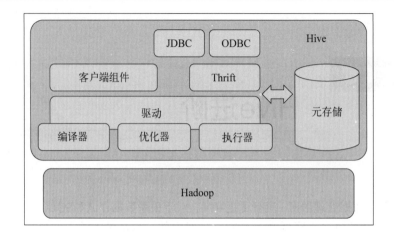

4.1.1　Hive元存储

元存储是个数据库，用于保存系统相关的元数据，有关表、分区、表结构、字段类型以及表存放路径的详细信息都存放在这里。使用Thrift接口，许多不同编程语言写成的客户端都可以读取这些数据。这些数据保存在关系数据库中，并通过对象关系映射（ORM）层进行读写。元存储使用RDBMS，可以降低Hive查询编译器获取元数据信息的延迟。

因为元存储的ORM层是可插拔的，所以Hive可以集成任何类型的RDBMS。默认的RDBMS是Apache Derby——一种开源的关系型数据库。实践中，元存储服务运行于MySQL或其他流行的RDBMS之上。元数据代表了原生HDFS文件的数据结构，所以定期备份或复制元数据，防止元存储崩溃，至关重要。只有在编译的时候才会访问元存储服务，MapReduce作业运行时绝不会访问它。

4.1.2　Hive编译器

编译器获取HiveQL查询语句，然后转换为MapReduce作业。解析器解析查询语句生成抽象语法树（AST）。AST根据从元存储获取的元数据来检查类型与语义一致性，检查完毕后生成可操作的DAG。之后DAG会经过一系列的优化变换。优化变换的过程是链式的，最终会生成优化后的操作树。用户可以实现`Transform`接口来自定义变换。本章后续会介绍一些优化器。

优化后的DAG接着转换为物理计划。物理计划由一系列的MapReduce和HDFS作业组成。HDFS作业用来读写HDFS上的数据。

4.1.3　Hive执行引擎

一旦执行引擎从编译器获取到物理计划，就会严格地按照依赖关系执行作业。物理计划以

plan.xml文件为载体，分发给Hadoop集群中的每个任务。这个文件使用旁通道，如分布式缓存，分发到集群中的各个节点。作业执行结果会存放在临时路径。如果指定了存储路径，那么一旦整个查询全部执行完毕，Hive就会使用数据操作语言（DML）把这些文件移到指定路径。如果某个查询没有指定存储路径，那么直接访问临时路径就可以获得查询结果。

4.1.4　Hive的支持组件

Hive包含了许多支持组件，如下所示。

- ❑ Driver组件负责提交查询，并按照正确的顺序调用各个组件，从而协调查询的生命周期。同时Driver也会生成会话和跟踪会话统计数据。
- ❑ 查询语句可以通过多种客户端提交到Hive，值得关注的有命令行接口（CLI）、网络接口、JDBC/ODBC连接器。在Hive序列化库中，Thrift序列化应用广泛。
- ❑ 可扩展组件，例如SerDe和ObjectInspector接口，有助于用户集成多种数据类型和遗留数据。通过编写用户自定义函数和用户自定义聚合函数（UDAF），用户可以扩展Hive的功能。

4.2　数据类型

Hive支持所有的原生数值类型，例如，TINYINT、SMALLINT、INT、BIGINT、FLOAT、DOUBLE和DECIMAL。另外，Hive还支持字符类型，例如CHAR、VARCHAR和STRING。类似SQL，时间指标数据类型，例如TIMESTAMP和DATE，Hive也支持。辅助类型，如BOOLEAN和BINARY，同样支持。

Hive也支持许多复合类型。复合类型由其他原生类型或复合类型组成。可用的复合类型如下。

- ❑ STRUCTS：类似C语言的结构体，代表数据元素的分组。符号点可以解引用结构体中的元素。对于某列的字段，C语言中定义为结构体STRUCT {x INT, y STRING}，可以通过A.x或A.y访问。

  语法：STRUCT<field_name : data_type>

- ❑ MAPS：键-值数据类型；通过把键包含在方括号中可以获取值。Map类型的列M，映射键x到值y，可以通过M[x]获取值。值的类型没有限制，但是键必须是原生类型。

  语法：MAP<primitive_type, data_type>

- ❑ ARRAYS：数组，可通过元素位置随意访问其中元素。获取数组元素的语法类似map。但是，方括号内的元素索引序号从0开始。

语法：`ARRAY<data_type>`

❑ UNIONS：Hive支持联合类型，元素类型可以是联合中定义的数据类型中的一个。

语法：`UNIONTYPE<data_type1, data_type2…>`

Hive中的函数和数据类型是不区分大小写的。

Hive版本≥0.7.0：支持UNIONTYPE复合数据类型。

Hive版本≥0.8.0：支持TIMESTAMP和BINARY数据类型。

Hive版本≥0.11.0：支持DECIMAL数据类型。

Hive版本≥0.12.0：支持DATE和VARCHAR数据类型。

Hive版本≥0.13.0：支持CHAR数据类型。

4.3　文件格式

Hive支持许多文件格式。本节，我们会介绍其中一些文件格式和用途。

4.3.1　压缩文件

某些场景下，文件以压缩格式保存在HDSF中是有利的，这样做不但能节省存储空间，而且还能减少查询时间。Hive支持把GZIP或BZIP2格式的文件直接导入表。在查询执行期间，解压后的文件会作为Map任务的输入。但是，压缩格式使GZIP或BZIP2的文件不可切分，所以只能由单个Map任务处理。

实践中，这些压缩文件会装载到表中，这些表的底层数据格式是Sequence文件。Sequence文件是可切分的，所以可以被多个Map任务处理。

Hive根据`io.seqfile.compression.type`配置项的值来确定Sequence文件的压缩方式。此配置有两种值：RECORD——压缩每条记录；BLOCK——缓冲区文件大小达到1 MB就压缩一次。

Lempel-Ziv-Oberhumer（LZO）是以解压缩速度见长的无损压缩编解码器。LZO编解码器需要安装在集群中的每个节点上，这样Hadoop集群才能使用它。在Hadoop集群中，通过把`mapreduce.output.fileoutputformat.compress.codec` 和 `mapreduce.output.file-`

outputformat.compress分别设置为LZO编解码器和true，输出文件便会被压缩成LZO格式。在Hive中把hive.exec.compress.output设为true后，Hive的查询结果便会保存为LZO压缩格式。

4.3.2 ORC文件

ORC代表Optimized Row Columnar文件。这种文件格式是Hive的一大亮点。它类似于RC（Row Columnar）文件，但有所改进。

ORC文件结构如下图所示。它包含多组行数据，这些组称为段，这些段通常大小为250 MB。文件的尾部有文件页脚和附录。文件页脚记录段的元数据、每段的行数、每段的统计数据（数据总数、最小值、最大值、数据总和）等信息。

每段也有页脚，它保存着本段局部统计数据。ORC文件的主要特征是以列存储的格式保存记录。所有行记录的列都连续存放在文件中，这样对于聚合查询可以提高I/O效率。下图是ORC文件的示意图：

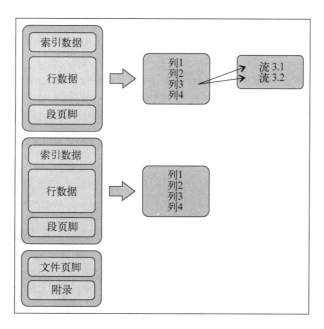

4.3.3 Parquet文件

Hive中另一种被广泛应用的列存储格式是Parquet。从Hive 0.10.0到Hive 0.12.0，并不包含Parquet软件包，所以需要另外单独安装。然而，Hive 0.13.0已经原生集成了Parquet。值得关注的是，Parquet可以保存记录中的嵌套信息。

SerDe代表序列化（serialization）**和反序列化**（deserialization），用来读写 Hive表中的行。SerDe组件是文件格式和行对象之间的桥梁：

HDFS File → InputFileFormat → < key,value > → DeSerializer → Row Object
Row Object → Serializer → < key,value > → OutputFileFormat → HDFS file

4.4   数据模型

Hive按照数据库的形式进行组织，逻辑上，数据库代表Hive表的集合。Hive数据库为表分配了命名空间。如果没有分配命名空间，那么命名空间为default。创建数据库后，会在HDFS创建对应目录，用来存放数据库中的文件。这目录就代表着表的命名空间。命令CREATE DATABASE MasteringHadoop会创建MasteringHadoop数据库。查看HDFS目录结构，可见为这个数据库对应地建立了目录，如下所示：

```
drwxr-xr-x    -  sandeepkaranth supergroup      0 2014-05-15 08:55
/user/hive/warehouse/masteringhadoop.db
```

类似于传统的RDBMS，表（table）是数据存储的基本单位，逻辑上代表同类记录的组合。记录就是由类型化的列组成的行。一张表对应于HDFS中单个目录。通过建立外表（external table），Hive可以在现存数据目录上创建表结构。Hive会为每张表保存元数据，元数据包含列类型和所有列的信息。另外还包含其他信息，如表拥有者、列的序列化与反序列化信息、数据存储格式、桶相关的元数据。通过hive.metastore.warehouse.dir可以配置数据库和表在HDFS中的存放路径。Hive安装配置目录（conf）中的hive-default.xml 或 hive-site.xml文件定义了这些配置。

 对HDFS中的外表指定LOCATION后，Hive会认为数据文件都在某个目录中。

分区（partition）就是根据表中某列不同的值对表进行切分。一旦指定分区列，所有记录会按照这些组合列的不同值或单个值，保存到表目录的子目录。查询处理中，分区可以通过裁剪预过滤掉不需要的记录，这样可以降低查询的延迟和I/O。必须指出，分区也会增加HDFS中的文件数，相应的Map任务数和中间结果也会增加，所以要获得最优性能，需要制定正确的分区数。

 在外表上执行DROP命令，不会删除HDFS上的数据。

记录根据同列的值进行hash计算，然后根据hash值分别保存到对应叶级目录下的文件中，这些文件称为桶（bucket）或聚集（cluster）。Hive用户可以指定每个分区的桶数，如果表没有分区，那么还可以指定每张表的桶数。Hive会计算桶列的hash值，再以桶的个数取模来计算某条记录属于哪个桶。分桶有利于数据采样。

让我们为worldcitiespop.txt文件建立一张表。下面的数据定义语言（DDL）演示了如何建立外表的表结构：

```
CREATE EXTERNAL TABLE MasteringHadoop.worldcities_external(code
VARCHAR(5), name STRING, fullName STRING, region INT, population
BIGINT, lat FLOAT, long FLOAT)
COMMENT 'This is the world cities population table'
ROW FORMAT DELIMITED FIELDS TERMINATED BY ','
STORED AS TEXTFILE
LOCATION '/user/sandeepkaranth/worldcitiespop';
```

关键字EXTERNAL表明这是一张已存在的表。关键字与元数据紧密相关，这些信息会保存在元存储中。ROW FORMAT定义了此表序列化与反序列化的语义。如果没有指定ROW FORMAT，或者说只指定了ROW FORMAT DELIMITED，那么Hive会使用原生的SerDe来处理表中的行。STORED AS语句定义了表的底层文件格式，LOCATION显示了表中HDFS中的存储位置。一旦使用了EXTERNAL关键字，就不会额外创建HDFS目录。

　　　　Hive强制每张表必须对应一个HDFS目录，包括外表。在本例中，worldcities-pop是一个HDFS目录，包含了worldcitiespop.txt文件。Hive不允许对单个文件建立表结构。

现在，让我们使用如下DDL语句来创建内表：

```
CREATE TABLE MasteringHadoop.worldcities(code VARCHAR(5), name
STRING, fullName STRING, region INT, population BIGINT, lat FLOAT,
long FLOAT)
COMMENT 'This is the world cities population table'
PARTITIONED BY (region_p INT)
CLUSTERED BY (code) SORTED BY (code) INTO 2 BUCKETS
ROW FORMAT DELIMITED FIELDS TERMINATED BY ','
STORED AS SEQUENCEFILE;
```

这个表定义指定了分区列，同时也指定了每个分区的桶数：2。此表的底层文件格式是SEQUENCEFILE。分区列不能与其他列重名。当把数据导入到表的时候，分区列必须是单独的列。

CLUSTERED关键字定义了分桶信息。在上例中，我们根据国家编码（country code）进行分桶，并且指定每个桶的排序列，桶的数量是2。分桶时，Reduce任务数量要等于桶数，这很重要，只有这样才能得到正确的桶数。可以通过两种方法来实现，一种方法是为每个作业显式设定Reduce任务数，另一种方法是设置hive.enforce.bucketing为true，这样Hive会自动对数据分桶。

使用以下DML语句，我们将会用之前建立的外表对上表进行计算：

```
set hive.enforce.bucketing = true;
set hive.enforce.sorting = true;
set hive.exec.dynamic.partition = true;
set hive.exec.dynamic.partition.mode=nonstrict;
set hive.exec.max.dynamic.partitions.pernode=1000;
FROM MasteringHadoop.worldcities_external
INSERT OVERWRITE TABLE MasteringHadoop.worldcities
PARTITION(region_p)
SELECT code, name, fullName, region, population, lat, long, region
WHERE region IS NOT NULL;
```

表定义中如果有列分区列重名，将会抛出错误：

```
FAILED: SemanticException [Error 10035]: Column repeated in
partitioning columns.
```

最终结果是，表基于区域编码（region code）的不同值进行了分区。每个分区有两个桶，并按照国家编码排序。分区的底层HDFS目录结构如下所示。每个分区都有独立的目录，并且分区列中的不同值成为了目录名的一部分。

```
drwxr-xr-x   - sandeepkaranth supergroup          0 2014-05-15 11:55 /user/hive/warehouse/masteringhadoop.db/worldcities/region_p=91
drwxr-xr-x   - sandeepkaranth supergroup          0 2014-05-15 11:55 /user/hive/warehouse/masteringhadoop.db/worldcities/region_p=92
drwxr-xr-x   - sandeepkaranth supergroup          0 2014-05-15 11:55 /user/hive/warehouse/masteringhadoop.db/worldcities/region_p=93
drwxr-xr-x   - sandeepkaranth supergroup          0 2014-05-15 11:55 /user/hive/warehouse/masteringhadoop.db/worldcities/region_p=94
drwxr-xr-x   - sandeepkaranth supergroup          0 2014-05-15 11:55 /user/hive/warehouse/masteringhadoop.db/worldcities/region_p=95
drwxr-xr-x   - sandeepkaranth supergroup          0 2014-05-15 11:55 /user/hive/warehouse/masteringhadoop.db/worldcities/region_p=96
drwxr-xr-x   - sandeepkaranth supergroup          0 2014-05-15 11:55 /user/hive/warehouse/masteringhadoop.db/worldcities/region_p=97
drwxr-xr-x   - sandeepkaranth supergroup          0 2014-05-15 11:55 /user/hive/warehouse/masteringhadoop.db/worldcities/region_p=98
drwxr-xr-x   - sandeepkaranth supergroup          0 2014-05-15 11:55 /user/hive/warehouse/masteringhadoop.db/worldcities/region_p=99
```

观察分区目录，我们会发现桶文件。每个分区有两个文件，对应两个桶。

```
-rw-r--r--   3 sandeepkaranth supergroup       3627 2014-05-15 11:55 /user/hive/warehouse/masteringhadoop.db/worldcities/region_p=99/000000_0
-rw-r--r--   3 sandeepkaranth supergroup     183750 2014-05-15 11:55 /user/hive/warehouse/masteringhadoop.db/worldcities/region_p=99/000001_0
```

4.4.1　动态分区

分区有三种类型：静态分区、动态分区、混合分区。如果在编译期便可获取列的分区信息，称为静态分区列。例如，用户在定义表的时候，就指定了列的分区值。相反，对于动态分区列，在查询执行的时候才会确定分区。

分区既然是HDFS目录，那就可以通过hdfs put命令直接向HDFS添加分区。然而，元存储拥有所有表的元数据，它不会自动识别这些直接被添加到HDFS的分区。Hive提供了命令MSCK REPAIR TABLE tableName;，可以自动地更新元存储来恢复分区。如果基于亚马逊EMR，这个命令是ALTER TABLE tableName RECOVER PARTITIONS;。

用来计算MasteringHadoop.worldcities表的DML语句就是基于动态分区的。当计算MasteringHadoop.worldcities_external表的时候，分区列region_p的值才被确定下来。如之前的INSERT..SELECT DML语句所示，所有的动态分区列应该出现在SELECT语句的尾部，并且先后顺序需符合PARTITION中指定的顺序。region_p分区列的值取自EXTERNAL表的region列，并且需在SELECT语句的尾部指定。

动态分区的语义

Hive动态分区相关的一些关键语义如下。

- Hive动态分区默认是关闭的。通过在配置文件hive-default.xml或hive-site.xml中，设置hive.exec.dynamic.partition为true可启用此功能。
- 如果动态导入的数据与现有分区重复，那么会覆盖现有分区。
- hive.exec.default.partition.name默认值为__HIVE_DEFAULT_PARTITION__，当动态分区列值为空值或者NULL时，使用此名称。
- 动态分区有三个限制，相关配置如下。

  - DML语句可生成的总分区数上限，由配置hive.exec.max.dynamic.partitions限定，默认值为1000。如果分区数超过1000，那么MapReduce作业会抛出异常。
  - 单个Map或Reduce任务所能产生的分区总数上限，由配置hive.exec.max.dynamic.partitions.pernode限定，默认值为100。如果有任务超过此上限，会产生致命错误。
  - 当执行DML语句时，由Map和Reduce任务总共产生的文件数上限，由配置hive.exec.max.created.files限定，默认值为100 000。

> 如果Reduce任务在执行动态分区时超过了上限，会产生如下致命错误：
>
> ```
> 2014-05-15 08:46:27,647 FATAL [Thread-17]: ExecReducer
> (ExecReducer.java:reduce(282)) -
> org.apache.hadoop.hive.ql.metadata.HiveFatalException: [Error 20004]:
> Fatal error occurred when node tried to create too many dynamic
> partitions. The maximum number of dynamic partitions is controlled by
> hive.exec.max.dynamic.partitions and
> hive.exec.max.dynamic.partitions.pernode. Maximum was set to: 100
> ```

- 默认情况下，不允许所有分区列都是动态的，因为hive.exec.dynamic.partition.mode默认值是strict。在上例中，我们没有静态分区列，所以动态分区模式需设置为nonstrict语句才能正常执行。

4.4.2 Hive表索引

RDBMS中的索引可以快速定位数据，从而使查询速度加快。基于键映射的数据索引结构，能高效地随机访问数据库记录。索引自身并不保存整个数据，只存放对数据的引用。Hive索引类似于传统数据库中的非聚集索引，它们保存了数据和数据所属HDFS块之间的映射信息，这样MapReduce作业在处理查询时，能跳过无关的数据块。 下例中，将创建两种索引，紧凑索引（compact）和位图索引（bitmap）。Hive索引也是一张表，存放在HDFS中。命令DEFERRED REBUILD使Hive在下个阶段构建索引。命令ALTER INDEX将稍后构建索引：

```
USE MasteringHadoop;
CREATE INDEX worldcities_idx_compact ON TABLE worldcities (name)
AS 'COMPACT' WITH DEFERRED REBUILD;
CREATE INDEX worldcities_idx_bitmap ON TABLE worldcities (name) AS
'BITMAP' WITH DEFERRED REBUILD;
DESCRIBE masteringhadoop__worldcities_worldcities_idx_compact__;
```

在紧凑索引表上执行DESCRIBE操作，会输出如下内容。对于每个分区和桶，索引表都会保存一组偏移量。通过偏移量可直接检索到数据块。

```
hive> DESCRIBE
masteringhadoop__worldcities_worldcities_idx_compact__;
OK
name                    string
_bucketname             string
_offsets                array<bigint>
region_p                int

# Partition Information
# col_name              data_type               comment

region_p                        int
Time taken: 0.078 seconds, Fetched: 9 row(s)
```

位图索引适用于某列具有大量相同值的场合。位图索引结构与索引表结构类似，但是信息编码有所不同。_bitmaps属性在表记录中存放1比特的信息，如果记录出现某值，此属性存为真，否则存为假。位图索引表的结构如下所示：

```
hive> DESCRIBE masteringhadoop__worldcities_worldcities_idx_bitmap__;
OK
name                    string
_bucketname             string
_offset                 bigint
_bitmaps                array<bigint>
region_p                int

# Partition Information
# col_name              data_type               comment

region_p                        int
Time taken: 0.083 seconds, Fetched: 10 row(s)
```

4.5 Hive 查询优化器

在类型检查和查询语句语义分析完毕之后，一系列基于规则的转换将对查询语句进行优化。在此我们将会介绍其中一些优化器。通过实现org.apache.hadoop.hive.ql.optimizer.Transform接口，我们可以自定义优化器。这个接口有一个函数，从中可以获得ParseContext对象，然后经过转换再返回。ParseContext对象含有当前操作树以及其他信息。

以下是Hive 0.13.0中集成的一些优化器。

❑ ColumnPruner：通过遍历操作树，确定查询基表所必需的列。通过在读取基表时插入SELECT语句，基表中任何多余的列都会被剪去，这样降低了读取、处理和写入的数据量。

❑ GlobalLimitOptimizer：当查询语句中有操作符LIMIT，这个优化器会设置GlobalLimitCtx。这有助于下游的优化规则能更智能高效地制定优化策略。

❑ GroupByOptimizer：如果GROUP BY的键是分桶排序键的超集，那么会在Map端进行聚集。相应地，优化器会小心地修改执行计划。另外，两者键的排列顺序必须一致。

❑ JoinReorder：基于用户提示，流化后的表会在连接操作的最后阶段被处理。

❑ PredicatePushdown：谓词下推这个术语来源于RDBMS领域。这其实是个误称，实际上应该称为谓词上推。其思想是，移动用于过滤上游数据的谓词，使其更接近数据源，减少下游的数据处理量，节省I/O和网络开销，从而大幅提高查询速度。默认情况下，PredicatePushdown是关闭的。配置hive.optimize.ppd property为true可以启用PredicatePushdown。

❑ PredicateTransitivePropagate：此优化规则把谓词传递给连接操作中的另一张连接表。当两表互连，其中一张表通过谓词对连接键进行数据过滤，那么这表的过滤谓词也可以应用到另一张表。

❑ BucketingSortingReduceSinkOptimizer：如果源表和目标都基于相同顺序的键分桶排序，那么不需要Reduce任务便可对这些表进行连接或插入操作。例如，对于INSERT OVERWRITE A SELECT * FROM B;，如果表A和表B的键都是一样分桶排序过，那么只需Map任务就可处理。没有Reduce任务可以提高查询速度，因为避免了洗牌/排序的步骤。

❑ LimitPushdownOptimizer：如果带有LIMIT操作符的语句没有过滤条件，那么Map任务就可优化为只查询前K条记录。这K条记录接着传给LIMIT操作符。这极大地减少了洗牌/排序阶段需要处理的记录数。

❑ NonBlockingOpDeDupProc：这个优化器会把多个投影或多个过滤条件合并为一个。

❑ PartitionPruner：为了避免元存储发生内存溢出，会首先获取分区名，然后按需获取分区详细信息。

❑ ReduceSinkDeDuplication：如果两个Reduce任务拥有相同的分区列且顺序也相同，那么它们会被合并成单个任务。

❑ RewriteGBUsingIndex：如果列有索引，那么GROUP BY可以不扫描基表而只扫描索引表来实现对该列的聚合操作。例如，SELECT COUNT(k) FROM A GROUP BY k可以改写为SELECT SUM(_count_of_k) FROM index_table GROUP BY k;。这个优化器只对部分GROUP BY查询语句有效。

❑ StatsOptimizer:有许多查询结果可以直接从元存储的统计数据中获得,比如MIN、MAX、COUNT之类的语句，而不用产生任何MapReduce任务。这个优化器会识别和优化此类查询语句。

4.6　DML 进阶

Hive的数据操作语言功能与其他顶级SQL系统一样，提供标准操作，如JOIN、GROUP BY、UNION，操作中语义可能会有略微差异。同时也提供不同类型的优化提示。

4.6.1　GROUP BY操作

GROUP BY操作的功能和标准同SQL一样，除了几个高级特性。

❑ Multi-Group-By Inserts：单个查询可以包含多个GROUP BY语句，其结果可以写入多张表或多个HDFS文件。例如：

```
FROM src_table INSERT OVERWRITE TABLE id_count SELECT id,COUNT(id) GROUP BY id INSERT
OVERWRITE TABLE id_sum SELECT id,SUM(id_value) GROUP BY id;
```

❑ Map侧进行GROUP BY聚合：配置hive.map.aggr为true，可以让Map任务先进行聚合，从而提高查询性能。

4.6.2　ORDER BY与SORT BY

Hive中的ORDER BY和SORT BY都可以排序查询结果。区别在于，ORDER BY保证查询结果整体有序，而SORT BY保证单个Reduce任务中的数据有序，所以如有多个Reduce任务，那么SORT BY只能保证部分有序。

显然，ORDER BY只需要单个Reduce任务就能保证查询结果整体有序，这可是大数据集排序中的性能瓶颈。当使用ORDER BY语句的时候，Hive默认必须要有LIMIT操作符，对应的配置项是hive.mapred.mode，其默认值是strict。如果设置为nonstrict，编译不会强制要求有LIMIT操作符，但不推荐这么设置。

4.6.3　JOIN类型

对于多个数据集或多表的处理，JOIN操作符很重要。Hive有许多改进后的JOIN变体，基于数据的特点还提供了不少连接优化器。以下是一些有关JOIN的重要特性和优化。

- ❑ Hive支持内连接、外连接、左半连接。所有连接类型都基于等值连接，不支持模糊连接和θ连接。
- ❑ 支持多表连接。MapReduce作业数取决于连接列的数量。如果多表的连接列都一样，那么只会生成单个MapReduce作业。
- ❑ 默认情况下，连接中的最后一张表会流化到Reduce任务，而其余表被缓存起来。在连接中把最大的表放在最后处理可获得更优的性能，这很重要。用户可以使用STREAMTABLE提示来覆盖默认行为。例如，对于SELECT /*+ STREAMTABLE(A)*/ A.x, B.x, C.x FROM A JOIN B ON (A.key = B.key) JOIN C ON (B.key = C.key);。STREAMTABLE提示Hive编译器流化表A，而默认行为是流化表C。
- ❑ JOIN语句中的WHERE子句会在JOIN操作完成之后过滤数据行。把WHERE过滤条件都写在对应JOIN的ON子句（JOIN的连接列位于此处）中不失为一种好做法。

Map侧的连接

如果连接中有一张表很小，那么可以在Map任务中直接进行连接操作，Hive中可以使用MAPJOIN提示来实现此功能。例如，SELECT /*+ MAPJOIN(A) */ A.x, B.x FROM A JOIN B ON (A.key = B.key)提示表A更小，可以放入缓存，然后进行Map侧连接。

如果连接表都对连接列分桶，并且其中一张表的桶数与另一张表的桶数相同或是其倍数，那么就可以在Map侧进行连接操作。配置hive.optimize.bucketmapjoin为true（默认false）可以开启此功能。此功能又称为桶化Map侧连接（bucketized map-side join）。

如果连接表都对连接列分桶，桶数相同，并且桶中数据已经依照连接列排好序，那么两表相连可以使用归并排序（sort-merge）。然而，这个功能也是非默认。需要配置hive.optimize.bucketmapjoin为true，hive.optimize.bucketmapjoin.sortedmerg为true，hive.input.format为org.apache.hadoop.hive.ql.io.BucketizedHiveInputFormat。此功能又称为桶化归并排序连接（bucketized sort-merge join）。

配置hive.auto.convert.join为true，可以自动把连接转换为Map侧连接，不再需要MAPJOIN提示。然而，如果要使用桶化Map侧连接和桶化归并排序连接，这个提示是必需的。

4.6.4 高级聚合

Hive主要用于数据仓库分析，这就需要高级聚合功能来多维度地分析和统计数据。

Hive支持分组集合（GROUPING SETS），可以对单表进行多个GROUP BY操作。这等效于执行两句GROUP BY语句，然后把结果UNION。以下演示了分组集合的用法：

```
SELECT x, y, SUM(z) FROM X GROUP BY x, y GROUPING SETS( (x,y), y);
```

这句等效于 SELECT x, y, SUM(z) FROM X GROUP BY x,y;和 SELECT null, y, SUM(z) FROM X GROUP BY y;两者结果的 UNION。

数据立方体（cube）是一种多维数据结构，用于下钻、上卷、聚合事实表。Hive 通过全维度聚合事实表来模拟数据立方查询。例如，SELECT x, y, z, SUM(a) FROM X GROUP BY x, y, z WITH CUBE;等效于 SELECT x,y,z, SUM(a) FROM X GROUP BY x,y,x GROUPING SETS ((x,y,z), (x,y), (y,z), (x,z), (x),(y), (z), ());

Hive 也支持上卷（ROLLUP）命令，用于在各个层级结构进行聚合计算。SELECT x, y, z, SUM(a) FROM X GROUP BY x,y,z WITH ROLLUP;等效于 SELECT x,y,z, SUM(a) FROM X GROUP BY x,y,z GROUPING SETS ((x,y,z) , (x,y), (x), ());。

这里有个隐式假设，层级 x 能下钻到层级 y，层级 y 可以反钻到层级 z，这会导致 ROLLUP 为每行输入产生多行输出。在上例中，对于每个输入行，会产生四行带有三个聚合键的输出。聚合键的基数越大，Map 和 Reduce 任务的处理边界越难界定。这种情况下，最好生成多个 MapReduce 作业。基数阈值可以通过 hive.new.job.grouping.set.cardinality 设置，如果超过此值，会启动额外的作业。

4.6.5　其他高级语句

Hive 高级用法中还有很多其他语句。

- ❏ EXPLODE 用户定义表生成函数，可以为单行输入输出多行。例如，对数组类型的列使用 EXPLODE，会为数组中的每个元素产生一行。
- ❏ TABLESAMPLE 关键字用于对桶采样。查询语法是 SELECT cols FROM table_name TABLESAMPLE(i OUT OF n)。这里会从 n 个桶中采样第 i 个桶。TABLESAMPLE 指令也可用于块级别的采样，只需在其中给出采样的比例值即可。必须注意，此时采样的粒度是数据块。TABLESAMPLE 同样也可基于输入数据的切分大小和数据行数进行数据采样。
- ❏ Hive 提供了一些虚拟列可用于特别的查询。INPUT__FILE__NAME 显示 Map 任务的输入文件名，BLOCK__OFFSET__INSIDE__FILE 显示文件的全局位置。
- ❏ EXPLAIN 指令用于显示查询语句的 AST、执行期的 DAG 依赖以及和 DAG 中各个阶段的详情。

4.7　UDF、UDAF 和 UDTF

与 Pig 类似，UDF 是 Hive 中最重要的一项扩展特性。在 Hive 中编写 UDF 更简单，但是 UDF 接口没有定义所有的重载方法，因此并不完整。这是因为 UDF 可以接受任意数量的参数，所以很难定义出固定的接口。执行 UDF 的时候，Hive 底层使用 Java 反射来获取函数的参数列表。

Hive中有以下三种UDF。

- ❑ **普通UDF**（regular UDF）：这种UDF读入一行，应用自定义逻辑后，产出一行结果。
- ❑ **UDAF**：这种UDF读入多行，进行聚合计算后，产出一行结果。例如内带的UDAF，SUM和COUNT。
- ❑ **UDTF**：这是一种生成函数，即读入一行后，输出多行结果。EXPLODE就是UDTF。

以下代码范例演示了如何编写一个简单的UDF。每个UDF都需继承org.apache.hadoop.hive.ql.exec package中的UDF类。类中没有需重写的方法，但必须编写至少一个evaluate方法。以下UDF的功能是，读入一个String类型的参数，然后转换为大写返回。在类中可以编写任意数量的evaluate方法，运行时Hive会正确选择其中一个。

```
package MasteringHadoop;

import org.apache.hadoop.hive.ql.exec.UDF;

public class TOUPPER extends UDF{

    public String evaluate(String input){

        return input.toUpperCase();
    }
}
```

以下Hive语句演示了如何部署和使用这个UDF。首先需要注册包含UDF的JAR文件，然后Hive元存储需要知道这个UDF的存在。如此一来，像Hive内带的函数一样，这个UDF就可以使用了：

```
add jar MasteringHadoop-1.0-SNAPSHOT-jar-with-dependencies.jar;
CREATE TEMPORARY FUNCTION MASTERINGHADOOPTOUPPER AS
'MasteringHadoop.TOUPPER';
SELECT MASTERINGHADOOPTOUPPER(name) FROM
MasteringHadoop.worldcities;
```

UDAF实现起来稍显复杂。正如之前两章所述，可以分别或同时对Map和Reduce任务执行聚合操作，但UDAF必须能应对所有这些情况。以下代码范例演示了UDAF如何在BIGINT类型的数值集中寻找最大值。与UDF类似，UDAF继承UDAF类。取代evaluate方法的是evaluator类，此类必须在UDAF中声明。运行时，Hive通过对UDAF的扩展类进行反射，调用evaluator类中的方法。

UDFA中可以包含任意数量的evaluator类。这些都需继承基类UDAFEvaluator。基类UDAFEvaluator中的init()是唯一一个需要重写的方法。在下例中，我们会创建一个MaximumBigIntEvaluator类，用于比较并选择最大的BIGINT值。

init()方法会初始化evaluator类的内部状态。除了init()方法，在进行聚合计算时会调用iterator()方法，然后iterator()方法会更新evaluator的状态，但是Null值会被忽略。运行时，Hive调用terminatePartial()方法来获取部分结果。这种情况通常都发生在Map侧聚合完成

时。至此evaluator必须返回聚合状态。Hive调用merge()函数来聚合两个部分聚合结果，这通常
发生在Reduce侧，用于合并Map任务返回的部分结果。最后，Hive会调用terminate()方法来获
取最终聚合结果：

```java
package MasteringHadoop;

import org.apache.hadoop.hive.ql.exec.UDAF;
import org.apache.hadoop.hive.ql.exec.UDAFEvaluator;
import org.apache.hadoop.io.LongWritable;

public class BIGINTMAX extends UDAF {

    public static class MaximumBigIntEvaluator
            implements UDAFEvaluator{

        private Long max;
        private boolean empty;


        public MaximumBigIntEvaluator(){
            super();
            init();
        }


        @Override
        public void init(){
            max = (long)0;
            empty = true;
        }


        public boolean iterate(LongWritable value){
            if(value != null){

                long current = value.get();

                if(empty){
                    max = current;
                    empty = false;

                }
                else{

                    max = Math.max(current, max);
                }


            }
            return true;
```

```
    }

    public LongWritable terminatePartial(){
        return empty ? null : new LongWritable(max);

    }

    public LongWritable terminate(){
        return empty ? null : new LongWritable(max);

    }

    public boolean merge(LongWritable value){
        iterate(value);
        return true;
    }

    }

}
```

4

为了让UDAF正常工作，这些方法是必需的。下图展示了evaluator方法的调用流程：

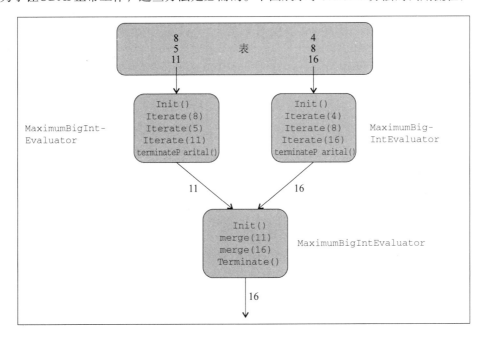

4.8 小结

Hive通过查询语言HiveQL，把SQL和关系型数据库的概念引入Hadoop。Hive主要用来搭建数据仓库，并为应用程序进行数据分析查询，比如商业智能（business intelligence）。Hive支持组件就是用来应对这些案例的。例如，通过使用行–列存储文件格式，关于列的聚合计算就会变得十分高效。

本章学到的主要内容如下。

❑ 必须密切关注Hive表底层所用的文件格式。文本文件很低效。压缩后的Sequence文件更优。从I/O和查询性能的角度来讲，特殊的文件格式，如RC和ORC，更适合。

❑ 高效来自压缩。中间结果和最终结果都可被压缩。但最好避免使用不可切分的压缩技术，如GZIP。Snappy可以作为备选方案，因为它是可切分的压缩技术。

❑ 对大表进行分区是最佳实践，它可以在处理查询时预先过滤掉不相关的数据。但是，过多的分区会对HDFS产生压力。

❑ 尽可能地使用Map侧的连接。在连接的左侧放置小表。配置`hive.auto.convert.join`启用自动优化，无需手动写提示。正确地配置`hive.mapjoin.smalltable.filesize`可以把整个小表都放入缓存。但是，需要注意JVM是否有足够的内存来容纳。

❑ 使用单个reducer的时候要避免使用ORDER语句。第2章中所提的优化方法，都可以应用到基于Hadoop集群的Hive查询，这会对查询性能产生积极的影响。

下一章，我们会详细探讨Hadoop I/O，尤其是文件压缩和Hadoop文件数据的序列化与反序列化。

## 第 5 章

序列化和Hadoop I/O

Hadoop为大数据而生，但不管如何处理数据，讨论和细化IO都是安装过程中的主要部分。源数据来源于网络或从外部存储载入，这些数据还需经过提取和转换的步骤。最后，处理结果会保存下来，以供下游应用使用，如提供数据、产出报表、数据可视化。以上每个阶段都需要了解底层数据的存储结构、数据格式和数据模型，这样能帮助调优整个数据处理管道的存储效率与处理速度。

本章，我们会探讨Hadoop IO的功能和特性。具体地说，我们将讨论以下主题：

❑ Hadoop里对序列化和反序列化的支持及其必要性
❑ Avro——一个外部的序列化框架
❑ Hadoop里集成的数据压缩编解码器及其权衡
❑ Hadoop特有的文件格式及其特性

5.1 Hadoop 数据序列化

尽管我们看到的数据是结构化的形式，但数据的原始形式是序列化的比特或比特流。数据以这种原始形式通过网络传输，然后保存在RAM或其他持久性存储媒介中。序列化过程就是把结构化的数据转换为原始形式。反序列化过程则相反，是把数据从原始比特流形式重建为结构形式。

Hadoop中不同的组件使用远程调用（Remote Procedure Call，RPC）进行交互。在发送调用函数名和参数给被调方之前，调用方进程会先把它们序列化为字节流。被调方反序列化这个字节流，解释函数类型，根据所提供的参数执行函数，最后序列化执行结果，并返回给调用方。当然，整个工作流需要快速的序列化与反序列化。网络带宽十分珍贵，所以需要序列化函数名和函数参数，从而尽可能地减小负载。不同的组件会以不同的方式变化，所以整个序列化-反序列化过程需要向后兼容和可扩展。运行在不同机器上的组件进程会有不同的配置，并且所利用的平台组件也不同，因此序列化-反序列化库需要具备互操作性能。序列化和反序列化的这些特性不限于网络数据，还适用于存储，包括易失存储和持久存储。

5.1.1 `Writable` 与 `WritableComparable`

Hadoop序列化和反序列化都使用`Writable`接口。这个接口有两个方法，`void write(DataOutput out)` 和 `void readFields(DataInput in)`。`write`方法序列化对象为字节流。`readFields`方法则是反序列化方法，即读取输入的字节流并将其转换为对象。

继承`Writable`接口的是`WritableComparable`接口。可以说这个接口是`Writable`接口和`Comparable`接口的组合。接口的实现类不但可以方便地进行序列化和反序列化，而且还能对值进行比较。用Hadoop数据类型实现这个接口，可以非常方便地排序和分组数据对象。如第2章中的例子所示，通过自定义的`WritableComparable`类型实现了连接操作符。

Hadoop提供了许多唾手可得的`WritableComparable`包装类。每个`WritableComparable`包装类对应包装一个Java原生类型。例如，`IntWritable`包装类包装了`int`数据点（data point），`BooleanWritable`包装类包装了`boolean`类型。

> Hadoop有`VIntWritable`和`VLongWritable`类，它们的长度可变，但相对于固定长度的`IntWritable`和`LongWritable`类型。处于−112到127之间的值会使用可变长度数值类型编码为单个字节。然而，更大的数值用另一种方式编码，即首字节代表标记以及紧跟其后的字节数。当数值分布的方差很高时，平均而言，可变长度的`Writable`能节省存储空间。数值越小，所需存储空间就越小。

在第2章中，为了进行Reduce侧连接，我们实现了自定义的`WritableComparable`类。`CompositeJoinKeyWritable` 代表数据源里国家编码的组合键。除了重写`write`和`readFields`方法，为了比较这些自定义类型，我们还重写了`compareTo`函数。

从底层来看，在`CompositeJoinKeyWritable`里`Writable`类型序列化的方式很特别。所以我们以`IntWritable`、`LongWritable`、`VIntWritable`及`VLongWritable`为例，看一下它们序列化后的原始字节码。

以下方法获取一个`Writable`类型的参数，然后使用`write`方法把它序列化为字节流。字节流会被转换成十六进制的字符串，然后显示在控制台上。`org.apache.hadoop.util.StringUtils`工具类中有一些静态函数，可以帮助我们把字节数组转换为十六进制字符串：

```
public static String serializeToByteString(Writable writable)
    throws IOException {

        ByteArrayOutputStream outputStream = new
            ByteArrayOutputStream();
        DataOutputStream dataOutputStream = new
            DataOutputStream(outputStream) ;
        writable.write(dataOutputStream);
```

```
        dataOutputStream.close();
        byte[] byteArray = outputStream.toByteArray();
        return StringUtils.byteToHexString(byteArray);
    }
```

在学习Hadoop序列化的例子中，我们会演示四个类，以下代码分别实例化了这些类。我们把三个数值（100代表小整型，1048576代表普通整型，4589938592L代表长整型）作为这些类要序列化的对象。

```
public static void main(String[] args) throws IOException{

    IntWritable intWritable = new IntWritable();
    VIntWritable vIntWritable = new VIntWritable();
    LongWritable longWritable = new LongWritable();
    VLongWritable vLongWritable = new VLongWritable();

    int smallInt = 100;
    int mediumInt = 1048576;
    long bigInt = 4589938592L;

    System.out.println("smallInt serialized value using
        IntWritable");
    intWritable.set(smallInt);
    System.out.println(serializeToByteString(intWritable));

    System.out.println("smallInt serialized value using
        VIntWritable");
    vIntWritable.set(smallInt);
    System.out.println(serializeToByteString(vIntWritable));

    System.out.println("mediumInt serialized value using
        IntWritable");
    intWritable.set(mediumInt);
    System.out.println(serializeToByteString(intWritable));

    System.out.println("mediumInt serialized value using
        VIntWritable");
    vIntWritable.set(mediumInt);
    System.out.println(serializeToByteString(vIntWritable));

    System.out.println("bigInt serialized value using
        LongWritable");
    longWritable.set(bigInt);
    System.out.println(serializeToByteString(longWritable));

    System.out.println("bigInt serialized value using
        VLongWritable");
    vLongWritable.set(bigInt);
    System.out.println(serializeToByteString(vLongWritable));
}
```

这个程序使用IntWritable和VIntWritable包装类来序列化小整型和普通整型。Long-

Writable和VLongWritable用于序列化数值更大的长整型。将这些数值序列化成字节数组，结果如下所示：

```
smallInt serialized value using IntWritable
00000064
smallInt serialized value using VIntWritable
64
mediumInt serialized value using IntWritable
00100000
mediumInt serialized value using VIntWritable
8d100000
bigInt serialized value using LongWritable
000000011194e7a0
bigInt serialized value using VLongWritable
8b011194e7a0
```

不管存放的数值大小，IntWritable类始终使用4个字节的固定长度来表示一个整型。而VIntWritable类更聪明，字节数取决于数值的大小。对于数值100，VIntWritable只使用1个字节。LongWritable和VLongWritable在序列化值的时候有类似区别。

> Text是Writable版的String类型。它代表UTF-8字符集合。相比Java的String类，Hadoop中的Text类是可变的。

5.1.2　Hadoop 与 Java 序列化的区别

在此有一个疑问，为什么Hadoop用Writable接口来序列化而不使用Java序列化？让我们试着用Java的数据类型和序列化功能对上例中的数值进行序列化。对于Java序列化，我们会使用如下静态方法：

```
public static String javaSerializeToByteString(Object o) throws
    IOException{
ByteArrayOutputStream outputStream = new
    ByteArrayOutputStream();
ObjectOutputStream objectOutputStream = new
    ObjectOutputStream(outputStream);
objectOutputStream.writeObject(o);
objectOutputStream.close();

byte[] byteArray = outputStream.toByteArray();
return StringUtils.byteToHexString(byteArray);

}
```

Java提供ObjectOutputStream类来把对象序列化为字节流。ObjectOutputStream类里有writeObject方法。用下列代码对以上三个数据进行序列化：

```
System.out.println("smallInt serialized value using Java
    serializer");
System.out.println(javaSerializeToByteString(new
    Integer(smallInt)));

System.out.println("mediumInt serialized value using Java
    serializer");
System.out.println(javaSerializeToByteString(new
    Integer(mediumInt)));

System.out.println("bigInt serialized value using Java
    serializer");
System.out.println(javaSerializeToByteString(new Long(bigInt)));
```

输出结果如下：

```
smallInt serialized value using Java serializer
aced0005737200116a6176612e6c616e672e496e746567657212e2a0a4f7818738
    02000149000576616c7565787200106a6176612e6c616e672e4e756d62657
        286ac951d0b94e08b020000787000000064
mediumInt serialized value using Java serializer
aced0005737200116a6176612e6c616e672e496e746567657212e2a0a4f7818738
    02000149000576616c7565787200106a6176612e6c616e672e4e756d6265
        7286ac951d0b94e08b020000787000100000
bigInt serialized value using Java serializer
aced00057372000e6a6176612e6c616e672e4c6f6e673b8be490cc8f23df020001
    4a000576616c7565787200106a6176612e6c616e672e4e756d62657286ac9
        51d0b94e08b020000787000000011194e7a0
```

　　显然，这个序列化后的值大于Writable序列化后的值。Hadoop是在磁盘或网络上进行序列化和反序列化的，所以简洁有效极为重要。而Java序列化因为要标识对象，所以消耗了更多的字节。

　　Java不假设序列化的值类型，这是Java序列化低效的根本原因。这就需要在每个序列化结果中标记类相关的元数据。然而，Writable类则从字节流中读取字段，并假设字节流的类型。更简洁的序列化结果极大地提高了性能。但是这样增加了Hadoop新手的学习难度。另一个缺点是Writable类只适用于Java编程语言。

　　编写自定义的Writable类很乏味，因为开发人员不得不考虑网络传输中的类格式。Hadoop中临时引入了Record IO，这个功能使用了记录定义语言（record definition language），同时提供了编译器能把记录定义转换为Writable类。最终，这个功能被废弃，Avro取而代之。

在Hadoop 0.17之前，任何MapReduce程序中，Map和Reduce任务的键和值都基于Writable类。然而，在之后的版本，Hadoop中的MapReduce作业可以与任何序列化框架集成。这使得有很多序列化框架可供选择。每个序列化框架都带来了性能提升，有的是以简洁见长，有的是以序列化和反序列化速度见长，或两者兼备。

5.2 Avro 序列化

Avro是一个流行的数据序列化框架，是Apache软件基金会的一部分。其主要特点如下。

- ❑ 支持多种数据结构的序列化。
- ❑ 支持多种编程语言，而且序列化速度快、字节紧凑。
- ❑ Avro代码生成功能是可选的。无需生成类或代码，即可读写数据或使用RPC传输数据。

Avro使用 schema来读取和写入数据。schema有助于简洁标识序列化后的对象。在Java序列化中，对象类型的元数据会被写入序列化后的字节流中，而schema的自解释能力可以避免这么做。JavaScript 对象表示法（Javascript Object Notation，JSON）用于描述schema，这是一种在网络编程中很流行的对象表示法。在处理数据时，通过新旧schema并存的方式来应对schema的变化。

以下是Avro中的两个schema文件。第一个文件是worldcitiespop.txt文件对应的schema文件，第二个文件是countrycodes.txt对应的schema文件：

```
{"namespace": "MasteringHadoop.avro",
 "type": "record",
 "name": "City",
 "fields": [
     {"name": "countryCode", "type": "string"},
     {"name": "cityName", "type": "string"},
     {"name": "cityFullName", "type": "string"},
     {"name": "regionCode", "type": ["int","null"]},
     {"name": "population", "type": ["long", "null"]},
     {"name": "latitude", "type": ["float", "null"]},
     {"name": "longitude", "type": ["float", "null"]}
 ]
}

{"namespace": "MasteringHadoop.avro",
 "type": "record",
 "name": "Country",
 "fields": [
     {"name": "countryCode", "type": "string"},
     {"name": "countryName", "type": "string"}
 ]
}
```

Schema是自解释的，同时JSON表示法提高了可读性。Avro支持所有标准的原生数据类型。另外，Avro还支持复合数据类型，如联合（union）。Null值字段是null和其字段类型的联合。联合在语法的形式上表现为JSON数组。

我们用之前定义的City schema，把基于CSV文本格式的文件worldcitiespop.txt转换成Avro文件。以下代码演示了写入Avro文件的重要步骤。静态方法CsvToAvro包含主要的转换代码。这个方法获取参数csvFilePath、avroFilePath（输出文件的路径）和schema文件的存放路径。

Avro中有个特别的Schema类，对schema文件的解析就是初始化该类的对象。schema不会生成代码，所以我们使用GenericRecord来初始化schema，并用它来写入数据点。如果schema被用来生成代码，那么结果就是City类，会和其他Java类一样，直接导入（import）到以下代码中。

DataFileWriter类把实际记录写入到文件。它有个create方法，用于创建Avro的输出文件。使用BufferedReader对象，可以让我们从CSV文件中一次一行地读取每个城市记录。getCity辅助方法读取一行，然后以符号逗号把一行切分为各个标记字符串，并产生一个GenericRecord对象。GenericData.Record类用于实例化Avro记录，其构造函数的参数是一个Schema对象。

调用put方法并传入参数，记录字段名和对应的值，就可写入GenericRecord对象。isNumeric方法用于验证经过标记处理后的字符串是否是数字。坏记录会被跳过，从而不会被写入Avro文件。如果某个字段没有使用put方法进行设值，那么这个字段的值会被认为是null：

```java
public static void CsvToAvro(String csvFilePath, String
    avroFilePath, String schemaFile) throws IOException{

        // 读取schema
        Schema schema = (new Schema.Parser()).parse(new
            File(schemaFile));
        File avroFile = new File(avroFilePath);

    DatumWriter<GenericRecord>datumWriter = new
        GenericDatumWriter<>(schema);
    DataFileWriter<GenericRecord>dataFileWriter = new
        DataFileWriter<>(datumWriter);
    dataFileWriter.create(schema,avroFile);


    BufferedReader bufferedReader = new BufferedReader(new
        FileReader(csvFilePath));
            String commaSeparatedLine;
    while((commaSeparatedLine = bufferedReader.readLine()) != null){

    GenericRecord city = getCity(commaSeparatedLine, schema);

    dataFileWriter.append(city);
            }

    dataFileWriter.close();

        }


    private static GenericRecord getCity(String commaSeparatedLine,
        Schema schema){

    GenericRecord city = null;
    String[] tokens = commaSeparatedLine.split(",");
```

```
        // 过滤坏记录
if(tokens.length == 7){
city = new GenericData.Record(schema);
city.put("countryCode", tokens[0]);
city.put("cityName", tokens[1]);
city.put("cityFullName", tokens[2]);

if(tokens[3] != null && tokens[3].length() > 0
    &&isNumeric(tokens[3])){
city.put("regionCode", Integer.parseInt(tokens[3]));
        }


if(tokens[4] != null && tokens[4].length() > 0
    &&isNumeric(tokens[4])){
city.put("population", Long.parseLong(tokens[4]));
        }


if(tokens[5] != null && tokens[5].length() > 0
    &&isNumeric(tokens[5])){
city.put("latitude", Float.parseFloat(tokens[5]));
        }

if(tokens[6] != null && tokens[6].length() > 0
    &&isNumeric(tokens[6])){
city.put("longitude", Float.parseFloat(tokens[6]));
        }
    }

return city;

    }


public static boolean isNumeric(String str)
    {
try
    {
double d = Double.parseDouble(str);
    }
catch(NumberFormatException nfe)
    {
return false;
    }
return true;
    }
```

5.2.1 Avro 与 MapReduce

Hadoop广泛支持在MapReduce作业中使用Avro序列化和反序列化。在Hadoop 1.X中，需要使用特殊的类，`AvroMapper`与`AvroReducer`。然而，在Hadoop 2.X中，只需重用内置的`Mapper`

与Reducer类即可。AvroKey可以作为Mapper与Reducer类的输入或输出类型。

AvroKeyInputFormat是一个特殊的InputFormat类，用于从输入文件中读取AvroKey。worldcitiespop.avro由之前的程序生成，以下代码读取这个文件并计算每个国家的人口数。Mapper代码如下所示。我们把schema信息作为字符串，通过另一种方式进行传播。在以下代码中，通过对Configuration对象设置一个键进行传播。当然，DistributedCache也可用于传播schema文件。setup方法重写后用于在Map任务中读取schema。

map方法基于传播过来的schema，读取GenericRecord数据对象：

```java
package MasteringHadoop;

import org.apache.avro.Schema;
import org.apache.avro.generic.GenericRecord;
import org.apache.avro.mapred.AvroKey;
import org.apache.avro.mapreduce.AvroJob;
import org.apache.avro.mapreduce.AvroKeyInputFormat;
import org.apache.hadoop.conf.Configuration;
import org.apache.hadoop.fs.Path;
import org.apache.hadoop.io.*;
import org.apache.hadoop.mapreduce.*;
import org.apache.hadoop.mapreduce.lib.output.TextOutputFormat;
import org.apache.hadoop.util.GenericOptionsParser;

import java.io.File;
import java.io.IOException;
import java.net.URI;
import java.net.URISyntaxException;

public class MasteringHadoopAvroMapReduce {

private static String citySchema = "{\"namespace\":
    \"MasteringHadoop.avro\",\n" +
    " \"type\": \"record\",\n"+
    " \"name\": \"City\",\n"+
    " \"fields\": [\n"+
    "        {\"name\": \"countryCode\", \"type\":
        \"string\"},\n"+
    "        {\"name\": \"cityName\", \"type\":
        \"string\"},\n"+
    "        {\"name\": \"cityFullName\", \"type\":
        \"string\"},\n"+
    "        {\"name\": \"regionCode\", \"type\":
        [\"int\",\"null\"]},\n"+
    "        {\"name\": \"population\", \"type\":[\"long\",\"null\"]},\n"+
    "        {\"name\": \"latitude\", \"type\": [\"float\",\"null\"]},\n"+
    "        {\"name\": \"longitude\", \"type\": [\"float\",\"null\"]}\n"+
    " ]\n"+
    "}";

    public static class MasteringHadoopAvroMapperextends
```

```
      Mapper<AvroKey<GenericRecord>, NullWritable,Text,
         LongWritable> {

  private Text ccode = new Text();
  private LongWritable population = new LongWritable();
  private String inputSchema;

        @Override
  protected void setup(Context context)throws IOException,
      InterruptedException {
  inputSchema = context.getConfiguration().get("citySchema");
        }

        @Override
  protected void map(AvroKey<GenericRecord> key,NullWritable value,
      Context context) throws IOException, InterruptedException {

  GenericRecord record = key.datum();
        String countryCode = (String)
        record.get("countryCode");
        Long cityPopulation = (Long) record.get("population");

  if (cityPopulation != null) {
  ccode.set(countryCode);
  population.set(cityPopulation.longValue());
  context.write(ccode, population);

        }

      }
    }
```

以下 Reducer 代码基于国家编码进行聚合，计算总人口数。main 函数设置 Job 相关配置。这里有个特殊的 AvroJob 类，用于在 Job 的配置里设置 Avro 相关的属性。

```
    public static class MasteringHadoopAvroReducer extends
        Reducer<Text, LongWritable, Text, LongWritable>{

    private LongWritable total = new LongWritable();


        @Override
    protected void reduce(Text key, Iterable<LongWritable> values,
        Context context) throws IOException, InterruptedException {
    long totalPopulation = 0;

    for(LongWritable pop : values){
    totalPopulation += pop.get();
            }

    total.set(totalPopulation);
    context.write(key, total);
        }
      }
```

```
public static void main(String args[]) throws IOException,
    InterruptedException, ClassNotFoundException,
        URISyntaxException{

GenericOptionsParser parser = new GenericOptionsParser(args);
        Configuration config = parser.getConfiguration();
String[] remainingArgs = parser.getRemainingArgs();

config.set("citySchema", citySchema);

        Job job = Job.getInstance(config, "MasteringHadoop-
            AvroMapReduce");

job.setMapOutputKeyClass(AvroKey.class);
job.setMapOutputValueClass(Text.class);
job.setOutputKeyClass(Text.class);
job.setOutputValueClass(LongWritable.class);

job.addCacheFile(new URI(remainingArgs[2]));

job.setMapperClass(MasteringHadoopAvroMapper.class);
job.setReducerClass(MasteringHadoopAvroReducer.class);
job.setNumReduceTasks(1);

        Schema schema = (new Schema.Parser()).parse(new
            File(remainingArgs[2]));
AvroJob.setInputKeySchema(job, schema);

job.setInputFormatClass(AvroKeyInputFormat.class);
job.setOutputFormatClass(TextOutputFormat.class);

AvroKeyInputFormat.addInputPath(job, new Path(remainingArgs[0]));
TextOutputFormat.setOutputPath(job, new Path(remainingArgs[1]));

job.waitForCompletion(true);

    }
}
```

5.2.2　Avro 与 Pig

Pig通过扩展可以支持Avro。`AvroStorage`实现了`LoadFunc`与`StoreFunc`接口，来支持读取Avro文件。然而，Pig和Avro集成后有一些限制和假设，如下所示。

❑ `AvroStorage`不支持内嵌记录类型。
❑ 联合（union）只支持null值。
❑ 假设目录或子目录中的所有文件都有同样的schema。

❑ 当使用AvroStorage将数据保存为Avro格式的时候，所有字段都将是null值联合
（null-valued union），因为Pig中没有非null值（non-null-valued）的字段。

❑ 当在Pig关系中调用STORE时，Avro文件中可能会含有TUPLE包装类。

❑ 不支持基于JSON编码的Avro文件。

❑ AvroStorage不支持数据类型map。

❑ 使用AvroStorage后，不会进行列裁剪（column-pruning）优化。

以下范例演示了如何把countrycodes.avro载入到Pig关系中去。为了使AvroStorage在
Pig中能正常工作，一定要注册一些JAR文件：

```
REGISTER avro-1.4.0.jar
REGISTER json-simple-1.1.jar
REGISTER piggybank.jar
avroCountry = LOAD 'countrycodes.avro' USING
AvroStorage('{"namespace": "MasteringHadoop.avro",
    "type": "record",
    "name": "Country",
    "fields": [
        {"name": "countryCode", "type": "string"},
        {"name": "countryName", "type": "string"}
    ]
}');
```

5.2.3　Avro 与 Hive

Hive有个SerDe模块称为AvroSerde，可以使用Avro来读写Hive表。它能自动从Avro的输入
推断出Hive表的schema。大多数的Avro类型都有对应的Hive表类型。如果某些Avro类型在Hive中
不存在，它们会被自动转换为Hive中已有的类型。

> Avro有枚举的概念，但Hive没有。所有Avro中的枚举类型会转换成Hive中的
> 字符串类型。

让我们通过外部Avro文件和schema country.avschema来建一张Hive表。Hive的DDL语句
如下所示：

```
CREATE EXTERNAL TABLE avrocountry
ROW FORMAT SERDE 'org.apache.hadoop.hive.serde2.avro.AvroSerDe'
STORED AS
INPUTFORMAT
'org.apache.hadoop.hive.ql.io.avro.AvroContainerInputFormat'
OUTPUTFORMAT
'org.apache.hadoop.hive.ql.io.avro.AvroContainerOutputFormat'
LOCATION '/user/sandeepkaranth/avrocountrydata'

TBLPROPERTIES ( 'avro.schema.literal'='
```

```
{"namespace": "MasteringHadoop.avro",
 "type": "record",
 "name": "Country",
 "fields": [
    {"name": "countryCode", "type": "string"},
    {"name": "countryName", "type": "string"}
 ]
}')
;
```

DDL语句的关键内容如下。

❑ 使用`AvroContainerInputFormat`作为表的`InputFormat`。

❑ 使用`AvroContainerOutputFormat`作为表的`OutputFormat`。

❑ `TBLPROPERTIES`中有schema的定义，schema可以写入一个文件里，然后通过一个链接指向这个schema文件，或直接写在`TBLPROPERTIES`里，如上面的DDL语句就是这么做的。如果通过URL或链接来定义schema，属性名应使用`avro.schema.url`而不是`avro.schema.literal`。

`avrocountry`表的描述信息，显示了从Avro的schema解释而来的Hive表结构，如下所示：

```
hive> describe avrocountry;
OK
countrycode        string              from deserializer
countryname        string              from deserializer
Time taken: 0.155 seconds, Fetched: 2 row(s)
```

当把数据写入表时，所有null值的列（null-valued column）在 Avro-schema 定义中需指定为列类型和null的联合。

5.2.4　比较 Avro 与 Protocol Buffers / Thrift

可以与Avro同台较量的还有其他的序列化/反序列化库，其中比较流行的包括Thrift和Protocol Buffers。Avro和这些框架有如下几点区别。

❑ Avro支持动态类型，如果为了满足性能要求也支持静态类型。Protocol Buffers和Thrift使用接口描述语言（Interface Definition Language，IDL）来定义schema及其类型。这些IDL用于生成序列化和反序列化的代码。在构建统一数据处理管道的时候，使用IDL会降低系统灵活性。

❑ Avro内置于Hadoop，但是其他的框架并非如此。Hadoop生态圈的组件同样支持Avro，如Hive和Pig。

❑ Avro的schema定义用JSON描述，而不是任何专有的IDL。这样Avro便在开发人员中流行了起来，因为JSON早已演化成网络界通用的对象标记。同理，Avro也支持多语言。

5.3　文件格式

有很多文件格式自身也是数据结构。在Hive那章中，我们介绍了ORC文件——优化记录列式文件存储。Hadoop还支持其他一些流行的文件格式，我们会在本节进行介绍。

5.3.1　Sequence 文件格式

Sequence文件是包含二进制键值对的一种文件格式。Sequence文件中的每条记录都含有一个键和键对应的值。Sequence文件把多个较小的文件合并成单个较大的文件，这样可以缓解Hadoop中由于小文件过多而产生的问题。此时，文件名作为键，键的值就是文件内容。Sequence文件因为可以切分成可配置的数据块，所以得到广泛应用。Sequence文件还能和快速压缩方法集成，如LZO或Snappy，从而在提高处理速度的同时，还能减少存储和带宽的消耗。

下图展示了Sequence文件的内部格式。文件的开头是一个魔数（magic number），即SEQ的二进制表示，之后是1个版本字节和头部信息（header）。头部信息存有文件的元数据，如键和值的类名（字符串形式的名字）。比如键或值属于Text类，那么org.apache.hadoop.io.Text就会写入头部。类名后面是布尔值，表示是否启用了压缩，而块压缩也是按此顺序启用。之后会写入压缩编解码器的类名，接着是用户相关元数据的键值对，最后头部信息会以同步（sync）标记结尾。同步标记也能用来标记文件中记录的边界，而且它们都是随机生成的。因为同步标记会有存储开销，所以它们的总大小不会超过总文件大小的1%。这也就意味着，同步标记会出现在一组记录的后面。

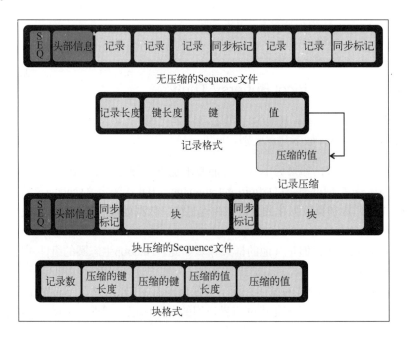

每条记录都包含对应的元数据，如记录长度和键长度。键和值的实际内容以字节的形式跟在元数据之后。长度用IntWritable类序列化为4字节的整型值。如果启用了记录压缩，会使用头部信息中定义的压缩编解码器来压缩值，但这不会改变记录结构。

当启用压缩的时候，键不会被压缩。

进行块压缩时，记录被分组成块。块大小的最小值由io.seqfile.compress.blocksize属性决定。在每个块的开始位置会写入一个同步标记。这个同步标记为16字节，由(UID() + '@' + 时间或网络地址)表达式的hash值所组成。块压缩也会对键做压缩。块使用VIntWritable序列化来存储记录数、键长度和键。

读写Sequence文件

以下代码演示了如何使用SequenceFile格式来读写文件。writeSequenceFile方法获取待转换的源文件路径和输出文件路径这两个参数。SequenceFile类中的createWriter静态方法用于创建写入处理器。写入处理器的append方法获取键和值，并把它们追加写入文件。以下代码读取一个CSV文件，然后以行数为键，行内容为值写入输出文件。

```
package MasteringHadoop;

import org.apache.hadoop.conf.Configuration;
import org.apache.hadoop.fs.FileSystem;
import org.apache.hadoop.fs.Path;
import org.apache.hadoop.io.*;
import org.apache.hadoop.util.ReflectionUtils;

import java.io.BufferedReader;
import java.io.IOException;
import java.io.InputStreamReader;
import java.net.URI;


public class MasteringHadoopSequenceFile {

public static void writeSequenceFile(String textFile, String
    seqFile) throws IOException {

        Path readPath = new Path(textFile);
        Path writePath = new Path(seqFile);
        Configuration conf = new Configuration(false);

        FileSystem fs = FileSystem.get(URI.create(textFile), conf);
        BufferedReaderbufferedReader = null;
        SequenceFile.WritersequenceFileWriter = null;

        try{
```

```
bufferedReader = new BufferedReader
    (newInputStreamReader(fs.open(readPath)));

sequenceFileWriter = SequenceFile.createWriter(conf,
SequenceFile.Writer.file(writePath),
SequenceFile.Writer.keyClass(LongWritable.class),
SequenceFile.Writer.valueClass(Text.class));
        String line = null;
LongWritable key = new LongWritable();
        Text value = new Text();
long lineCount = 0;

while((line = bufferedReader.readLine()) != null){
    key.set(lineCount);
    lineCount++;
    value.set(line);
    sequenceFileWriter.append(key, value);


        }



        }
catch(IOException ioEx){
ioEx.printStackTrace();
        }
finally{
if(sequenceFileWriter != null)
sequenceFileWriter.close();

if(bufferedReader != null)
bufferedReader.close();
        }
    }
```

以下函数使用SequenceFile.Reader读取Sequence文件。我们可以从Sequence文件的头部信息中获取键和值的类型。ReflectionUtils有些工具方法可以基于这些类型创建对象。读取文件时，syncSeen方法可指出在文件中是否遇到了同步标记。

```
public static void readSequenceFile(String seqFile) throws
    IOException{

        Path readPath = new Path(seqFile);
        Configuration conf = new Configuration(false);
FileSystem fs = FileSystem.get(URI.create(seqFile), conf);

SequenceFile.Reader reader = null;

try{
reader = new SequenceFile.Reader(conf,
    SequenceFile.Reader.file(readPath));
        Writable key =
    (Writable)ReflectionUtils.newInstance(reader.getKeyClass(),conf);
        Writable value =
    (Writable)ReflectionUtils.newInstance(reader.getValueClass(),conf);
```

```
while(reader.next(key,value)){
System.out.println("key: " + key.toString());
if(reader.syncSeen()){
System.out.println("sync: ");
            }

        }
    }
catch(IOException ioEx){
ioEx.printStackTrace();
        }
finally{
if(reader != null){
reader.close();
            }
        }
    }

public static void main(String[] args){

try{
writeSequenceFile(args[0], args[1]);
readSequenceFile(args[1]);
        }
catch(IOException ioEx){
ioEx.printStackTrace();
        }

    }

}
```

以下Hadoop指令也可以读取Sequence文件：

hadoop fs -text /user/sandeepkaranth/countrycodes.seq

5.3.2 `MapFile` 格式

从结构上来说，`MapFile`和`SequenceFile`一样。此外，`MapFile`文件中提供了对键的索引。`MapFile`的键必须是`WritableComparable`类型，值必须是`Writable`类型。而`SequenceFile`的键和值可通过任何序列化框架进行序列化。

创建`MapFile`后，会生成两个相关文件，一个存有数据，另一个存有索引。这些文件都是`SequenceFile`类型。数据`SequenceFile`存有所有数据记录，并以键排序。索引`SequenceFile`存有键和其在文件中的偏移量。索引文件中的键是通过采样而得的，所以其中不会存放所有的键。`io.map.index.interval`属性的值可以指定采样间隔。以下例子展示了`countrycodes.map`文件中的数据和索引文件：

```
hadoop fs -ls countrycodes.map/
Found 2 items
```

```
-rw-r--r-- 3 sandeepkaranth supergroup      10033 2014-06-08 14:20
countrycodes.map/data
-rw-r--r-- 3 sandeepkaranth supergroup        166 2014-06-08 14:35
countrycodes.map/index

hadoop fs -text countrycodes.map/index
127 5088

hadoop fs -text countrycodes.map/data
241 vi,Virgin Islands (USA)
242 vn,Vietnam
243 vu,Vanuatu
244 wf,Wallis and Futuna Islands
245 ws,Samoa
246 ye,Yemen
247 yt,Mayotte
248 yu,Yugoslavia
249 za,South Africa
250 zm,Zambia
251 zr,Zaire
252 zw,Zimbabwe
```

　　MapFile格式有助于进行Map侧连接。在连接时，可以根据数据和索引文件的有序性来切分数据集，再将其传输给单个Map任务。创建MapFile格式文件的API类似于创建SequenceFile的API。

　　以下代码演示了如何使用MapFile.fix()静态方法把SequenceFile转换成MapFile：

```java
public static void writeMapFile(String seqFile) throws IOException {

    Path readPath = new Path(seqFile);
    Path mapPath = new Path(readPath, MapFile.DATA_FILE_NAME);

    Configuration conf = new Configuration(false);
    FileSystem fs = FileSystem.get(URI.create(seqFile), conf);

    SequenceFile.Reader reader = null;

    try{
        reader = new SequenceFile.Reader(conf,
            SequenceFile.Reader.file(mapPath));
        Class keyClass = reader.getKeyClass();
        Class valueClass = reader.getValueClass();

        MapFile.fix(fs, readPath, keyClass, valueClass, false, conf);

    }
    catch(IOException ioEx){
        ioEx.printStackTrace();
    }
    catch(Exception ex){
        ex.printStackTrace();
    }
```

```
    finally{
        if(reader != null){
            reader.close();
        }
    }

}
```

5.3.3 其他数据结构

Hadoop也支持其他可持久化的数据结构，它们都是MapFile的变体。以下列举了其中一些结构。

- ❑ SetFile：这种文件格式保存键集合，并可对键进行集合操作。SetFile API与MapFile API之间的主要区别是，SetFileWriter的append方法只需传入一个键，不需要其对应的值。从底层来看，值是NullWritable。其文件结构保持不变，例如，它有索引文件和数据文件，同时也有SequenceFile的方法。
- ❑ ArrayFile：这个特别的文件格式可视为SetFile的补充。它只存有值，不存键。类似数组，键对应于一个特定的值，其类型是LongWritable，包含了一条记录的序号。API方法append只接受值。
- ❑ BloomMapFile：这种文件格式是MapFile的变体。除了索引和数据文件之外，它还包含一个布隆文件（Bloom file）。此布隆文件编入了动态布隆过滤器。对于基于键-值格式的大文件，如果键很稀疏，那么依照索引来查询键可能不够快速。布隆过滤器是一种概率型数据结构，它把存在的键编码为一些比特，然后通过MapFileget()方法就能快速获取查询结果。

5.4 压缩

为了节省存储空间和网络数据传输量，我们在本书中反复提到"压缩"这个问题。当处理大量数据时，只要有办法减少存储空间和网络数据传输量，就能在速度和成本两方面给予效率提升。压缩就是这样一种策略，能帮助基于Hadoop的系统更高效。

所有的压缩技术都在压缩速度和压缩率之间进行了折衷。压缩率越高，压缩速度越慢，反之亦然。每种压缩技术都可通过调整来权衡以上两个方面。例如，gzip压缩工具提供选项–1到–9，–1优化压缩速度，而–9优化压缩率。

下图显示了不同压缩算法在速度–空间这两项上的不同表现。gzip算法较好地平衡了存储和速度。其他算法，如LZO、LZ4、Snappy，虽然压缩速度很快，但它们的压缩率不高。Bzip2算法压缩速度较慢，但压缩率最高。

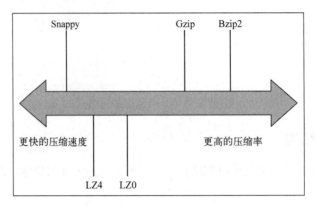

编解码器是压缩技术的具体实现。Hadoop中所有的压缩编解码器都需在它们的实现类中实现 CompressionCodec接口。编解码器位于org.apache.hadoop.io.compress包中。那里有个 Hadoop自带的默认编解码器，其压缩算法基于DEFLATE算法。

　　DEFLATE压缩类似于gzip，但不包含额外的头部和尾部信息。

5.4.1　分片与压缩

　　Map任务处理数据的单个分片，分片通常是保存在HDFS中的一个文件块。但是，大多数压缩算法并不允许在任意位置读取文件。尽管有些压缩算法（如gzip）是基于块的压缩技术，但这里所说的块与HDFS中的块没有关系，或者说HDFS的块对算法透明。在这种情况下，Hadoop不会切分文件，而是把整个文件交给单个Map任务处理。在多数情况下，这种处理方式是不恰当的。

　　某些压缩格式，如LZO，提供了索引工具，这个工具可以处理LZO文件并构建压缩块的索引。那么，对应的InputFormat方法就可以使用这些索引，来确定分片数量和分片的偏移量。例如，LzoTextInputFormat可以读取基于LZO文件的索引，从而确定Map任务的输入分片。

　　然而，有些压缩技术（如bzip2）天生就可切分，它们利用同步标记（synchronization marker）来标识切分点。Hadoop通过文件的扩展名来识别不同的压缩格式。

　　启用压缩后，有以下一些策略可供选择。

❑ 应用程序可以在预处理阶段切分文件，然后使用流行的压缩技术（如gzip）对文件分片进行压缩。这些压缩文件块保存在HDFS中。压缩后的文件块大小要几乎等于HDFS块大小，这样才算最优。这种情况下，不用担心压缩算法是否可切分。

❑ 对文件可直接应用可切分的压缩算法，如bzip2。但是，在支持的压缩编解码器中，bzip2压缩速度最慢。可以用LZO来代替，然后在LZO文件上构建索引。

❑ 有些文件格式，如SequenceFile、MapFile、RCFile，天生就支持切分。它们也可被压缩，这一点在5.3节已讨论过。

❑ 把数据保存在专门的文件格式中，这是行业首选的实践方法。这样可以获得速度与压缩之间的平衡。

5.4.2 压缩范围

在第2章中，我们了解到，通过对MapReduce数据流中的很多地方采用压缩技术，可以提高作业处理速度并降低存储消耗。我们可以在本小节对此进行如下总结。

❑ Map任务中会处理和解压缩所有压缩后的输入数据，根据文件的扩展名来确定压缩编解码器。某些情况下，比如使用带有索引的LZO压缩，需要使用特定的`InputFormat`类来处理特定的分片。

❑ 配置`mapreduce.map.output.compress`属性为`true`可启用对中间输出结果的压缩功能。配置`mapreduce.map.output.compress.codec`属性可设置所用的压缩编解码器，其默认值是`org.apache.hadoop.compress.DefaultCodec`。

❑ 配置`mapreduce.output.fileoutputformat.compress`属性为`true`可启用对作业输出结果的压缩功能。配置`mapreduce.output.fileoutputformat.compress.codec`属性可设置所用的编解码器。如果输出结果是`SequenceFile`，有个特别的`mapreduce.output.fileoutputformat.compress.type`属性，用于确定压缩粒度。默认值是`RECORD`，代表每条记录被单独压缩。设置为`BLOCK`可压缩成组记录。

5.5 小结

大数据处理涉及存储或网络中传输的数据表示法。紧凑、可快速转换、可扩展和向后兼容是数据表示法的必备属性。以下是本章中学到的关于数据表示法的主要内容。

❑ Hadoop通过`Writable`接口提供内置的序列化/反序列化机制。通过`Writable`类序列化后的结果比Java序列化更紧凑。

❑ Avro是灵活并可扩展的数据序列化框架。它把数据序列化为字节。Hadoop、MapReduce、Pig和Hive都支持这个框架。

❑ Avro支持动态类型，无需生成代码。schema可与数据共存，并可被任何子系统读取。

❑ 压缩技术在压缩速度和压缩率之间进行权衡。Hadoop在这两者的权衡范围内支持很多压缩编解码器。对于大数据处理，压缩是一种很重要的优化手段。

❑ Hadoop支持很多特有的容器文件格式，如`SequenceFile`和`MapFile`。这些格式支持切分和压缩。Hadoop也支持持久化特殊的数据结构，如`ArrayFile`、`SetFile`和`Bloom-MapFile`。

下一章，我们会学习YARN，它是Hadoop 2.X中资源管理的核心。同时会了解它是如何泛化Hadoop平台的。

## 第6章

YARN——其他应用模式
进入Hadoop的引路人

YARN（Yet Another Resource Negotiator）是Hadoop 2.0为集群引入的一个资源管理层。正如我们在第1章中所看到的，YARN将JobTracker守护进程的职责分离了出来。JobTracker的职责有：

- Hadoop集群的资源仲裁
- MapReduce作业管理

JobTracker的模式问题在于，它是Hadoop集群计算层的单一故障点，JobTracker的任何失效都意味着正在执行的作业将功亏一篑，需要重新再跑一次。所有作业的通信、调度和资源管理都是由JobTracker的主守护进程控制，所以JobTracker的单点很容易造成扩展的瓶颈。

JobTracker的功能紧密地耦合在一起，使它变得很刻板，并且只能支持MapReduce一种计算模式应用到集群上。MapReduce不适合多种应用混合在一起，而且用这种模式强制解决所有遇到的问题也是不明智的。

YARN负责集群的资源管理和应用调度，它不知道正在运行的应用的类型，也不知道应用的任何内部信息。资源协商严格按照协议进行。MapReduce仅是YARN中的一种应用模式，其他应用模式也像MapReduce一样可以使用既定的协议从YARN中申请CPU、内存或其他资源，并在集群中运行。

本章，我们将：

- 深入YARN的架构
- 构建一个简单的非MapReduce应用，并关注

  - 构成YARN应用的模块
  - 构建这些模块的关键步骤
  - 与YARN各个组件通信所使用的协议

❑ 讨论YARN的各种调度器

❑ 了解YARN的命令行

6.1 YARN 的架构

下页图展示了基于YARN的集群的架构，这个集群中的模块主要有以下5种类型。

❑ **资源管理器**（Resource Manager，RM）：每个集群里面都有一个RM守护进程，专门负责集群中可用资源的分配和管理。

❑ **节点管理器**（Node Manager，NM）：每个节点都有一个NM守护进程，负责节点的本地资源管理。在RM中，NM代表本地节点。

❑ **Application Master**（AM）：每个应用都有一个AM的守护进程，它封装了应用的所有逻辑结构和依赖的库信息。AM负责与RM进行资源协商，并协同NM工作以完成应用的功能。

❑ **容器**（container）：这是分配给具体应用的资源的抽象表现形式。AM是一个用来启动和管理整个应用生命周期的特殊容器。

❑ **客户端**（client）：这是集群中的一个能向RM提交应用的实例，并且指定了执行应用所需要的AM类型。

6.1.1 资源管理器

资源管理器有以下两个主要的组件：

❑ **调度器**（scheduler）

❑ **应用管理器**（ApplicationsManager）

调度器负责为集群中执行的各种应用分配资源，而且它执行纯粹的分配资源功能，不会关注应用内部状态相关的任何信息。在应用失败或者硬件故障的时候，调度器不保证能够重启应用。调度是基于RM所了解的集群的全局状态进行的，分配资源的过程中使用了配置的队列和容量参数信息。

调度的策略可以作为插件参与到调度器中。Hadoop 1.X中，容量调度器（CapacityScheduler）和公平调度器（FairScheduler）是两种很受欢迎的调度策略，它们同样存在于Hadoop 2.X中。

应用管理器这种组件负责处理客户端提交的应用。另外，它还根据应用的要求和AM协商所需要的容器，并启动应用程序。在应用失败的情况，应用管理器还提供重启AM的服务。下图展示了基于YARN的集群架构：

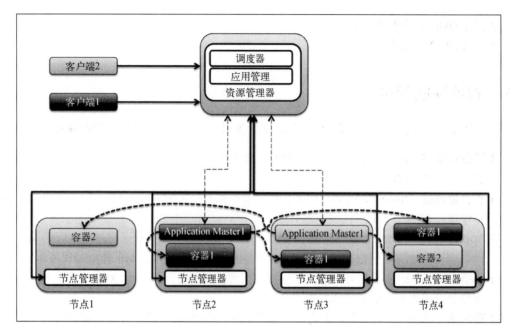

RM的耦合度是很低的，它使用两个公共接口和一个私有接口与其他组件通信，接口包括：

❑ 为客户端提交作业的公共接口（Application-Client Protocol）
❑ 为AM请求资源的公共接口（Application-Master Protocol）
❑ 与NM交互使用的内部接口

资源是动态分配的，并且不感知应用的内部状态或者优化措施，这样便可以实现对集群资源的有效利用。AM使用如下参数发送资源申请的请求：

❑ 请求的容器的数量，例如，100个容器
❑ 每个容器的详细资源规格信息，例如，2个CPU和4 GB内存
❑ 容器在主机或机架上位置分布的偏好
❑ 提出的请求在当前应用中的优先级

RM的调度器获得请求后，基于心跳信息获得的集群状态为AM分配容器，然后将容器转交给AM。在集群资源不足的情况下，RM可能要求AM归还一些容器。如果等待超过一定时间后依然没有容器被释放，RM可以终止容器的运行。RM请求AM释放资源可以看成是警告正在执行的AM保存关键数据和工作状态。

6.1.2　Application Master

当一个应用被提交时，应用管理器与调度器协商得到一个容器，这个容器为这个特定的应用启动一个AM。AM生成后，会定期向RM发送心跳信息，以实现下面的两个操作：

　　□ 通知RM这个AM是否处于活动状态
　　□ 为这个应用申请资源

　　在回应心跳信息时，RM分配容器给AM，并且AM可以自由使用这些容器。AM完全负责对容器终止的解释和处理，以及其他应用相关的故障。

　　AM使用Application-Master协议与RM进行交互，并且AM直接从NM处获取容器的状态。AM也能通过与NM的交互来启动和停止分配给它的容器。AM与NM之间的交互是通过ContainerManager协议完成的。

　　在YARN中，资源管理使用了延时绑定的模式。容器的产生可能和AM的请求没有关系，而仅仅是与AM给出的一个租约（lease）绑定。AM请求所获得的资源状态可能会随着时间而变化，且申请的资源可用于各种目的而不仅仅是原来计划的用途。

　　让我们通过一个虚构的例子，使用MapReduce的AM来展示资源的延时绑定。我们都知道HDFS是在集群的节点之间复制文件的每个块。一个Map任务优先选择在输入数据所在的节点执行。当MapReduce的AM请求容器后，它分配一个Map任务到该容器，并且该容器的主机和数据所在的主机是同一台，或离得很近。这个决定仅在AM获得容器后才发生，并且是以一种动态的方式进行的。

　　　　　Hadoop 1.X的JobTracker有一个Web接口（通常是50030端口），由于在Hadoop 2.X中JobTracker已经不存在了，所以这个Web接口也就不可用了。

6.1.3　节点管理器

　　NM是每个节点的守护进程，负责本地容器的管理，管理范围从认证到资源监控。它们使用心跳信息向RM汇报状态。容器启动上下文（Container Launch Context，CLC）记录被用于指定容器的配置信息，例如依赖、数据文件路径、环境变量等。NM可以根据CLC中的配置信息启动容器。

　　同一个AM（AM作为资源的承租人，或者说使用者）的容器间的资源可以共享，另外，只要提供外部资源的URL，也可以下载这些资源及其依赖。NM负责容器的终止操作，依据的是来自AM或RM的请求。如果一个容器超出了它的租约，NM还有权终止这个容器。终止容器的操作包括清理操作，例如删除容器生成的本地数据。

　　NM的职责还包括监控本地的物理资源，例如CPU、内存和磁盘的健康状态，并且还将这些状态汇报给RM。RM的调度器会根据NM的负载情况和健康状态做出如何分配容器的决定。

　　NM向应用提供日志聚合的服务。标准输出和错误日志会在应用完成的时候输出到HDFS上。NM也能通过配置添加插件式辅助服务（auxiliary service）。例如，一项辅助服务可以让应用的本地数据直到应用结束后才被删除，而不是在容器终止的时候就删除，这对于某些应用场景是很有用的。例如，在MapReduce使用场景下，map任务的输出需要被传输到reducer，这时就可以使用辅助服务来完成。这类服务需要的任何额外配置都可以通过CLC来指定。

6.1.4　YARN客户端

YARN客户端负责为AM提交合适的CLC。正如之前所说，AM本身也是运行在容器中的，这个容器资源也需要由客户端与RM协商而得到。YARN客户端同时还负责AM的注册，并且可以自由提供其他服务给它的消费者。

6.2　开发 YARN 的应用程序

YARN能引入其他的计算模式到Hadoop中。Hadoop 2.X、MapReduce、Pig和Hive都有AM的库和对应的客户端。开发人员可以使用YARN API编写自己的应用并运行在现有的Hadoop框架内。同样，企业如果已经有大量的数据集在HDFS中，也可以编写自定义的应用来使用它们，而不需要提供新的集群或者迁移已有的数据。

Storm是一个已经移植到YARN上的实时流处理引擎，带来了将数据向计算机节点移动的应用模式。Spark是另一个可以运行在YARN上的项目，并能利用已有的Hadoop框架来提供基于内存的数据转换（包括MapReduce）。还有很多正在开发的项目都展示了Hadoop有能力成为一个通用集群计算平台。

在本节，我们将聚焦于如何编写一个简单的YARN应用。这个应用从shell获取一个命令，然后在Hadoop集群指定数量的节点上执行。我们需要编写AM和客户端两个程序。

6.2.1　实现YARN客户端

YARN客户端通过`ApplicationClientProtocol`提交应用到RM，返回的结果是一个分配好的`ApplicationId`。客户端然后与AM通信，指定部署AM的容器的具体参数。AM是一个需要被独立启动和运行的程序。指定的参数包括AM的库的位置、任何AM运行时需要的环境变量和实际运行时需要的参数。

下面的代码段摘自shell command应用。我们写了一个`run`方法，它会被`DistributedShell-Client main`方法调用。参数将会通过命令行传递到`main`方法。这些参数包括AM的JAR文件路径、shell命令行、执行命令需要的容器的数量。让我们看看如何通过如下的步骤编写一个YARN客户端。

(1) 第一步是创建一个`YarnConfiguration`对象。`YarnConfiguration`类是Hadoop MapReduce使用的`Configuration`类的子类。`YarnConfiguration`对象创建成功后，该应用就可以读取一些必要的配置文件，例如yarn-site.xml文件。默认的属性被放置在yarn-default.xml文件

中。yarn-site.xml文件一般可以在相对于Hadoop安装目录的etc/hadoop目录中找到。

(2) 应用客户端现在需要初始化一个YarnClient对象，它是通过调用一个名为createYarnClient的工厂（factory）方法生成的。YarnClient对象使用之前创建的配置进行初始化。基于传入的配置信息，YarnClient对象获得了RM的信息，并在初始化中创建了一个RM的代理对象。所有与RM的通信是通过这个RM代理进行的。代理封装了ApplicationClient-Protocol对象，然后调用YarnClient对象的start方法使得客户端开始执行。

(3) 另一个可选的方法是开发者自己创建一个代理并自己管理它，比如ApplicationClient-Protocol对象就是这样一种代理类型。不过我们还是推荐使用上一种方法。

(4) YarnClient有一个用于获取YarnClientApplication对象的createApplication方法。一旦YarnClient封装了RM的代理，它就包含了检索RM属性、管理提交到RM的应用的方法。

相应的代码如下：

```
package MasteringYarn;
import org.apache.hadoop.conf.Configuration;
import org.apache.hadoop.fs.FileStatus;
import org.apache.hadoop.fs.FileSystem;
import org.apache.hadoop.fs.Path;
import org.apache.hadoop.yarn.api.ApplicationConstants;
import org.apache.hadoop.yarn.api.records.*;
import org.apache.hadoop.yarn.client.api.YarnClient;
import
org.apache.hadoop.yarn.client.api.YarnClientApplication;
import org.apache.hadoop.yarn.conf.YarnConfiguration;
import org.apache.hadoop.yarn.exceptions.YarnException;
import org.apache.hadoop.yarn.util.Apps;
import org.apache.hadoop.yarn.util.ConverterUtils;
import org.apache.hadoop.yarn.util.Records;
import java.io.File;
import java.io.IOException;
import java.util.Collections;
import java.util.HashMap;
import java.util.Map;

public class DistributedShellClient {
private Configuration conf = new YarnConfiguration();

    public void run(String[] args) throws YarnException,
        IOException, InterruptedException {

YarnConfiguration yarnConfiguration = new
    YarnConfiguration();
YarnClient yarnClient = YarnClient.createYarnClient();
        yarnClient.init(yarnConfiguration);
        yarnClient.start();

YarnClientApplication yarnClientApplication =
    yarnClient.createApplication();
```

(5) 一旦YarnClientApplication被创建，下一步就是申请一个容器来启动AM。YARN中的容器规格是通过ContainerLaunchContext类来描述的。在org.apache.hadoop.yarn.util包中，有一个特殊的Records.newRecord静态工厂方法用来初始化不同的类。

(6) 通过浏览ContainerLaunchContext的文档，你可以了解到启动一个容器能够指定的属性。所有的ContainerLaunchContext对象中都可以使用ACL、命令行、环境变量、本地资源、服务的可执行数据和安全令牌（security token）。在下面的代码中，ContainerLaunchContext对象被初始化，并调用setCommands来设定启动容器时需要的命令行。在我们的例子中，用于启动AM的命令行在DistributedShellApplicationMaster类中，稍后将定义它。

(7) 启动AM要求必需的类或JAR文件在本地存在。下一步是使用ContainerLaunch-Context对象的setLocalResources方法指定一个包含AM运行逻辑的JAR文件。在这个例子中，获取JAR文件的HDFS路径将设置为本地资源。这些文件的路径将以命令行参数的形式指定。另外，其他旁路通道也可以用来分派资源到容器的本地环境中。

(8) 类似地，如果有任何容器运行需要的环境变量，可以通过使用ContainerLaunchContext对象的setEnvironment方法指定。

(9) 不论启动哪种容器，RM所需要的最重要规格参数是容器对CPU和内存的要求。在这个例子中，执行AM的容器需要100 MB的内存和1个CPU，这是通过Resource对象指定的。Resource对象是容器计算资源请求的抽象表现形式，当前有CPU和内存两种模型。CPU模型是以虚拟核（virtual core）为基本单位的，它是一个整数值，并且配置中必须将一个虚拟核映射到一个物理核。通常都是按1:1映射。内存模型是以MB为单位。指定这两种模型分别使用Resource对象的setVirtualCores和setMemory方法：

```
    // AM容器的启动上下文设置
ContainerLaunchContext applicationMasterContainer =
    Records.newRecord(ContainerLaunchContext.class);
        applicationMasterContainer.setCommands(
                Collections.singletonList("$JAVA_HOME/bin/java
    "MasteringYarn.DistributedShellApplicationMaster " +
                                            args[2] +
                                            " " +
                                            args[3] +
                                            " " +
                                            "1>" +
                                            ApplicationConstants.
LOG_DIR_EXPANSION_VAR +"/stdout " +
                                            "2>" +
ApplicationConstants.LOG_DIR_EXPANSION_VAR +"/stderr")
        );


LocalResource applicationMasterJar =
    Records.newRecord(LocalResource.class);
```

```
        setupJarFileForApplicationMaster(new Path(args[1]),
applicationMasterJar);
        applicationMasterContainer.setLocalResources(
                Collections.singletonMap("MasteringYarn.jar",
applicationMasterJar)
        );

        Map<String, String> appMasterEnv = new HashMap<>();
        setupEnvironmentForApplicationMaster(appMasterEnv);
        applicationMasterContainer.setEnvironment(appMasterEnv);

        Resource resources = Records.newRecord(Resource.class);
        resources.setVirtualCores(1);
        resources.setMemory(100);
```

(10) 最后一步是提交应用到RM的应用管理器，提交的参数绑定在ApplicationSubmiss-ionsContext对象中。YarnClientApplication类有这个对象的引用（reference）。Application SubmissionsContext对象中有容器的规格参数、提交的队列、一个合适应用的名字和一个启动容器所需要的Resource对象。ApplicationSubmissionsContext对象也给出了ApplicationId，在管理应用的API中ApplicationId能用来代表这个应用。在下面的例子中，我们将为应用使用默认队列并设置一个合适的名字——MasteringYarn。最后，YarnClient对象提交应用。在实现内部，RM的代理用来将应用推送到RM。调度器开始介入，并在集群中调度应用的执行。AM是第一个产生的容器：

```
ApplicationSubmissionContext submissionContext =
    yarnClientApplication.getApplicationSubmissionContext();
        submissionContext.setAMContainerSpec(applicationMaster
    Container);
        submissionContext.setQueue("default");
        submissionContext.setApplicationName("MasteringYarn");
        submissionContext.setResource(resources);

ApplicationId applicationId =
    submissionContext.getApplicationId();
        System.out.println("Submitting " + applicationId);
        yarnClient.submitApplication(submissionContext);
        System.out.println("Post submission " +
        applicationId);
```

一旦提交应用结束，可以在YarnClient对象上通过getApplicationReport方法监控应用的进度。ApplicationReport对象包含了能够决定应用成败的有用信息，还包含了一个通用的字段来帮助开发人员在应用失败的情况下获取内部状态。

ApplicationReport对象通过getYarnApplicationState方法来获取应用的当前状态。在下面的代码中，我们每隔一秒钟就会轮询一次应用状态，看其是否终止。如果是KILLED、FINISHED或FAILED状态，应用就会终止。启用getDiagnostics可以打印故障发生时的诊断信息：

```
ApplicationReport applicationReport;
YarnApplicationState applicationState;
```

```
do{
            Thread.sleep(1000);
            applicationReport =
                yarnClient.getApplicationReport(applicationId);
            applicationState =
                applicationReport.getYarnApplicationState();

            System.out.println("Diagnostics " +
                applicationReport.getDiagnostics());

        }while(applicationState != YarnApplicationState.FAILED &&
            applicationState != YarnApplicationState.FINISHED
            &&
            applicationState != YarnApplicationState.KILLED );

        System.out.println("Application finished with " +
            applicationState + " state and id " + applicationId);
    }
```

客户端还包含好几个有用的方法。第一个方法，setJarFileForApplicationMaster，通过合适的属性设置AM的JAR文件，其中大部分是自解释的。类似地，所有需要的环境变量是使用setEnvironmentForApplicationMaster方法指定的。这个方法也证明了使用YarnConfiguration读取配置文件yarn-site.xml。最后，主驱动方法实例化DistributedShellClient对象并调用它的run方法：

```
    private void setupJarFileForApplicationMaster(Path jarPath,
        LocalResource localResource) throws IOException {
FileStatus jarStat = FileSystem.get(conf).getFileStatus(jarPath);
        localResource.setResource(ConverterUtils
            .getYarnUrlFromPath(jarPath));
        localResource.setSize(jarStat.getLen());
        localResource.setTimestamp(jarStat.getModificationTime());
        localResource.setType(LocalResourceType.FILE);
        localResource.setVisibility(LocalResourceVisibility.PUBLIC);
    }

    private void setupEnvironmentForApplicationMaster(Map<String,
        String> environmentMap) {
        for (String c : conf.getStrings(
            YarnConfiguration.YARN_APPLICATION_CLASSPATH,
            YarnConfiguration.DEFAULT_YARN_APPLICATION_CLASSPATH))
    {
        Apps.addToEnvironment(environmentMap,
            ApplicationConstants.Environment.CLASSPATH.name(),
                c.trim());
    }
    Apps.addToEnvironment(environmentMap,
            ApplicationConstants.Environment.CLASSPATH.name(),
            ApplicationConstants.Environment.PWD.$() +
            File.separator + "*");
    }
```

```
    public static void main(String[] args) throws Exception {
DistributedShellClient shellClient = new DistributedShellClient();
        shellClient.run(args);
    }
}
```

6.2.2　实现AM实例

AM是应用程序的指挥者（leader）。它封装了应用的所有逻辑，并在合适的时候从RM请求资源。与客户端不同的是，AM必须与下面的两种实例保持通信。

❑ RM：通信的内容是关于应用的全局状态，使用的协议是ApplicationMasterProtocol。
❑ NM：通信的内容是关于分配给应用的容器的状态，使用的协议是ContainerManager。

实现一个AM和实现一个客户端是类似的。我们从创建一个YarnConfiguration对象开始。为了方便与RM通信，创建一个AMRMClient，这个客户端封装了与RM通信所需要的代理对象。虽然推荐这种更简单的方式，但是再次说明一下，这个代理是可以独自创建的。AMRMClient有很多方法，其中最重要的方法是处理AM的注册方法（registerApplicationMaster）和请求分配容器方法（addContainerRequest）。

为了与NM通信，创建了一个封装了通信协议代理的NMClient对象，这个对象的重要方法包括startContainer和stopContainer，它们被用于启动和终止节点上的容器。如下的代码段演示了这个功能：

```
package MasteringYarn;

import org.apache.hadoop.conf.Configuration;
import org.apache.hadoop.yarn.api.ApplicationConstants;
import
org.apache.hadoop.yarn.api.protocolrecords.AllocateResponse;
import org.apache.hadoop.yarn.api.records.*;
import org.apache.hadoop.yarn.client.api.AMRMClient;
import org.apache.hadoop.yarn.client.api.NMClient;
import org.apache.hadoop.yarn.conf.YarnConfiguration;
import org.apache.hadoop.yarn.exceptions.YarnException;
import org.apache.hadoop.yarn.util.Records;

import java.io.IOException;
import java.util.Collections;

public class DistributedShellApplicationMaster {

    public static void main(String[] args) throws YarnException,
        IOException, InterruptedException {

        Configuration configuration = new YarnConfiguration();
```

```
        int numberOfContainers = Integer.parseInt(args[1]);
String command = args[0];

System.out.println("Starting Application Master");

AMRMClient<AMRMClient.ContainerRequest>
    resourceManagerClient = AMRMClient.createAMRMClient();
resourceManagerClient.init(configuration);
resourceManagerClient.start();


System.out.println("Started AMRMClient");

NMClient nodeManagerClient = NMClient.createNMClient();
        nodeManagerClient.init(configuration);
        nodeManagerClient.start();

System.out.println("Started NMClient");
```

AMRMClient和NMClient类都有对应的异步版本。异步API对资源的使用是高效的，因为它们等待回应时不会阻塞线程。当方法被调用后，线程将被释放去执行其他的任务；而当API的结果准备好后，基于结果的真实状态，将调用注册的回调函数。

如下代码演示了AMRMClientAsync类与RM通信的使用方法：

```
class AMRMClientCallbackHandler implements
AMRMClientAsync.CallbackHandler {
public void onContainersAllocated(List<Container>containers) {
        // 分配容器，执行相应任务。
}
public void onContainersCompleted(List<ContainerStatus>statuses){
        // 完成容器。更新应用状态。
status needs to be updated.
}
public void onNodesUpdated(List<NodeReport> updated) {}
        public void onReboot() {}
}
AMRMClientAsync asyncClient = AMRMClientAsync.
createAMRMClientAsync(appId, 1000, new
AMRMClientCallbackHandler ());
// 使用配置初始化客户端，并启动代理。
asyncClient.addContainerRequest(container)
```

AMRMClientCallbackHandler对象将在异步客户端创建的时候作为参数传入。无论何时，只要容器中有事件发生，就会调用对应的处理方法。例如，当容器被分配时，onContainersAllocated回调方法将会被调用。类似的API在NMClient对象中也可以看到。

AMRMClient类用于将AM往RM注册。一旦注册成功，AM将启动一个心跳线程，周期性地通知RM它还活着。registerApplicationMaster方法也提供了一个AM正在监听的主机地址和端口号。客户端可以通过这个AM的主机地址和端口号获取应用的信息。

当启动我们的DistributedShell应用时，容器必须按照给定的参数分配好。其中两个必须设置的重要属性是容器的优先级和容器需要分配的资源的总量。

Priority类被实例化以设置容器的优先级。下面的例子中，我们使用的优先级为0。Priority对象只能用于特定的应用程序。

正如我们对AM所做的，我们通过Resource类设置每个容器对资源的要求。回顾一下，setMemory方法设置容器对内存的需求，单位是MB，而setVirtualCores设置对CPU核数的要求。

Priority和Resource对象是为AMRMClient而设计的，ContainerRequest对象会被部署到RM，从而进行资源分配工作。这个构建函数的第二和第三个参数是null，这意味着任意的节点和机架都可以分配给这个容器。这种情况对于MapReduce这样的应用是很有用的，因为它需要利用数据的局部性。这些参数的数据类型是String[]，且第二个参数中列出的节点所对应的机架都将会自动地加入到机架列表中。

通过客户端的addContainerRequest方法，ContainerRequest对象现在被添加到AMRMClient代理对象中：

```
resourceManagerClient.registerApplicationMaster("localhost",
    80010, "myappmaster");

    System.out.println("Registration done");

    // 容器的优先级——优先级是相对于应用内部而言的
    Priority priority = Records.newRecord(Priority.class);
    priority.setPriority(0);

    // 容器的资源需求
    Resource capability = Records.newRecord(Resource.class);
    capability.setMemory(128);
    capability.setVirtualCores(1);

    for(int i=0; i < numberOfContainers; i++){
        AMRMClient.ContainerRequest containerRequest = new
            AMRMClient.ContainerRequest(capability, null,
                null, priority);
        resourceManagerClient. addContainerRequest(containerRequest);
    }
```

AMRMClient类中的allocate方法指示RM去分配容器，它同时也是发给RM的一个心跳信息。这个方法的返回结果是一个AllocateResponse对象，这个对象包含新分配的容器的信息、完整的容器列表以及集群相关的信息。它同时也表明在集群中这个应用剩余的可以使用的资源数量。

AllocateResponse 也有一个 ResponseId，用来毫无歧义地识别重复的请求。allocate 方法的参数是一个浮点类型参数，它表明了这个操作的进度。AM 可以通过这个参数展示这个应用的进度。

应该避免并行的资源分配请求调用，因为这样可能导致请求丢失。

容器的启动总是要用到 ContainerLaunchContext 对象。它与启动 AM 容器的过程非常相似，通过指定命令行、环境变量、本地资源和其他程序需要的参数来执行容器。

然后，容器通过 NMClient 对象启动，它通知 NM 去启动容器并执行相关的命令行。startContainer 方法接受 RM 返回的容器对象，这个对象中包含了容器的标识符、认证令牌以及容器所在的节点的信息：

```
int completedContainers = 0;
int containerId = 0;
while(completedContainers < numberOfContainers){

    AllocateResponse allocateResponse = resourceManagerClient.
allocate(containerId);
    containerId++;

    for(Container container : allocateResponse.getAllocatedContainers())
{

    ContainerLaunchContext shellContainerContext = Records.newRecord(C
        ontainerLaunchContext.class);
    shellContainerContext.setCommands(
    Collections.singletonList(command +
    " 1>" +
    ApplicationConstants.LOG_DIR_EXPANSION_VAR + "/stdout " +
    " 2>" +
    ApplicationConstants.LOG_DIR_EXPANSION_VAR +"/stderr")
    );

    nodeManagerClient.startContainer(container, shellContainerContext);
    }
```

一旦容器启动后，分配资源的调用即可用来监控这些容器，我们在下一段代码中展示这个用途。AllocateResponse 对象上的 getCompletedContainersStatuses 方法能获得每个已完成容器的状态。当这些操作都完成后，AM 将调用 AMRMClient 对象的 unregisterApplication-Master 方法取消在 RM 上的注册。应用的状态可以被通知到 RM，这样客户端或者其他程序就可以监控这个应用。

FinalApplicationStatus枚举类型有FAILED、KILLED、SUCCEEDED和UNDEFINED四个
状态值。取消注册的操作也可以获得需要传递的诊断信息，以及客户可以用来获取AM终止相关
信息的新的URL地址：

```
for(ContainerStatus containerStatus : allocateResponse.
getCompletedContainersStatuses()){
                completedContainers++;
                System.out.println("Completed Container " +
completedContainers + " " + containerStatus);
        }

            Thread.sleep(1000);
        }

        resourceManagerClient.unregisterApplicationMaster(FinalApplica
tionStatus.SUCCEEDED, "", "");

    }

}
```

现在可以通过下面的命令执行应用了。date命令会在集群的两个容器中被运行：

```
hadoop fs -copyFromLocal MasteringYarn-1.0-SNAPSHOT.jar

hadoop jar MasteringYarn-1.0-SNAPSHOT.jar
MasteringYarn.DistributedShellClient
hdfs://localhost/user/sandeepkaranth/MasteringYarn-1.0-SNAPSHOT.jar date 2
```

6.3　YARN 的监控

RM提供了一个友好的网页界面来查看集群及其资源。这个网页接口的主页给出了很多详细
的信息，例如RM的状态、应用程序的数量、可用内存的总量、节点总数、节点状态以及其他信
息。下面的截屏图像将展示这个主页。

截屏图像的左边，给出了集群中不同类型的详细信息的导航链接。

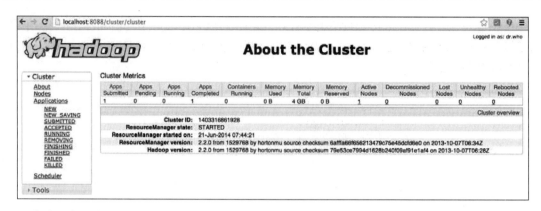

点击左侧面板的Nodes链接，可以看到YARN集群中节点的详情。下面的截屏图像展示了单个节点的集群的样例。对于集群中的每个节点，截屏中给出了节点所属机架的详情、节点的状态、节点的资源消费情况（当前是指内存）、节点的HTTP地址、节点的最后心跳信息详情以及其他信息。

表格中的"最后心跳更新"（last-health update）那列，显示了RM最后一次从NM收到心跳信息的时间。

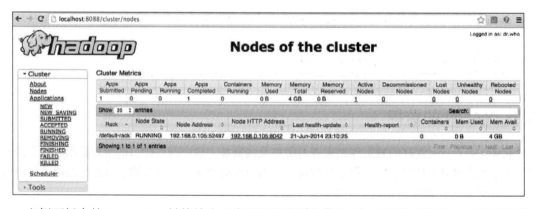

左侧面板中的Applications链接给出了应用的所有详细信息，如下图截屏所示。应用可以基于它们所处的状态被过滤，例如，NEW、NEW_SAVING、SUBMITTED、ACCEPTED、RUNNING、REMOVING、FINISHING、FINISHED、FAILED和KILLED，这些过滤器可以在左侧面板上看到。点击其中的一个状态，可以只显示这个状态的应用。

应用的详细信息也可以查看到，例如应用的类型、所属的列队、当前状态和最终状态、启动和终止时间、进度以及其他详细信息。尽管网页界面上你不能执行命令，但你可以在YARN脚本中使用application ID来执行命令。

我们将在本章的后续篇幅中介绍用来操作应用的YARN命令行。

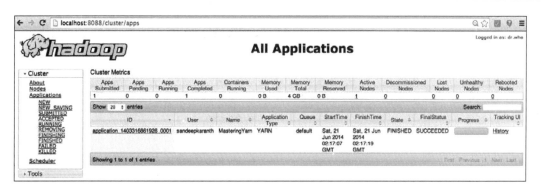

点击Scheduler链接以展示RM使用的调度器的详细信息。网页界面显示了队列的层级关系，并用不同颜色标记容量、最大容量、已使用容量，以及每个队列已使用的超出配额外的容量。后续将在调度器一节更加详细地介绍这些应用队列的相关知识。

每个正在执行的应用的详细信息也在这里展现。这页的标题给出了本页中被显示的应用的详细状态信息。只有处于NEW、NEW_SAVING、SUBMITTED、ACCEPTED、RUNNING和FINISHING状态的应用才被显示。

cluster metrics是一个贯穿所有展示RM的网页界面的一个汇总信息。下面的截屏显示了调度器页面：

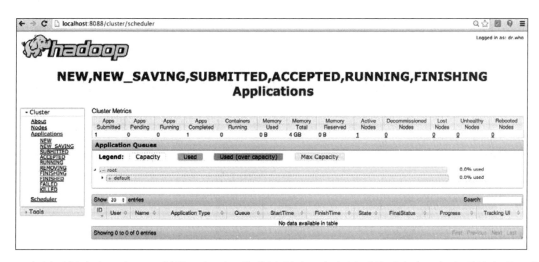

左侧面板中有一个Tools链接，如下面的截屏所示。在它展开的列表中，包含了几个项。这些工具能够帮助YARN集群的管理员和开发人员调试应用。

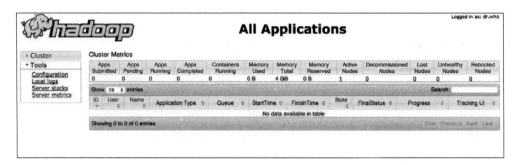

Configuration链接向用户展示YARN使用的配置信息,这样可以快捷容易地展示YARN集群中不同属性的值。下面的截屏显示了这个配置页面。配置是以XML格式显示的。

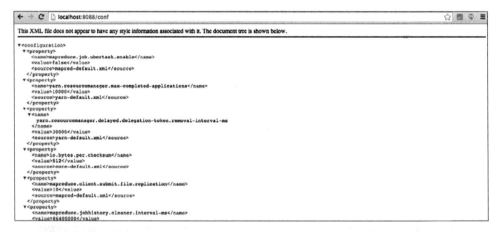

Local logs链接将打开本地日志目录。点击每个日志文件可以在浏览器中打开它。下面截屏图片展示了单个机器的集群部署中本地日志的列表:

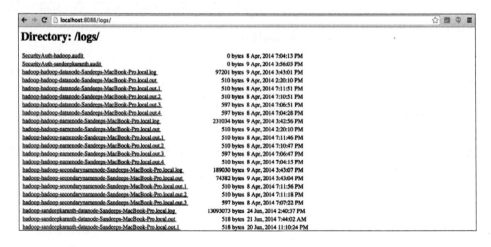

Server stacks链接显示了服务端抛出的异常栈信息，包括线程的信息。下面的截屏图像展示了栈的内容：

```
← → C ☐ localhost:8088/stacks

Process Thread Dump:
184 active threads
Thread 193 (824805167@qtp-1138341688-2):
  State: RUNNABLE
  Blocked count: 19
  Waited count: 157
  Stack:
    sun.management.ThreadImpl.getThreadInfol(Native Method)
    sun.management.ThreadImpl.getThreadInfo(ThreadImpl.java:174)
    sun.management.ThreadImpl.getThreadInfo(ThreadImpl.java:139)
    org.apache.hadoop.util.ReflectionUtils.printThreadInfo(ReflectionUtils.java:165)
    org.apache.hadoop.http.HttpServer$StackServlet.doGet(HttpServer.java:950)
    javax.servlet.http.HttpServlet.service(HttpServlet.java:707)
    javax.servlet.http.HttpServlet.service(HttpServlet.java:820)
    org.mortbay.jetty.servlet.ServletHolder.handle(ServletHolder.java:511)
    org.mortbay.jetty.servlet.ServletHandler$CachedChain.doFilter(ServletHandler.java:1221)
    com.google.inject.servlet.FilterChainInvocation.doFilter(FilterChainInvocation.java:66)
    com.sun.jersey.spi.container.servlet.ServletContainer.doFilter(ServletContainer.java:900)
    com.sun.jersey.spi.container.servlet.ServletContainer.doFilter(ServletContainer.java:834)
    com.sun.jersey.spi.container.servlet.ServletContainer.doFilter(ServletContainer.java:795)
    com.google.inject.servlet.FilterDefinition.doFilter(FilterDefinition.java:163)
    com.google.inject.servlet.FilterChainInvocation.doFilter(FilterChainInvocation.java:58)
    com.google.inject.servlet.ManagedFilterPipeline.dispatch(ManagedFilterPipeline.java:118)
    com.google.inject.servlet.GuiceFilter.doFilter(GuiceFilter.java:113)
    org.mortbay.jetty.servlet.ServletHandler$CachedChain.doFilter(ServletHandler.java:1212)
    org.apache.hadoop.http.lib.StaticUserWebFilter$StaticUserFilter.doFilter(StaticUserWebFilter.java:109)
    org.mortbay.jetty.servlet.ServletHandler$CachedChain.doFilter(ServletHandler.java:1212)
Thread 192 (DestroyJavaVM):
  State: RUNNABLE
  Blocked count: 0
  Waited count: 0
  Stack:
Thread 15 (ApplicationMaster Launcher):
  State: WAITING
  Blocked count: 0
  Waited count: 1
```

Server metrics链接打开度量的页面。点击节点将进入NodeManager界面。页面左边的面板展示了NM相关的链接，如下面的截屏图像所示。这个截屏中展示了某个节点的信息。

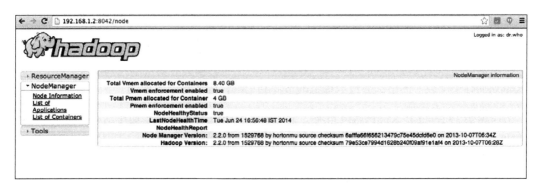

点击List of Applications链接，用户会进入一个如下图所示的界面。在这里，这个节点正在执行的应用的列表将会显示应用的状态。

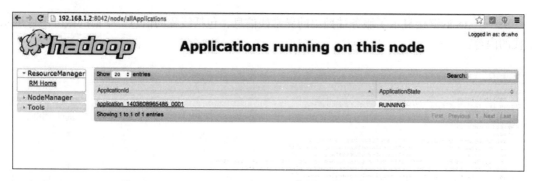

点击 NodeManager 菜单项列表中的 List of Containers 链接，将会得到这个 NM 上正在执行的容器详细信息，以及每个容器的状态。这里也有一个链接可以打开日志目录。

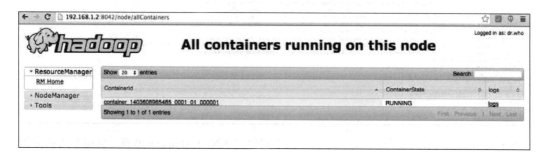

6.4　YARN 中的作业调度

大部分的集群资源是要支持多租户的，也就是说，多个团队或群体共享集群的资源。调度器的一个重要责任就是通过对集群资源进行合理分配，从而满足所有租户的资源需要。每个团队或个人单独拥有一个集群的话，会造成极低的资源利用率，因此是不可取的。

YARN 通过插件的方式提供调度策略。最初版本的 Hadoop 只有一个简单的先入先出（first in first out, FIFO）调度器。但是，FIFO 在处理复杂的多租户情况下是不够的。我们将讨论如今 Hadoop 中使用的两个调度器：容量调度器和公平调度器。

6.4.1　容量调度器

容量调度器的基本概念是：在一个共享集群中保证承诺给某个租户的资源配额。如果一个租户使用的资源少于他们要求的配额，那调度会允许该租户继续使用空闲的资源。容量调度器的首要目标就是不允许单一的应用或用户贪婪地占用集群的资源。调度器强制且严格限制集群中租户对共享资源的使用。

容量调度器基于队列进行调度。管理员基于租户的需求配置这些队列。层次化队列被用于共享集群中未被充分利用的资源。层次化的结构确保了资源优先分配给那些已申请此资源配额的租户，而不是其他的租户。

　　每个队列拥有一个管理员可配置的配额，且集群中所有队列配额的总和决定了集群的资源总量。一个队列的配额是弹性的，所以调度器可以将没有被使用的配额从一个队列转移到另一个队列。这种被重新分配的资源，在它原属的队列需要资源来满足配额的时候可以被召回。一个队列可以指定它能占用资源的最大值。另外，每个队列也可以指定每个用户使用资源的限制值。

　　除了层次化队列，容量调度器还有如下特性。

- ❑ 容量调度器有一系列安全特性。每个队列都有ACL来授权哪些用户可以向这个队列提交作业。用户的作业是被隔离的，从而避免了用户修改其他用户提交的作业。调度器也引入了队列管理员和系统管理员两个角色的概念。
- ❑ 容量调度器是动态的，也就是说，它的属性（例如队列定义和ACL）可以在运行时改变。运行时删除队列是不允许的，但是添加新队列却可以。
- ❑ 管理员可以停止队列，从而阻止新的作业被提交到这个队列及其子队列上。已存在的作业可以继续运行，但已经没有了资源的优先使用权。一旦队列中的作业都被执行结束，管理员可以启动这些被停止的队列。
- ❑ 要求使用更多资源的应用（例如作业中包含多个map和reduce组合任务）也可以在容量调度器中运行。只要作业使用的资源没有超出队列的配额，容量调度器就会基于资源进行作业调度。

　　在YARN中，容量调度器可以使用下面的方法以插件的形式运行。

- ❑ RM可以直接使用容量调度器，只要设置yarn.resource.manager.scheduler.class属性 为 org.apache.hadoop.yarn.server.resourcemanager.scheduler.capacity. CapacityScheduler。这个配置可以放置在yarn-site.xml配置文件中。
- ❑ 队列可以通过添加一个名为capacity-scheduler.xml的文件来进行配置。这是容量调度器的配置文件。一个名为root的预定义队列已经存在，且创建的任何队列都是root队列的一个子队列。
- ❑ yarn.scheduler.capacity.root.queues属性用于定义新添加的队列。队列通过一系列以逗号分隔的队列名指定。队列的层级通过队列路径（queue path）指定。队列路径是一个特殊的属性名字，它从root队列开始，使用点（.）标记树形的队列路径。如下的配置文件代码片段展示了两层的队列结构。队列x、y和z是root的子队列，队列x1和x2是x的子队列，它们的队列路径是root.x：

```
<property>
<name>yarn.scheduler.capacity.root.queues</name>
<value>x,y,z</value>
<description>The queues at the this level (root is the root
```

```
    queue). </description>
</property>
<property>
<name>yarn.scheduler.capacity.root.x.queues</name>
<value>x1,x2</value>
<description>The queues at the this level (root is the root
    queue). </description>
</property>
```

❑ 每个队列的资源分配特点可以通过如下属性进行描述。

- yarn.scheduler.capacity.<queue-path>.capacity：这个属性以集群总资源百分比的形式配置每个队列的资源配额，它的值类型是浮点型。在层级队列结构中的每个层级，所有队列的这个属性值的和必须等于100。这是一个软限制，因为如果有未被使用的资源可用，队列中的作业就可以使用这些资源，从而提供弹性。

- yarn.scheduler.capacity.<queue-path>.maximum-capacity：这个属性用来给队列设置一个配额的硬限制。这个硬限制配额也是一个浮点型，并限制了队列的弹性。默认值是-1，也就是对弹性没有限制。

- yarn.scheduler.capacity.<queue-path>.minimum-user-limit-percent：这是一个整数类型的属性，用于限制队列中单个用户能够分配的资源比例。这个限制应该仅在有资源需求的时候使用。例如，如果我们将值设置为50，单个用户的情况可以使用100%的配额，两个用户分别只能分配50%的资源。然而，超过两个用户，调度器将等待已经存在的用户应用完成后再调度下一个用户的应用。该属性的默认值是100。

- yarn.scheduler.capacity.<queue-path>.user-limit-factor：这个属性指示多个队列的配额可以被此用户使用。举个例子，假如这个属性配置为2，此队列中的一个用户可以分配得到两倍于队列配额的资源。这只有在集群有足够的配额且是空闲的时候才会发生。该属性的值是一个浮点型，默认值是1。

❑ 容量调度器支持如下的属性，从而控制正在执行的应用的属性。

- yarn.scheduler.capacity.maximum-applications：这个属性决定了集群中处于活跃状态的应用的最大数量。这是一个硬限制，如果已提交的应用超过这个限制，将不再允许应用提交。默认值是10 000。

- yarn.scheduler.capacity.<queue-path>.maximum-applications：这个属性是每个队列对上一个属性的重载（override）。两个属性的类型都是整型（integer）。

- yarn.scheduler.capacity.maximum-am-resource-percent：这个属性决定了集群中分配给AM的资源能够占集群资源的百分比。默认值是0.1，也就是，AM的容器能占用集群10%的资源。

- yarn.scheduler.capacity.<queue-path>.maximum-amresource-percent：这个属性是每个队列对于分配给AM资源的配置。

❑ 容器调度器支持如下的属性，从而能帮助设置集群授权和队列运行时的参数。

■ `yarn.scheduler.capacity.<queue-path>.state`：这个属性用于设置队列的状态。它可能是RUNNING或者STOPPED状态。当处于STOPPED状态时，队列不再允许提交应用，但是已经存在的应用可以执行和结束。

■ `yarn.scheduler.capacity.<queue-path>.acl_submit_applications`：这个属性决定了能够提交到这个队列及其子队列的用户。ACL会继承父队列，并且可以通过一系列逗号分隔的用户或组列表进行配置。通配符（*）可以用来代表任何用户。

■ `yarn.scheduler.capacity.<queue-path>.acl_administer_queue`：这个属性决定了能够管理队列及其子队列的用户。

❑ `yarn rmadmin`命令可以用于更新RM的配置，并且不需要重启RM。

6.4.2　公平调度器

正如这个名字所暗示的，公平调度器这个概念背后是对所有运行的应用一般提供相同的资源。公平调度器将应用组织到池（pool）或队列，然后在不同的池之间共享对资源的使用时间。调度器周期性地检查每个应用在集群中已经得到的计算时间以及在理想条件下它应该得到的总时间。

应用按照时间差额（deficit）降序排序，下一个被调度的应用将是差额最大的那个。层次化的池也存在于公平调度之中。

在YARN中配置公平调度器，需要考虑以下几点。

❑ RM可以通过配置`yarn.resourcemanager.scheduler.class`属性的值为`org.apache.hadoop.yarn.server.resourcemanager.scheduler.fair.FairScheduler`来指定使用公平调度器。这个配置可以在yarn-site.xml中指定。

❑ 其他的属性可以设置在这两个文件中。

■ yarn-site.xml一般用于定义全局的调度器属性。

■ 一个分配文件（allocation file）用于为队列或池指定诸如权重和配额之类的属性。这个文件每十秒加载一次。当文件重新加载后，文件的修改就会生效。

❑ yarn-site.xml文件中重要的全局属性如下所示。

■ `yarn.scheduler.fair.allocation.file`：这个属性包含了分配文件的路径。这是一个XML格式的文件，它指定了每个池或队列的属性。它的默认值是fair-scheduler.xml文件。

■ `yarn.scheduler.fair.use-as-default-queue`：这个属性的值是布尔类型的。如

果设置为true，它会使用与分配关联的用户名作为池或者队列的名字；如果设置为false，就会有一个名为default的共享队列，所有作业都会分配到这个队列。它的默认值是true。

- yarn.scheduler.fair.sizebasedweight：这是一个布尔类型的属性，它表明是否所有的应用都拥有相同的权重。它的默认值是false，也就是所有的应用都拥有相同的权重。如果设置为true，应用将拥有一个权重，权重的计算方法是：将应用请求的内存数加1，然后以2为基数取对数值。

- yarn.scheduler.fair.locality.threshold.node：这个属性的值是在0到1之间的浮点型。当要求容器在特定的节点上以利用资源局部性时，如果容器不能在这个特定的节点上分配，应用可能就要延迟分配操作。这个特殊的属性值决定了在分配不具有局部性的节点前应该延时的总数。这个值是集群大小的一个分数。默认值是-1.0，代表着调度器分配容器时没有任何延时。

- yarn.scheduler.fair.locality.threshold.rack：这个属性和上一个属性非常相似，然而，与之不同的是，这个属性处理的是容器的机架局部性。

- yarn.scheduler.fair.allow-undeclared-pools：这是一个布尔型的属性，在应用被提交到RM时，它决定了新的队列是否被创建。如果设置为false，任何不属于分配文件指定的应用都将分配到默认池中。

❑ 分配文件定义了集群中的池或者队列。它是一个XML格式的清单文件，包含如下元素：

队列元素	说　明
minResources	这个值的格式为A mb，B vcores，指明这个队列的最小资源数。如果条件不能被满足，资源将从父队列中重新分配
maxResources	这个标签对应的值指定了一个队列能消费的最大资源。如果超出最大资源，就不会再分配容器给这个队列
maxRunningApps	这个值限制某个特定的队列能够同时运行的应用数量的上限值
weight	这个值定义了这个队列能够使用的资源的比例，它是相对于默认值而言的。默认值是1。如果权重为2，那它使用的资源数就是默认情况下的两倍
schedulingPolicy	允许的值为fifo、drf或者fair
aclSubmitApps	这个ACL是为了限制能够向这个队列提交作业的用户和组。与容量调度器的ACL的格式相同
aclAdministerApps	这个ACL表明了可以对这个队列执行管理功能的用户和组
minSharePreemptionTimeout	在队列的最小资源配额（minResources）没有被满足的条件下，如果获取不到空闲资源，它会等待一段时间。当超时后，它就会从其他队列抢占容器。这个超时时间是由这个属性定义的

用户元素	说　明
maxRunningApps	这是队列中单个用户能够运行的应用数量的上限

队列位置信息策略元素	说　明
rule	XML文件中的这个特殊节点包含了被提交的应用应该如何放置到队列中的规则。可能有很多规则，每个规则按照声明的顺序被执行。例如，给定的规则会将应用放置到提交时指定的队列中。如果没有指定队列，将放置到默认队列中。"user"规则将应用放置在以用户名为名字的队列中

下面给出了分配文件的XML：

```xml
<?xml version="1.0"?>
<allocations>
    <queue name="">
        <minResources></minResources>
        <maxResources>A mb, B vcores</maxResources>
        <maxRunningApps></maxRunningApps>
        <weight>1.0</weight>
        <schedulingPolicy>fair</schedulingPolicy>
        <queue name="sub_queue_name">
            <aclSubmitApps>username</aclSubmitApps>
        <!--其他的队列属性可以设置在这里 -->
    </queue>
    </queue>

    <user name="username">
        <maxRunningApps></maxRunningApps>
    </user>
<queuePlacementPolicy>
    <rule name="specified" />
    <rule name="user" />
    <rule name="primaryGroup" create="false" />
    <rule name="default" />
    <rule name="reject" />
  </queuePlacementPolicy>
</allocations>
```

6.5　YARN 命令行

像Hadoop一样，YARN有一些脚本提供管理YARN的命令。这些命令有如下两种类型。

- **用户命令**：这是为集群用户提供的命令行
- **管理员命令**：这是为集群管理员提供的命令行

在Hadoop的部署中，YARN脚本与Hadoop脚本放置在相同的目录下。YARN脚本的通用语法如下：

```
yarn [--config <config directory>] command [options]
```

--config选项用于覆盖默认的配置。默认的配置文件目录将从环境变量$HADOOP_PREFIX/conf中获得。

6.5.1   用户命令

下面是YARN中的一些重要的用户命令行。

❏ jar命令行用于运行一个用户构建的自定义JAR文件。在前面的分布式shell的例子中，我们使用如下的命令行在YARN中运行这个作业。命令行如下：

```
yarn jar <jar file path> [main class name] [arguments…]
```

❏ application命令用于操作YARN中正在运行的应用。它有三个操作：显示集群中正在运行的应用；获取应用的状态；终结一个正在运行的应用。显示操作可以使用应用的状态和应用类型作过滤：

```
yarn application -list [-appStates <state identifiers> | -
appTypes <type identifiers>] | -status <application id> | -
kill <application id>
```

❏ node命令行用于报告集群中节点的状态。它有两个操作：显示所有节点的状态和获取某个节点的状态。list命令也可以过滤特定状态的节点：

```
yarn node -list [-all | -states <state identifiers> | -status
<node id>
```

❏ logs命令行用于输出已经完成的应用的日志。它有两个操作：输出某个用户的日志；基于容器标识和节点地址输出日志。应用ID是必需的参数：

```
yarn logs -applicationId <application Id> -appOwner <appOwner>
| (-nodeAddress <node address> & -containerId <container Id>)
```

6.5.2   管理员命令

YARN中重要的管理员命令行如下所示。

❏ 使用resourcemanager、nodemanager和proxyserver参数启动对应的守护进程：

```
yarn resourcemanager | nodemanager | proxyserver
```

❏ 管理员可以通过rmadmin命令来操作RM。这个命令有如下几个操作。

■ -refreshQueues：该操作更新所有队列的ACL、状态和调度器属性。

■ -refreshNodes：该操作更新RM中特定节点的信息。

■ -refreshUserToGroupMappings：该操作更新用户成员关系的所有映射。

■ -refreshSuperUserGroupsConfiguration：该操作更新超级用户相关的映射。

■ -refreshAdminAcls：该操作更新ACL，用以决定访问RM管理员的权限。

■ -refreshServiceAcl：该操作重新加载RM中的授权文件。

❏ 管理员可以通过daemonlog命令获取并设置YARN守护进程的日志级别：

```
yarn [-getLevel <daemon host:port> <name>| -setLevel <daemon
host:port> <name> <level>]
```

6.6 小结

YARN使得Hadoop生态系统向范围更广的应用开放。它不仅减轻了基于MapReduce的传统Hadoop的扩展性瓶颈，也帮助提升了一个机构中集群框架的效率。如下的几点至关重要。

- 将应用相关的逻辑与资源管理隔离。RM单独负责集群资源的管理，且任何应用对它而言都是未知的。
- 提供通用的资源规格抽象。资源是通过CPU核数和内存来指定的。
- 维持原有的Hadoop API的后向兼容。通过重新编译，已有的Hadoop程序不需要任何代码修改就可以在YARN上工作。
- 提供了插件式的多样调度策略，例如公平调度器和容量调度器。插件式的策略使得其他模式的应用更容易加入到这个生态圈中。

在Hadoop上开发一个新的计算模式的应用就是实现一个客户端和AM。这些组件与RM和NM交互以达到它们的目标。和MapReduce一样，像Spark和Storm这样的应用变成了Hadoop生态圈中的一等公民。YARN使得这样的愿望成为现实。

在下一章，我们将讨论Storm，看看它如何被集成到Hadoop中。Storm是一个基于集群的实时流处理引擎，它可以操作流数据。

## 第 7 章

基于YARN的Storm—— Hadoop中的低延时处理

Hadoop MapReduce建立在"将计算移动到数据"的概念之上。数据要明显大于操作它的指令。网络是任何分布式数据处理系统中最慢的组件,所以很自然地应该移动数据量小的那部分,也就是程序本身。在NameNode的帮助下,Hadoop可以明确地知道数据如何分布在集群的各个计算机中。它使用这些数据的分布信息将任务分配到合适的节点,尽最大的努力将任务分配到它所需要的那些数据的附近。

在本章中,我们将讨论一种相反的模式,即移动数据到计算,也就是一种被称为流式处理的模式。有很多框架实现了流式处理,其中比较流行的一个是Apache Storm。Apache Storm与Hadoop YARN的集成,将流式处理带入了Hadoop。本章中,我们将讨论以下主题:

- ❑ 对照比较流式处理模式与诸如MapReduce的批处理模式
- ❑ 介绍Apache Storm中的重要概念
- ❑ 了解如何使用Apache Storm开发应用程序
- ❑ 了解如何安装基于YARN的Apache Storm

7.1　批处理对比流式处理

MapReduce是一种批处理模型。在处理完成以前,数据会不断累积,因此导致周转时间更长,同时也带来了存储、内存及系统计算资源上的压力。从分析开始到结束,总有一批数据需要一直被使用着,从而占用了存储资源。如果分析一大块数据,那将给计算集群中的节点带来短时间的峰值负载。

批处理模型也导致了集群资源的低利用率。在数据累积时,集群的计算和内存是空闲的。然而,当进行分析时,它们却又会遇到峰值负载。这样的话,集群的配置则必须满足峰值负载才行。

批处理系统的这些缺点在流式计算模型中得到了弥补。它并不是移动计算到数据,而是让数据像水流一样流过计算节点。每个计算节点都是对那些数据点或是小窗口的数据进行操作,然后分析和输出结果，或是更新中间状态。计算节点形成一个拓扑结构，就像一个连续的正在执行的查询一般。现在，周转时间变短了，因为分析并不是在数据批次的最后才被完成，而是连续完成。此外，分析是在非常小的数据集上完成的。这些系统提供了近实时的分析，即一旦系统收到数据就马上进行分析。

让我们举个例子说明一下。比方说我们有一个任务，基于车辆的颜色统计通过州际公路某个点的车辆数，然后报告一个小时内每种颜色的车辆数。如果用批处理的方法，我们就得把一个小时内开过来的车辆都停下来，并在附近包下一个停车场，将这些车都停进去。然后在这个小时结束的时候，我们跑到停车场，统计每种颜色的车辆数量。

与此相反，流式处理的方法则是使用一个基于颜色的累加器，当车辆通过时就解决这个问题了，而在这个小时结束的时候，就已经得出每种颜色的统计数。缺点是，如果我们在统计或是分辨颜色时出了点错误，就没有办法从中恢复。但是如果用批处理的方法，我们则有机会对我们的计算做双重检查。

流式处理系统在那些以低延迟为主要目的的应用中大放光彩。然而，想要实现这个目的是需要一定的妥协的。只观察少数的点就做出决定，会使结果失去一定的准确性。此外，不是所有的分析算法都适用流式处理模型。流式处理模型不适用那些需要多次遍历数据的算法，同时也不适用那些只通过查询整个数据集就得出结论的场合。

下面的图对比了批处理和流式处理。第一张图显示的是批处理：

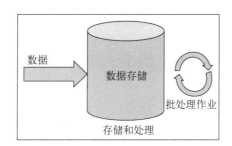

下图是流式处理：

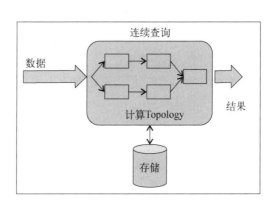

7.2 Apache Storm

Apache Storm是最流行的开源流式处理引擎之一，提供了在无限数据流上进行实时分析的能力。它是分布式的框架，可以在多个节点上工作，同时提供容错性和横向扩展性。Apache Storm的另一个主要特征是它保证事务的处理，也就是说，每一个进入系统的事务都会处理，肯定不会遗漏。Apache Storm应用程序的开发语言可以任由开发者自己选择，这一点使它在低延迟分析的使用上具有非常大的吸引力。

MapReduce提供基本的Map和Reduce函数用于创建批处理的应用程序。同样，Storm也提供它自己的一套机制用于支持实时分析。如果没有像Apache Storm这样的框架，那么实时分析应用程序的编写工作将会非常复杂。它将需要添加和维护处理队列，以保证系统中所有事务都得到处理。它还需要编写一个能够读取队列、处理数据，最后为了下游处理重新将程序放入队列的worker程序。错误处理、worker与队列间的同步性也会成为开发者的负担。

维护队列和worker所需要付出的努力要远远高于数据处理逻辑本身。当吞吐量非常高的时候，数据流的分区给系统的可扩展性带来了威胁，同样也给开发者的时间和精力带来了额外的开销。另外，提供容错性也不是一件简单的事。Apache Storm尝试着抽象这些复杂性，并提供一些特性，用以改进实时系统的可靠性和可用性。

7.2.1 Apache Storm的集群架构

Storm集群上运行的是长期存在的查询，而不是作业。批处理系统则正好相反，将作业当成自己的基本单元。这两者间的关键区别在于，作业最终会执行完成，而长期存在的查询则不会终止（除非你明确得将它们终止）。这些长期存在的查询被称为topology。

Storm集群中有两种不同类型的节点。

❑ **Master节点**：它上面会运行Nimbus守护进程，类似于Hadoop MRv1里的JobTracker的功能。
❑ **Worker节点**：它上面会运行Supervisor守护进程，类似于Hadoop MRv1里的TaskTracker的功能。

Master节点是一种具有以下三大关键功能的中央节点：

❑ 将执行代码分发给集群中不同的worker节点；
❑ 调度任务，将任务分配给Apache Storm集群中空闲的worker节点；
❑ 监控集群的错误，并采取相应的措施。

Supervisor守护进程存在于集群的每一个节点中，其职责如下：

❑ 听从Master Nimbus守护进程的指挥；
❑ 基于Nimbus的指挥，启动和停止worker进程；每个worker进程执行topology中的一个子集。

Nimbus和Supervisor守护进程间实际的协调工作则通过Zookeeper集群完成。

 Zookeeper是一个开源的服务，关注于配置管理、节点的同步，以及分布式系统中服务的命名。虽然最初它属于Hadoop项目，但现在它已经是Apache软件基金会的顶级项目了。

下图显示了Apache Storm集群的一个高层次视图：

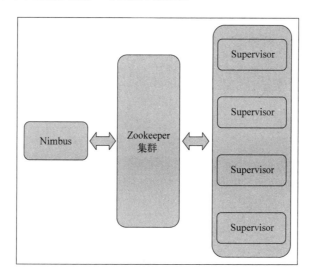

7

7.2.2 Apache Storm的计算和数据模型

计算被作为topology进行建模，形成一张计算图。图中的每一个节点包含了处理数据的逻辑。这些计算节点之间的连线则表示在节点间存在着数据传输。

topology被定义为Thrift结构。在第5章中，我们看到Avro的模式由数据定义语言来定义，比如JSON，这使得它不用去感知任何程序语言。同样，Thrift允许使用它自己的接口定义语言来定义topology，这使得Apache Storm是语言无关的。

Apache Storm中使用的数据抽象是流。流是一组有序且无限的tuple。Apache Storm集群从一条流产生另一条流。举个例子，如果一辆穿过州际公路的汽车是一个tuple的话，在前面我们比较批处理和流式处理的例子中，输入的流则包含了一组有序的车辆tuple，而输出的流则是一组按颜色对车辆计数的tuple。输出流是无限的，但tuple每个小时都会从集群中流出来。Storm集群将输入流转换成输出流。出入Apache Storm的流可以有很多。

Storm中有三个抽象：spout、bolt及topology，具体解释如下所示。

❑ spout：spout可以看作一个数据适配器，它将源数据转成Storm中可以处理的流。spout是Storm

中所有流的源头。比如，spout可以连接Twitter API，然后产生一条tweet的流，或者它也可以连接到Kafka队列，然后产生一条系统日志的流，这中间的每一条日志是一个tuple。

❑ bolt：bolt消费多条来自spout或是其他bolt的流，然后产生新的数据流。Storm集群中一个单一的topology可能需要很多互相连接的bolt来完成所需的转换。bolt可以完成很多类型的转换，比如过滤、聚合、流连接、写入数据存储，或是简单的函数执行等。一个bolt可以订阅一组来自spout或是其他bolt的流，而这种订阅在topology中会建立连线。

❑ topology：topology代表了spout和bolt所组成的网络，网络中的每条边代表一个bolt订阅了其他spout或是bolt的输出流。topology是一种任意复杂的、多层级的流计算。一旦部署，topology就将无终止地运行。

下图说明了一个可能的topology。Bolt A订阅了Spout A，而Bolt C订阅了Bolt A。Bolt B是一个订阅了两条流的例子，一条来自Spout B，另一条则来自Bolt A。此外Bolt D订阅了来自Bolt C和Bolt B的流。

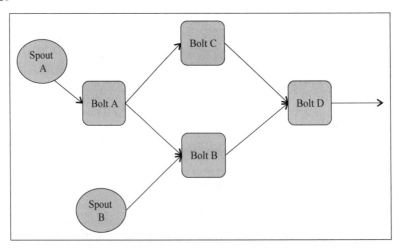

7.2.3 Apache Storm用例

像Apache Storm这样的流式处理框架有很多用例，比较实用的如下所示。

❑ **股市中的算法交易**：算法交易需要低延迟的决策，而这些决策基于股票的表现、市场、甚至外部条件（比如某些事件）等。Storm可以并行地做出决策，并传递这些分布式的低延迟结果。

❑ **社交网络动态的分析**：像Twitter和Facebook这样的社交网络都有一条事件更新的连续流，不断地流入系统，因此很多分析都需要实时地完成。比如，来自Twitter动态的热门主题就是一个低延迟的应用。热门主题变得很快，所以一旦发生就需要被报导。

❑ **智能广告**：广告是互联网公司和搜索引擎主要的收入来源。如果广告跟用户的浏览内容相关，则会带来更高的点击率。智能选择和展示广告则是另一种能令像Apache Storm这样的框架发挥更多价值的应用。智能广告需要实时推断用户的意图。

❑ **基于位置的应用**：用户的位置可以用于有针对性地投放广告、促销以及服务。得到目标用户所处的大概位置就是一个低延迟的应用。Storm可以收集位置数据，然后实时地瞄准目标。

❑ **基于传感器网络的应用**：制造业、灾害监控、安全等领域都广泛使用传感器，因此有必要对异常事件实时地做出反应。那些可以感知灾难（比如地震）的传感器应该具备实时通知政府机构的能力，这样有助于及时采取疏散和安全措施，从而挽救生命。

7.2.4　Apache Storm的开发

现在，让我们用Java开发一个Apache Storm的topology。让我们看一下worldcitiespop.txt文件，这是一个包含城市信息的CSV文件，文件中包含了每个城市对应的国家编号、人口及纬度/经度信息。不过这可能不是一个理想的流式处理的应用程序，因为这条流是有限的，它演示了流的过滤和分组。

(1) 让我们开发一个简单的spout，它从worldcitiespop.txt CSV文件中读取每一行数据，然后将记录作为一条tuple的流发送出去。所有的spout都实现了`IRichSpout`接口。`BaseRichSpout`抽象类也实现了这个接口。如下面的代码段，我们将扩展这个类，然后重写抽象方法。有三个主要的方法需要被重写。

- `open`：这个方法用于初始化和启动spout。在这个例子中，我们打开文件，然后保存一个OutputCollector类型的句柄。这个`SpoutOutputCollector`对象用于将tuple发送到输出流去。`SpoutOutputCollector`对象的主要特征是它可以用ID给消息打上标记，标记消息是发送成功还是失败。在这个方法中配置信息同样有效。
- `nextTuple`：这个方法被反复调用，要求spout发送tuple。这是一个非阻塞调用，也就是说，如果没有tuple需要被发送，调用就会返回。在下面的例子中，我们读取文件中的一行数据，然后将它发送给`SpoutOutputCollector`对象。然后这个tuple被保存到`Values`对象中。
- `declareOutputFields`：这个方法用于指定消息的模式和ID。在下面的例子中，我们通过`Fields`对象指明tuple只有一个字段：`city`。

```
package MasteringStorm;

import backtype.storm.spout.SpoutOutputCollector;
import backtype.storm.task.TopologyContext;
import backtype.storm.topology.OutputFieldsDeclarer;
import backtype.storm.topology.base.BaseRichSpout;
import backtype.storm.tuple.Fields;
import backtype.storm.tuple.Values;
```

```java
import java.io.BufferedReader;
import java.io.FileReader;
import java.util.Map;


public class ReadCitySpout extends BaseRichSpout {

    private SpoutOutputCollector spoutOutputCollector;
    private BufferedReader cityFileReader;

    @Override
    public void open(Map map, TopologyContext
        topologyContext, SpoutOutputCollector
            spoutOutputCollector) {
        this.spoutOutputCollector = spoutOutputCollector;

        try{
            cityFileReader = new BufferedReader(new
                FileReader((String)map.get("city.file")));
        }
        catch(Exception ex){
            ex.printStackTrace();
        }
    }

    @Override
    public void nextTuple() {

        String city = null;
        if(cityFileReader != null){

            try {
                city = cityFileReader.readLine();
            }
            catch(Exception ex){
                ex.printStackTrace();
            }

        }


        if(city != null){
            spoutOutputCollector.emit(new Values(city));
        }

    }

    @Override
    public void declareOutputFields(OutputFieldsDeclarer
        outputFieldsDeclarer) {
            outputFieldsDeclarer.declare(new Fields("city"));
    }
}
```

(2) 现在，既然有了一条城市的tuple流，我们就想要将包含有效人口数的tuple过滤出来。如果我们仔细观察worldcitiespop.txt这个文件就会发现，很多城市没有人口数。我们将使用bolt将这些记录过滤掉。下面代码段的前半部分就演示了这种过滤功能。

所有的bolt都需要实现IRichBolt接口。BaseRichBolt抽象类被扩展，此外这里也有三个主要的方法需要被重写，具体如下。

- prepare：这个方法用于初始化bolt，并使它做好接受流的准备。我们保存了OutputCollector对象，因此我们可以将数据写入输出流。
- execute:这个方法重写了tuple将要进行的所有处理逻辑。在前半部分的代码中，我们从tuple中抽取了city字段，然后将它按逗号分割。我们检查记录中的人口字段。如果这个值为空，或是抛出了NumberFormatException，那么我们就丢弃这个tuple，而不发送任何东西。
- declareOutputFields：这个方法同样用于指定输出tuple的模式。这次，我们的tuple有两个字段：countryCode和city。前者包含了国家编号，后者包含了整条城市记录的内容。

```java
package MasteringStorm;

import backtype.storm.task.OutputCollector;
import backtype.storm.task.TopologyContext;
import backtype.storm.topology.OutputFieldsDeclarer;
import backtype.storm.topology.base.BaseRichBolt;
import backtype.storm.tuple.Fields;
import backtype.storm.tuple.Tuple;
import backtype.storm.tuple.Values;

import java.util.Map;

public class FilterCityBolt extends BaseRichBolt {

    OutputCollector collector;

    @Override
    public void prepare(Map map, TopologyContext
        topologyContext, OutputCollector outputCollector) {
            this.collector = outputCollector;
    }

    @Override
    public void execute(Tuple tuple) {

        String city = tuple.getString(0);

        String[] tokens = city.split(",");

        // 过滤有人口数的城市
```

```
        if(tokens != null && tokens.length >= 7 &&
            tokens[4] != null && tokens[4].length() > 0){

            try {
                Long population =
                    Long.parseLong(tokens[4]);
            }
            catch(NumberFormatException ex){
                city = null;
            }

            if(city != null)
                collector.emit(new Values(tokens[0],city));
        }

    }

    @Override
    public void declareOutputFields(OutputFieldsDeclarer
        outputFieldsDeclarer) {
        outputFieldsDeclarer.declare(new
            Fields("countryCode","city"));

    }
}
```

(3) 我们下一个bolt是对所有城市人口求和，得到国家的人口数。下面的代码段演示了这一点。和前面一样，我们扩展了BaseRichBolt抽象类。在prepare方法中，我们初始化一个HashMap用于保存每个国家人口数的临时值。在execute方法中更新这些临时的人口数，最后将国家编号和人口数作为一个tuple，发送出去：

```
package MasteringStorm;

import backtype.storm.task.OutputCollector;
import backtype.storm.task.TopologyContext;
import backtype.storm.topology.OutputFieldsDeclarer;
import backtype.storm.topology.base.BaseRichBolt;
import backtype.storm.tuple.Fields;
import backtype.storm.tuple.Tuple;
import backtype.storm.tuple.Values;

import java.util.HashMap;
import java.util.Map;


public class SumPopulationForCountryBolt extends
    BaseRichBolt {

    private HashMap<String, Long> countryCodePopulationMap;
    private OutputCollector outputCollector;


    @Override
```

```
public void prepare(Map map, TopologyContext
    topologyContext, OutputCollector outputCollector) {

    this.outputCollector = outputCollector;
    this.countryCodePopulationMap = new HashMap<>();
}

@Override
public void execute(Tuple tuple) {

    String countryCode = tuple.getString(0);
    String city = tuple.getString(1);
    String[] tokens = city.split(",");
    Long population = Long.parseLong(tokens[4]);

    if(countryCodePopulationMap.containsKey(countryCode)) {
        Long savedPopulation =
            countryCodePopulationMap.get(tokens[0]);
        population += savedPopulation;
        countryCodePopulationMap.remove(countryCode);
    }

    countryCodePopulationMap.put(countryCode,
        population);
    outputCollector.emit(new Values(countryCode,
        population));

}

@Override
public void declareOutputFields(OutputFieldsDeclarer
    outputFieldsDeclarer) {
    outputFieldsDeclarer.declare(new
        Fields("countryCode", "population"));

}
}
```

7

(4) 现在，我们有一个发送tuple的spout，一个过滤无效tuple的bolt，还有一个对人口数求和的聚合bolt，让我们来创建一个topology。正如我们之前看到的，创建topology就是建立spout和bolt之间的连线。下面的代码演示了如何构造和提交一个由spout和bolt组成的topology。

使用TopologyBuilder对象来创建topoloty。它用setSpout和setBolt这两种方法来设置topology中的spout和bolt。也可以指定spout和bolt的名字。setBolt方法返回一个Topology-Builder.BoltGetter对象。这个对象允许不同类型的分组。分组也可以被认为是就是流分区指令。

在代码段的前半部分，我们使用shuffleGrouping方法来连接FilterCityBolt和ReadCitySpout。然后，我们使用fieldsGrouping方法来连接SumPopulationForCountry-Bolt和FilterCityBolt。这是因为我们想要按国家来聚合人口数，并且想把相同国家的tuple放到同一个bolt任务中去。

使用StormSubmitter辅助类将topology提交到Apache Storm集群。我们使用Config对象来指定任何额外的配置值。在这个例子中，我们设置了调试，以及我们从命令行得到的文件名。

下面是Apache Storm自带的七种流分区模式。

- **Shuffle grouping**：每个tuple都会被随机分配给Bolt任务。这种模式会努力保证每个Bolt任务可以分配到相同数量的tuple。
- **Fields grouping**：基于某个特定的字段值，tuple将被发送到某个单一的Bolt任务。在本节使用的代码中，我们按countryCode字段进行分组，保证有相同国家编号的tuple能被发送到同一个任务。
- **All grouping**：每个生成的tuple都会被复制，然后发送到所有的Bolt任务。
- **Global grouping**：整条流都被发送到一个单一的Bolt任务。当计算全局指标时，这是非常有用的。
- **None grouping**：目前这种模式默认为Shuffle grouping。将来，它会规定强制在Bolt或Spout的同一个线程中执行。
- **Direct grouping**：这种情况下，由产生tuple的Bolt或Spout自己来决定这个tuple该发送到哪个Bolt。
- **Local or Shuffle grouping**：如果接受tuple的Bolt在同一个worker进程中存在着另外一些类似生产者的任务，那么tuple就会在进程内洗牌，否则，就回退到Shuffle grouping模式。

```
package MasteringStorm;

import backtype.storm.Config;
import backtype.storm.StormSubmitter;
import backtype.storm.topology.TopologyBuilder;
import backtype.storm.tuple.Fields;

public class MasteringStormTopology {

    public static void main(String[] args){

        Config config = new Config();
        config.setDebug(true);

        if(args != null){
            System.out.println(args.length);
        }

        System.out.println(args[0]);
        config.put("city.file", args[0]);

        TopologyBuilder topologyBuilder = new
            TopologyBuilder();

        topologyBuilder.setSpout("cities", new
```

```
            ReadCitySpout(), 3);
    topologyBuilder.setBolt("filter", new
        FilterCityBolt(), 3).shuffleGrouping("cities");
    topologyBuilder.setBolt("group", new
        SumPopulationForCountryBolt(),
            3).fieldsGrouping("filter", new
                Fields("countryCode"));

    try {
        StormSubmitter.submitTopology("test-filtering-storm",config,
                topologyBuilder.createTopology());

    }
    catch(Exception ex){
        ex.printStackTrace();
    }


}


}
```

使用类似下面的命令可以将topology提交到Storm集群：

```
storm jar MasteringStormOnYarn-1.0-SNAPSHOT-jar-with-dependencies.jar
MasteringStorm.MasteringStormTopology worldcitiespop.txt
```

如果你使用Maven来创建topology JAR文件，在指定Apache Storm依赖时请使用<scope>provided</scope>标签。如果没有使用这个标签，Apache Storm JAR文件和default.yaml文件会被打包到JAR文件。这样会导致多个default.yaml文件，并产生一个运行时的错误。下面的代码显示了pom.xml中的依赖部分。

```
<dependencies>
    <dependency>
        <groupId>storm</groupId>
        <artifactId>storm-core</artifactId>
        <version>0.9.0</version>
        <scope>provided</scope>
    </dependency>
</dependencies>
```

7.2.5　Apache Storm 0.9.1

Apache Storm 0.9.1发布于2014年2月。跟Storm的老版本相比，它有很大的改进。Apache Storm的最新发布可以在http://storm.apache.org/downloads.html中找到。一些主要的改进点如下所示。

❑ **基于Netty的传输**：在此之前，Apache Storm使用0MQ作为传输。0MQ需要在群集中安装自身的二进制文件，这点很乏味。Netty是基于Java的传输，能保证集群中跨节点间的可移植性。而且它还具有很优越的性能特点，可以提供几乎两倍多的消息吞吐量。

❑ **Windows的支持**：Apache Storm现在可以运行在Windows平台上。这对于那些运行在Windows上的大规模集群来说，具有重大意义。

❑ **Apache软件基金会**：Apache Storm是Apache软件基金会的孵化项目。这将带来更高的社区影响力，同时也可以为软件提供发布和授权结构。

❑ **Maven的集成**：Apache Storm主要是用一种基于JVM的Lisp编程语言Clojure编写而成。Leiningen曾经是一个很流行的Clojure构建工具，Storm就是基于Leiningen创建的。然而，随着Apache Storm成为Apache软件基金会的孵化项目，构建工具的选择就成为发布管理的一项重要特征。Apache Storm现在使用Maven构建系统，这使得它可以更快更频繁地发布新版本。

7.3　基于 YARN 的 Storm

在第6章中，我们创建了一个执行分布式shell命令的YARN应用。Storm就是这样一种应用，由雅虎带入到YARN。现在，任何运行YARN的Hadoop集群都可以为那些低延迟、实时的应用程序执行流式处理了。一旦部署完毕，Application Master和Client程序就可以执行Storm了。GitHub上的开源地址是https://github.com/yahoo/storm-yarn。

7.3.1　在YARN上安装Apache Storm

现在可以直接从GitHub上安装Apache Storm-on-YARN。本节假设使用的是Hadoop 2.2.0集群。

前提条件

下面的前提条件对于安装Storm-on-YARN来说是必须的。

❑ Java 7
❑ Maven：需要在网关机器上安装Maven，用于编译和部署Storm-on-YARN的Application Master和Client。

- `wget http://mirror.symnds.com/software/Apache/maven/maven-3/3.1.1/binaries/apache-maven-3.1.1-bin.tar.gz`
- `tar -zxvf apache-maven-3.1.1-bin.tar.gz`
- `mkdir -p /usr/lib/maven`
- `mv apache-maven-3.1.1 /usr/lib/maven`
- `vi ~/.bash_profile and add $PATH=$PATH:/usr/lib/maven/bin`

7.3.2　安装过程

执行以下的安装步骤。

(1) 可以从GitHub上下载Storm-YARN存储库的副本。如果你已经安装了Git，就可以在本地克隆存储库：

```
wget https://github.com/yahoo/storm-yarn/archive/master.zip
```

(2) 解压下载的master.zip：

```
unzip master.zip
```

(3) 现在，需要修改Maven的配置文件pom.xml，指定我们要使用的Hadoop版本。我们正使用2.2.0，所以在`hadoop.version`这个XML标签里写明：

```
<properties>
    <storm.version>0.9.0-wip21</storm.version>
    <hadoop.version>2.2.0</hadoop.version>
    <!--hadoop.version>2.1.0.2.0.5.0-67</hadoop.version-->
</properties>
```

(4) Storm-YARN项目的二进制文件在下载的工程文件的lib文件夹中：

```
mkdir ~/working-dir
```

(5) 进入storm-yarn-master目录：

```
cd storm-yarn-master
cp lib/storm.zip ~/working-dir
```

(6) 将storm.zip文件放到HDFS上，这样它就可以被部署到Hadoop集群中的所有节点。现在，在Storm-YARN的AM中将这个路径硬编码为`/lib/storm/<storm-version>`：

```
hadoop fs -mkdir /lib
hadoop fs -mkdir /lib/storm
hadoop fs -mkdir /lib/storm/0.9.0-wip21
hadoop fs -put storm.zip /lib/storm/0.9.0-wip21
```

(7) 在工作目录中将storm.zip文件解压，然后添加到路径中：

```
unzip storm.zip
vi ~/.bash_profile
```

(8) 将storm-yarn-master和storm的bin路径添加到`PATH`环境变量：

```
export STORM_HOME="<your path>/working-dir/storm-0.9.0-wip21"
export STORM_YARN_HOME="<your path>/storm-yarn-master"
export PATH=$PATH:$STORM_HOME/bin:$STORM_YARN_HOME/bin
```

(9) 进入storm-yarn-master目录，然后执行Maven打包命令：

```
cd storm-yarn-master
mvn package
```

(10) Maven打包命令将创建Application Master和Client程序。此外，它会运行测试来验证一切是否顺利。强烈推荐运行测试以便尽早发现任何问题。你也可以使用下面的命令来跳过测试：

```
mvn package -DskipTests
```

(11) 正如我们在7.2.1节中所看到的，Zookeeper被用来在Nimbus和Supervisor守护进程之间协调通信。所以在启动Storm之前，先安装Zookeeper集群是很重要的：

```
wget
http://www.gtlib.gatech.edu/pub/apache/zookeeper/zookeeper-3.4.6/zookeeper-3.4.6.t
ar.gz
```

(12) 解压下载的包，然后将它放到合适的地方：

```
tar zxvf zookeeper-3.4.6.tar.gz
```

(13) Zookeeper将所有的配置信息都保存在磁盘上。进入Zookeeper安装目录的conf文件夹中，按照提供给你的模板，创建一个zoo.cfg文件，然后检查中间的设置。最重要的是，dataDir设置项中指定的目录一定要存在：

```
cd conf
cp zoo_sample.cfg zoo.cfg
vi zoo.cfg
```

下面是我机器上的Zookeeper的配置：

```
# 每个tick的毫秒数
tickTime=2000
# 最初同步阶段花费的tick数
initLimit=10
# 发送请求和得到答复间的tick数
syncLimit=5
#保存 snapshot的目录
# 不要存储在/tmp，这里的/tmp只是个例子
dataDir=/data/zookeeper
# 客户端端口
clientPort=2181
```

进入bin文件夹，执行下面的命令来启动Zookeeper：

```
cd bin
./zkServer.sh start
```

一旦Zookeeper启动，我们就可以通过下面的命令将Apache Storm应用提交到我们的Hadoop YARN集群。

```
storm-yarn launch
```

这可能需要几分钟时间。执行jps命令来检查所有的必要服务是否都已经在运行：

```
jps
```

下面的截屏显示了所有需要运行的必要服务：

```
24122 NameNode
26242 Jps
25948 QuorumPeerMain
24305 SecondaryNameNode
77620
26075 nimbus
26076 core
24418 ResourceManager
26171 worker
26173 worker
26172 worker
24503 NodeManager
26131 supervisor
24204 DataNode
26061 MasterServer
26226 worker
```

QuorumPeerMain服务是就是Zookeeper的服务。由于我的集群就运行在一个节点上，所以我们只看到一个supervisor。另外也可以看到Nimbus守护进程。MasterServer是Storm的Application Master，它是生成Nimbus的容器。另外还有很多worker进程，这些其实就是跑在Storm上的topology。我们马上就会看到如何运行一个topology。现在，在你的机器上可能还看不到这些worker进程。

你可以通过下面的命令来查看YARN上应用的ID：

```
yarn application -list
```

下面的截屏显示的是执行list命令后，YARN RM给出的输出。在本例中，Storm应用的ID是application_1404566721714_0004：

你也可以连接RM的页面来查看应用的ID，如下面的截屏所示：

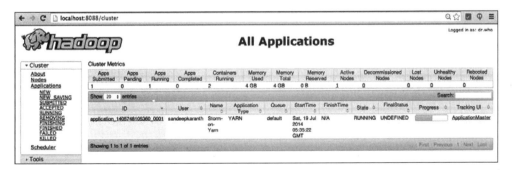

Apache Storm的配置可以保存在用户home目录下的.storm目录中。这样一来，每当我们提交topology到集群时，Storm都会自动从这个路径加载配置：

```
storm-yarn getStormConfig -appId <appId from YARN> -output ~/.storm/storm.yaml
```

storm.yaml文件中记录了Apache Storm集群的配置。一定要检查它的内容是否正确。比如，`nimbus.host`属性显示了正在运行Nimbus守护进程的机器。所有的Zookeeper配置、超时设置，以及其他属性都可以在这个配置文件里进行设置。

现在Apache Storm集群启动并运行了，是时候提交一些topology进行测试了。Storm YARN自带一些测试用的topology，比如`storm.starter.WordCountTopology`和`storm.starter.ExclamationTopology`。可以通过运行这些测试用的topology来检查集群部署是否正确。

使用下面的命令来运行topology：

```
storm jar storm-starter-0.0.1-SNAPSHOT.jar
storm.starter.WordCountTopology
```

下面的命令也可以：

```
storm jar storm-starter-0.0.1-SNAPSHOT.jar
storm.starter.ExclamationTopology
```

Apache Storm自带监控topology的页面。这个页面的访问路径在网关机器的7070端口。下面的截屏显示的是一个运行着上述两个测试topology的Storm集群。

在每个节点上执行`jps`命令可以查看该节点上是否运行着worker进程。

点击某个topology可以查看它的详细信息。下面的截屏显示的是集群上正在运行的`ExclamationTopology`的详细信息，给出了正在运行的bolt和spout的详细数据。也可以对这个

topology执行一些动作。目前允许对这个topology进行activate/deactivate、kill和rebalance动作。

下面的截屏显示的是ExclamationTopology的日志快照。这些日志由运行topology的容器所产生。ExclamationTopology在spout产生的每个单词后面加上!!!字符串。本例中的spout，从单词列表中随机选择一个单词发送给bolt。exclaim1 bolt给这个单词加上三个感叹号，然后将它转发到exclaim2 bolt，接着exclaim2 bolt又给它加上三个感叹号。

从日志中看到，exclaim1的输出总是有三个感叹号，而exclaim2的输出有六个感叹号。spout随机发送的单词来自spout中定义的单词集合。

不通过页面，我们也可以使用Apache Storm命令去终止一个topology。终止过程将分为以下几步。首先，topology中的spout将会停用。然后，Apache Storm等到超时后，就终止worker并清理所有状态。在此期间，worker可以将那些它们已经收到的tuple处理完毕。可以使用-w参数指定这个超时的值：

```
storm kill <topology-name> [-w wait_for_seconds]
```

同样，Apache Storm提供了其他的命令来管理topology。我们之前就曾用jar命令在一个集群中实例化topology。这里有一点很重要，它会自动从home路径下的.storm目录中加载Storm的配置。

使用Storm-YARN shutdown命令可以停止集群中的整个Apache Storm应用。使用方法如下：

```
storm-yarn shutdown -appId <application id>
```

不论是Apche Storm还是Storm-YARN都有很多其他命令。Apache Storm的命令管理已经部署的Storm实例，而Storm-YARN命令通过和RM的联系管理YARN上的Storm应用。

使用下面的命令可以看到全部完整的Apache Storm命令：

```
storm help [command]
```

使用下面的命令可以看到全部完整的Storm-YARN命令和参数：

```
storm-yarn help
```

下面列出了一些重要的Storm命令。

❏ activate：这个命令用来激活spout，就好似打开一个水槽的水龙头就得到了水流，激活spout就可以启动tuple的流。

❏ deactivate：这个命令用来停用spout，就好似关上水龙头，这个命令可以停止tuple的流。

❏ dev-zookeeper：这个特殊的命令用来在开发、调试和测试时实例化Zookeeper集群。当我们在测试Storm-on-YARN包的时候可以使用这个命令。这个临时集群的一些属性，如dev.zookeeper.path属性指定了Zookeeper数据目录的路径，storm.zookeeper.port属性指定了Zookeeper进程的端口。

❏ drpc：这个命令用来启动分布式PRC守护进程。这种分布式RPC是一种特殊的、流经Storm的RPC模式。使用Apache Storm topology可以并行地处理密集的RPC调用。函数名和参数形成了输入流中的tuple。

❏ list：这个命令用来列出Apache Storm集群中正在运行的topology。

❏ localconfvalue：这个命令用来打印某个指定属性的值。属性值来自.storm目录中的storm.yaml文件（default.yaml文件中的属性已经被合并到这个文件中）。

- logviewer：这个命令用来启动可以直接在网页上查看日志的端口连接。
- nimbus：这个命令用来启动Nimbus守护进程。
- rebalance：往集群中添加节点可能会要求重新分配集群中的工作量。有两种方法可以使用：第一种是终止再重启topolgy，第二种是使用这个rebalance命令。rebalance命令先停用系统中的spout，然后重新分配工作量，最后再激活spout。rebalance命令同样可以用来改变集群中worker的并行度。
- remoteconfvalue：这个命令用来打印集群中某台机器上的某个属性的值。storm.yaml文件的路径是$STORM-PATH/conf/storm.yaml。同样，这个文件也已经合并了default.yaml文件的属性。
- supervisor：这个命令用来启动supervisor守护进程。
- ui：这个命令用来启动UI守护进程。网页的端口在storm.yaml文件中给出。

7.4 小结

流式处理模式最主要的目标是满足低延迟应用的需求。Storm-on-YARN项目将这种模式带入了Hadoop。现在，相关人员在一个Hadoop集群上既可以进行流式处理，又可以进行批处理，可以满足不同类型的应用需求。

有很多流式处理的框架可以使用，比如Microsoft SQL Server StreamInsight、S4、Apache Storm，等等。相比而言，Apache Storm是开源的，也是Apache软件基金会的一部分，它集成了Hadoop，背后还有一个庞大的社区，这些都使得它对于分布式流式处理来说，充满了吸引力。

本章学到的主要内容如下所示。

- Apache Storm的基本数据模型是一组被称为流的、无限且有序的tuple。
- 长期存在的查询被作为计算topology进行建模。数据流流经这些topology。
- Apache Storm提供以下两种原语。

  - spout：它们将输入数据转换成流。
  - bolt：它们接受一条输入流，对其进行一些处理，然后再输出另一条流。

- Apache Storm在分布式环境下提供了可靠的消息传递和容错性。
- Apache Storm使用Thrift来指定topology，因此它与语言无关。
- Storm-on-YARN是一个正在发展中的开源项目，最初由雅虎发起，它将Apache Storm带入了运行YARN的Hadoop集群。

下一章，我们会详细探讨Hadoop的云支持，尤其是亚马逊的，目前亚马逊是最大的云服务供应商之一。

第 8 章

云上的Hadoop

云计算这种模式使计算成为了公用设施。就像电网和水力供应给个人家庭带来水电一样，云计算允许个人和企业不论规模大小都可以利用通过网络连接而成的、集中式的计算资源来执行所需的任务和运行他们的应用。

本章中，我们将：

- ❑ 纵观云计算的特点和优势
- ❑ 比较研究亚马逊AWS和微软Azure所提供的云上的Hadoop，这两者都是目前云计算领域的领头羊
- ❑ 深入研究被称为Elastic MapReduce（EMR）的由亚马逊托管的Hadoop服务的细节
- ❑ 研究如何在几分钟内部署完成一个EMR集群，并运行MapReduce作业

8.1 云计算的特点

美国国家标准与技术研究院（NIST，www.nist.gov）将以下五个重要特点定义为云计算的本质。

- ❑ **按需的自助服务**：云计算的消费者可以随时快速获取和取消资源。无需和服务供应商进行交互，消费者就可以单方面地以自助服务的形式获取资源。比如，凭借云计算，某个组织可以通过他们办公室里的某个控制台来获取所需配置的Hadoop集群，而不需要打电话给亚马逊通知他们。
- ❑ **无处不在的网络访问**：通过网络进行云计算的自助服务十分方便，从手机到桌面电脑的各类客户端都可与云计算服务进行交互，使用像HTTP之类的标准通信协议与服务供应商之间进行通信。
- ❑ **资源池**：云计算整个设置是多租户的，也就是说，服务供应商将计算资源汇集成资源池，消费者们在资源池上操作他们的工作。这样可以按需求变化，动态地调整消费者之间的物理资源。
- ❑ **快速而灵活**：单个消费者所使用的资源可以在很短的时间内按需扩展和收缩。大多数云计算供应商也提供了自动伸缩功能，资源规模的扩展或收缩取决于消费者自己定义的一套条件规则。使用基于云的服务带给消费者一种容量无限的感觉。

❑ **计量付费服务**：云服务供应商测量、监控并报告每个租户的使用情况。测量的情况对于消费者是透明的，并且收费也是基于此计算的。云计算服务始终遵循用多少付多少的模式，即消费者只需要为他所使用的服务买单就行。比如，消费者在三个节点上搭建了Hadoop集群，运行了一个小时的MapReduce作业，然后作业一结束就停止了集群，这样的话，云计算服务供应商只会对消费者收取三个节点上一个小时计算时间的相关费用。

在云上运行Hadoop集群的理由如下。

❑ **成本更低**：在企业内实施分析工作往往是数据处理管道中的最后一步。在实施以前，需要对不同数据集上的分析和试验进行改进式的迭代。而在实施分析工作之前就准备一个内部的Hadoop集群可不算一件节俭的事，因为这牵扯到很大的资金支出。而且只要是在这个阶段提供的内部集群，要么过度浪费，要么无法满足需求。有了云计算，这种情况就得到了缓解，因为企业可以基于他们的需求来租借集群而无需支付集群的资金成本。另外，传统上，配置这样一个集群的硬件和软件需要花费数月时间，而有了云计算模式，这只需要几分钟。

❑ **具有伸缩性**：不论是实验过程还是原型设计，其工作负载都是变化的。凭借以伸缩性而闻名的云基础设施，可以搭建不同规模的Hadoop集群，并且可以基于作业需求添加和移除节点，而且这种向内或向外的集群扩容也可以是动态的。

❑ **便于管理**：云端的自助服务模式使管理和维护集群更容易。这不仅对管理成本意义重大，从故障恢复时间来看也是如此。

基于云的软件可以分为三种服务模型。

❑ **基础设施即服务**（Infrastructure as a Service，IaaS）：云服务供应商提供物理或虚拟机作为服务。

❑ **平台即服务**（Platform as a Service，PaaS）：云服务供应商提供计算平台作为服务，这种计算平台可以是执行运行时、数据库、Hadoop集群或web服务器。

❑ **软件即服务**（Software as a Service，SaaS）：云服务供应商提供软件应用程序作为服务。

当我们从IaaS迁移到SaaS后，随着服务成本的降低，应用程序配置的灵活性也降低了。云上Hadoop是PaaS模型，有时候也称为Hadoop即服务（Hadoop as a Service，HaaS）。这种分布式计算框架连同HDFS一起为用户提供服务。

8.2　云上的 Hadoop

所有主要的云服务供应商都把Hadoop作为PaaS，如亚马逊的Elastic MapReduce、微软的HDInsight、谷歌基于Google Cloud平台的Hadoop服务，它们都是这个领域中的领跑者。早在2009年，亚马逊就率先开始提供Hadoop云服务。

我们对EMR和HDInsight进行了简单比较，如下表所示。

亚马逊 AWS EMR	微软 Azure HDInsight
发布于2009年，服务与技术成熟度超过5年	发布于2012年，服务与技术成熟度约为2年
对新用户而言，因为AWS很流行，所以学习门槛低。EMR集成在流行的AWS控制台中	人们渐渐地开始选择微软Azure，但是它还没有像AWS一样那么流行。HDInsight同样集成在微软Azure控制面板中
能基于MapR Hadoop发行版部署集群	可部署的Hadoop发行版仅限于与Hortonworks合作的微软发行版
不支持微软Windows	其运行的Hadoop发行版为微软Windows量身定制
略微便宜	相比EMR略贵
终端用户工具较落后	能更好地与微软Office套件集成。例如，提供了Hive ODBC驱动和Hive Excel插件用于前端可视化分析
原生支持Java、Pig和Hive。可以使用Hadoop Streaming来运行其他可执行程序/脚本	原生支持 C#、Java、Javascript、Pig和Hive。可以使用Hadoop Streaming来运行其他可执行程序/脚本

8.3　亚马逊 Elastic MapReduce

亚马逊AWS以PaaS的形式提供Hadoop服务。公司和个人可以联机搭建Hadoop集群，然后在上面运行作业、下载结果。使用EMR搭建Hadoop只需点击几下鼠标，分分钟就能搞定。

 　　使用亚马逊Web Service需要一个亚马逊账号。访问http://aws.amazon.com可以免费注册一个账号，但必须提供信用卡信息。不过，只有当使用的亚马逊服务超出了免费范围，才会收取费用。注册后的电子邮件地址就是用户名。

在Elastic MapReduce创建和运行作业一般遵循如下步骤。

(1) 使用Hadoop MapReduce API、Hive、Pig或用户选择的其他语言在本地Java环境中开发应用。使用 Hadoop Streaming 可以在集群中执行非 Java 语言的应用。开发者指南见http://docs.aws.amazon. com/ElasticMapReduce/latest/DeveloperGuide/emr-what-is-emr.html上。

(2) 将应用程序以及相关数据保存在亚马逊S3中。S3是亚马逊提供的可伸缩的存储服务。在亚马逊S3中保存数据有多种途径。很多客户端可以用于数据上传，或者也可以使用Web接口。数据也可以直接写入EMR集群上的HDFS。

(3) 使用管理控制台指定集群配置和启动集群。集群配置包括集群中机器的类型，Hadoop的运行版本以及需额外安装在集群上的应用程序。集群搭建完毕后，所要执行的动作也含在此步骤内。

(4) 集群随后启动，完成数据处理，把结果数据迁移到S3或直接从集群上的HDFS中读取。

在EMR上搭建Hadoop集群

在EMR上搭建Hadoop集群，有以下几个步骤。

(1) 获得了亚马逊账户后，请访问https://console.aws.amazon.com，使用亚马逊账号认证信息进行登录。以下屏幕截图展示了AWS控制台页面，其中列出了亚马逊提供的所有云服务。我们感兴趣的服务有S3、可伸缩的云存储服务、Elastic MapReduce和Hadoop托管服务。

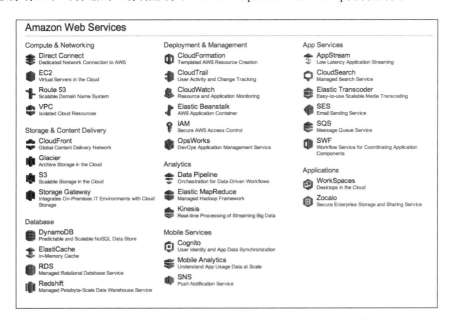

(2) 点击Elastic MapReduce，用户进入到EMR服务管理页面。以下屏幕截图展示了EMR页面，其中简要介绍了EMR和启动集群的主要步骤。Create cluster按钮用于启动Hadoop集群向导。

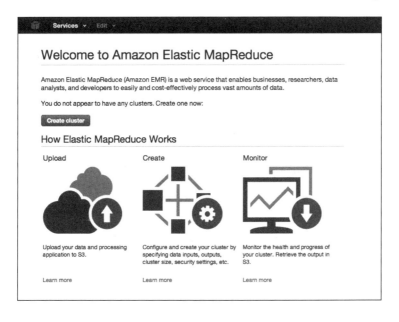

(3) 在启动集群之前，必须上传数据以及相关应用程序到S3。在顶部导航栏使用Services下拉框，用户可快速导航到任何亚马逊云服务的管理控制台。可选择S3进入S3管理控制台。以下屏幕截图展示了S3管理控制台。

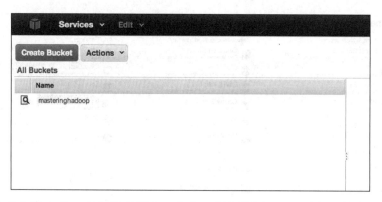

(4) 不论上传何种文件，事先都必须在S3中有一个存储桶。一旦选择了特定的存储桶，就可以使用Upload按钮来上传文件到S3。那里有一个按钮用于在存储桶中创建文件夹。Actions下拉框列出了许多其他操作，如复制、移动、下载、设置文件或文件夹的访问控制权限。文件列表显示了元数据属性，如大小、存储类、某特定文件最后修改的时间戳。必须指出的是，文件夹没有这些元数据属性，因为它们没有任何底层结构。有很多S3文件管理器可以用于上传文件到S3，或者通过web接口来上传，如以下屏幕截图所示。

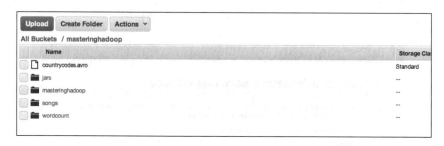

> S3把文件保存在称为**存储桶**（bucket）的容器中。存储桶是单个账户的一部分，而且必须是唯一的。可以将存储桶分配至不同区域（region），这样可以为接近该区域的用户提供低延迟的文件服务。
>
> 存储桶含有文件夹和文件。文件夹是伪结构，作为文件名的前缀。存储桶是一种扁平容器，不包含任何文件夹层次结构。以下屏幕截图展示了一个S3账号里的MasteringHadoop存储桶中的文件夹和文件。

亚马逊EMR提供了许多样例作业，这些作业可以运行在已搭建完毕的集群上。其中一个JAR是用于字数统计（word count）的Hadoop Streaming程序。此程序用Python写成，用于统计文档中字符的数量。S3公用桶中已存有这个程序和需要统计字符数量的文件,任何人都可以用来测试EMR。

> 每个Hadoop发行版都有Hadoop Streaming这个实用工具。它可以使用任何可执行程序或脚本来运行Hadoop作业。开发者可以选择任何语言来编写可执行程序。Hadoop Streaming特别适用于在Hadoop环境中执行遗留应用程序。但不要把Hadoop Streaming与我们前章介绍的流式计算相混淆。

(5) 我们将首先使用Services导航下拉框回到EMR控制台,然后点击控制台上的Create cluster按钮。

Create Cluster页面有多个配置区。每个配置区对应配置集群的特定方面。

(6) 第一个配置区是Cluster Configuration,描述了集群属性。以下屏幕截图展示了Create Cluster页面上的这个配置区,下面列举了其中的一些属性。

- **集群名**(cluster name):为集群设置一个易记名称,要便于识别和管理这个集群。本例中,集群名称是MasteringHadoopWordCount。
- **终止保护**(termination protection):这个属性设为Yes,如以下屏幕截图所示。当开启这个保护后,一旦遇到故障就能避免集群终止。如果需要终止集群,可以在终止前将此属性设置为No。建议开启这个属性,因为即使在终止集群前也有可能需要回滚集群实例数据,否则所有集群实例的数据都会丢失。
- **日志打印**(logging):可以开启日志打印功能,还能指定一个S3路径用于转储日志文件。日志文件会被写入到主节点(Master Node)中的/mnt/var/log目录下。每隔5分钟,这些文件会被复制到S3。
- **调试**(debugging):开启调试后,会在SimpleDB中创建日志文件的索引。

(7) 下个配置区是Tags。EMR可以设置多达10个键–值字符串。这些标签保存在底层EC2实例中,这些EC2实例运行着Hadoop集群。标签可以作为有效的元数据,帮助分类管理EMR集群和EC2实例。

8

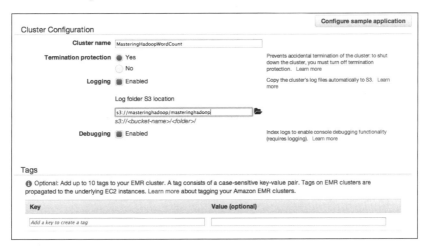

(8) 我们将在下个配置区配置要搭建的EMR集群的软硬件。下个屏幕截图展示的页面包含了这两个配置区。

在软件配置（software configuration）区，有以下配置点。

- **Hadoop发行版**（Hadoop distribution）：在这里设置集群所用的Hadoop发行版。亚马逊有自己的Hadoop发行版，这个发行版对亚马逊EC2实例进行了优化，也同样支持MapReduce的Hadoop发行版。AMI version下拉框给出了可用的Hadoop发行版本，包括2.4.0、2.2.0、1.0.3和0.20.205。每个Hadoop版本都对应于不同的AMI。为了在本书中保持一致，在之前的屏幕截图中，我们选择Hadoop 2.2.0，它安装在版本为3.0.4的AMI上。
- **额外组件**（additional application）：可以向集群中添加额外的组件。默认情况下，已安装了Hive和Pig。如果你的作业不需要这些组件，可以移除它们。这个版本的Hadoop还带有另外三个组件，即HBase、Impala和Ganglia。

在硬件配置（hardware configuration）区，有以下配置点。

- **网络**（network）：可以通过虚拟私有云（Virtual Private Cloud，VPC）连接私有云来处理敏感数据。如以下屏幕截图所示，我们会选择默认的VPC。
- **EC2子网**（EC2 Subnet）：可以使用下拉框来选择EC2子网。你所在区域内所有可用子网都会显示出来。此处有个选项可以选择随机子网，如以下屏幕截图所示。
- **实例信息**（instance information）：可指定三种EC2实例类型：
- **主节点**（master）：这个EC2实例负责给不同的核节点和任务节点分配任务。必须设置一个主节点实例。
- **核节点**（core）：这些节点不但执行任务而且也可充当数据节点。本例中，我们设置Core实例的数量为2。我们选择尽可能小的VM，m1.medium。亚马逊提供了很多其他的VM，这些VM拥有不同的CPU和内存。
- **任务节点**（task）：这些节点只能执行任务。它们没有DataNode组件，因此它们不是HDFS的一部分。

(9) 下一步是安全与访问（security and access）配置区。它允许用户对集群配置访问控制权限和指定访问密钥。如果你想安全登录到任意EC2实例，一个亚马逊EC2密钥对是必不可少的。当通过ssh连接到EC2时，需使用带有密钥对的PEM文件。有关如何设置密钥对的说明，可见https://docs.aws.amazon.com/ElasticMapReduce/latest/DeveloperGuide/emr-plan-access-ssh.html。在本例，我们使用MasteringHadoop作为密钥对，通过ssh来访问集群。同样，我们通过在IAM user access中选择No Other IAM users，从而不允许其他任何AWS用户访问集群。EMR支持基于角色的访问控制权限，这里可选择两种访问控制授权。

Software Configuration

Hadoop distribution ● Amazon	Use Amazon's Hadoop distribution. Learn more
AMI version	Determines the base configuration of the instances in
3.0.4	your cluster, including the Hadoop version. Learn more
○ MapR	Use MapR's Hadoop distribution. Learn more

Applications to be installed	Version			
Hive	0.11.0.2	✏	✖	❷
Pig	0.11.1.1	✏	✖	❷

Additional applications　Select an application

Configure and add

Hardware Configuration

ℹ Specify the networking and hardware configuration for your cluster. If you need more than 20 EC2 instances, complete this form. Request Spot instances (unused EC2 capacity) to save money.

Network	vpc-2a968d48 (172.31.0.0/16) (default)	Use a Virtual Private Cloud (VPC) to process sensitive data or connect to a private network. Create a VPC
EC2 Subnet	No preference (random subnet)	Create a Subnet

	EC2 instance type	Count	Request spot	
Master	m1.medium	1	☐	The Master instance assigns Hadoop tasks to core and task nodes, and monitors their status.
Core	m1.medium	2	☐	Core instances run Hadoop tasks and store data using the Hadoop Distributed File System (HDFS).
Task	m1.medium	0	☐	Task instances run Hadoop tasks.

(10) 在EMR role下拉框中选择一个角色，从而允许应用程序以这个角色访问其他AWS服务，如EC2。同样，在EC2 instance profile中设置一个角色，从而允许EMR中的EC2实例访问其他AWS服务。

8

Security and Access

EC2 key pair	MasteringHadoop	Use an existing key pair to SSH into the master node of the Amazon EC2 cluster as the user "hadoop". Learn more
IAM user access	○ All other IAM users ● No other IAM users	Control the visibility of this cluster to other IAM users. Learn more

IAM Roles

ℹ An IAM role for the EMR service and an EC2 instance profile for instances in an EMR cluster are recommended. You can create and assign these roles to limit the permissions of the EMR service and applications running on a cluster.

EMR role	No roles found　Create Default Role	Allows EMR to access other AWS Services such as EC2 on your behalf. Learn more
EC2 instance profile	No roles found　Create Default Role	Allows EC2 instances in an EMR cluster to access other AWS services such as S3. Learn more

(11) 下个配置区展示了如何为集群设置引导行为（bootstrap action)。如下面的屏幕截图所示，这个配置区可以指定设置脚本来设置启动集群前所需的任何特殊配置。Bootstrap action下拉框的选项用于配置Hadoop，配置守护进程，根据谓语执行脚本，或执行一些自定义操作。在本例，我们将忽略任何引导行为。

(12) 最后一个配置区是步骤（step)。在这里作业会被提交到Hadoop集群。在本例中，下拉框中的选项可执行Hive程序、Pig程序、Streaming程序、Impala程序，或自定义MapReduce Java JAR文件。我们将会了解如何从AWS EMR已存样例中选取添加streaming程序。此配置区还有一个自动终止行为（autoterminate action)，一旦执行了最后一步就会终止集群。在本例中，我们设置Auto-terminate单项框为No，因为我们希望显式终止集群。

本例中，我们从下拉框中选择一个Hadoop Streaming程序步骤。点击Configure and add按钮打开Add step向导，如下图所示。我们为这个步骤键入一个好记的名字。将Mapper任务设为一个Python程序，其S3的路径为s3://us-west-2.elasticmapreduce/samples/wordcount/wordSplitter.py。

Reducer字段设为aggregate。这是一个内建的reducer，用于计算每个键对应的值的总和。我们运行word count的所需文件在S3中的路径是s3://us-west-2.elasticmapreduce/samples/wordcount/input。这个可以在Input S3 location路径中指定。S3中的输出路径是s3://masteringhadoop/wordcount/output/2014-07-15/15-28-19，word count的结果就放在这个文件夹中。在Arguments框中可指定任何额外参数。我们也可以指定遇到故障时所要执行的步骤。本例中，无论遇到什么故障，我们都选择终止集群。另一个选项是继续执行后续步骤或取消并等待用户干预。我们接着点击Save按钮。在运行它之前，我们准备再检查一遍集群。

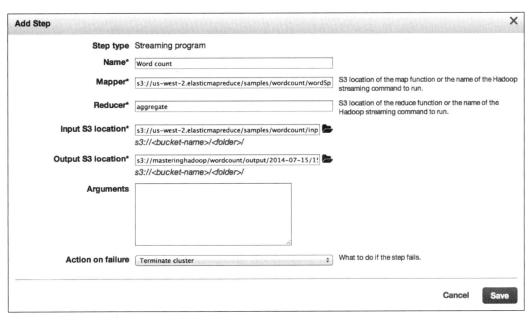

(13) Steps配置区现在看上去类似于以下屏幕截图。点击Create cluster按钮开始搭建集群。

(14) 现在EMR控制面板显示了运行中的集群列表。点击感兴趣的集群可以查看这个集群的详情。以下屏幕截图展示了集群的运行状态，其配置状态和各个集群组件的状态一览无遗。在截图中，主节点状态是Bootstrapping，另两个核节点的状态是Provisioning。

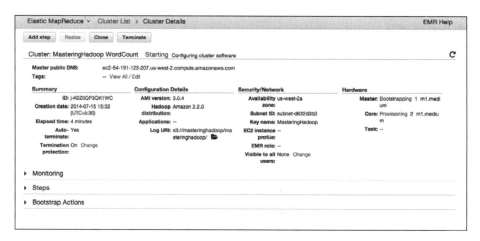

(15) 这个页面有可展开部分，展开后可以查看各个部分的详情。当我们展开Steps后，其详情如以下屏幕截图所示。可见Hadoop安装步骤已经完成，word count streaming程序当前正在运行。

(16) 右边的链接可以获取执行时作业的详情。点击当前处于执行步骤的作业的View jobs链接，会显示作业及其任务的详情，如以下屏幕截图所示。程序由3个正在执行的Reduce任务和12个Map任务组成。点击View attempts链接可以分析任务具体的尝试情况。每个任务的状态也显示在这个页面上。

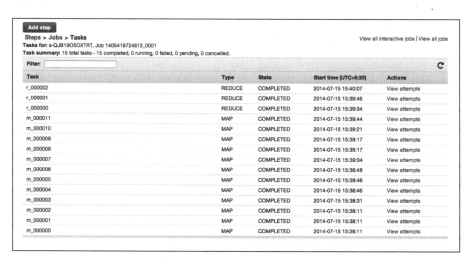

(17) 在EMR控制面板上展开集群信息，可以快速查看集群摘要。运行时间等细节都显示在这里，也可以看到各个步骤的运行时间，如以下屏幕截图所示。

(18) 最后，当作业完成后，可以在S3中查看到输出文件，而输出文件夹已经在启动任务时就指定了。以下屏幕截图展示了S3中的输出文件夹。我们作业中有3个Reduce任务，所以在S3中会产生3个输出文件，每个Reduce任务产生一个文件。

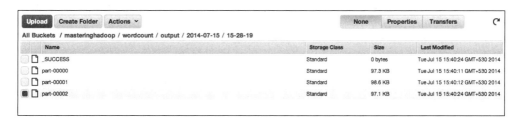

通过管理控制台，我们也可以运行Hive和Pig脚本，而这些脚本需要上传到S3。在软件配置步骤中，我们需要根据具体需求指定安装Hive和/或Pig。以下屏幕截图展示了集群的Software Configuration配置区，这里已安装了Hive和Pig。基于选择的AMI，会有对应版本的Hive和Pig。

8

我们将会了解到如何在EMR上交互式地运行Hive和Pig，而不是通过管理控制台批处理地运行它们。一旦集群搭建完毕，并装有Hive和Pig，我们就能安全地登陆到主节点。再次重申，一定要从亚马逊那里获取密钥对并分配给集群。如果这步没有完成，就不可能安全地登陆到集群。

以下屏幕截图展示了如何安全地登录到集群。主节点的DNS名可以从集群状态页那里复制而来。在本例中，主节点的DNS名是ec2-54-191-39-199.us-west-2.compute.amazonaws.com。

登录时一定要提供用户名，这一点同样重要。所有Hadoop服务都运行在hadoop用户下。

在主节点的命令行中输入各个程序的名称就可以启动Hive和Pig（Grunt）的shell，如以下屏幕截图所示。

现在可以在提示符中执行交互式命令。文件位置可以指定为s3://<bucket name>/<folder name>，以便从S3中读取它们。

8.4 小结

云计算对于实施分析以前的开发工作来说是一种经济而有效的方法。云计算的自助服务、计量付费以及弹性部署等特性成为它的成本优势。很多像Yelp和Netflix的公司在云上运行着大量的分析工作。对于所有主流的云服务供应商来说，Apache Hadoop都是一种可用的PaaS的提供方式。

本章学到的主要内容如下所示。

❑ 亚马逊的Hadoop服务称为Elastic MapReduce（EMR），发布于2009年左右。微软在2012年发布了Hadoop服务，称为HDInsight on Microsoft Azure。

❑ 使用AWS账号，只需几分钟就可启动一个Hadoop集群。当前，这种Hadoop集群的EC2实例数不能超过20。如要更多实例，需向亚马逊发送特殊需求邮件。有一点需要留意：使用后记得终止Hadoop EMR集群，否则，即使集群是闲置的也会产生费用。

❑ EMR提供很多Hadoop版本，最新版是2.4。它也提供MapR Hadoop发行版。

❑ 目前为止，EMR可以运行自定义JAR、Hive查询语句、Pig脚本和Hadoop Streaming程序。程序输入和MapReduce程序一般都保存在S3中，S3是亚马逊AWS提供的可伸缩的存储系统。

❑ EMR为Hadoop集群提供了细粒度的访问控制，可以定义角色并适当分配角色。

在下一章，我们会了解到HDFS如何被其他文件系统取代。有了HDFS替代策略，作业执行前的文件装载时间会显著减少，从而降低作业延迟。

8

第 9 章

HDFS替代品

底层文件系统对MapReduce计算模型的并行性和可伸缩性有极大的影响。大多数Hadoop发行版中默认的文件系统都是HDFS。HDFS自动对文件分块，然后复制文件并分散保存在集群的节点中。这种数据分布模式信息会提供给MapReduce引擎，然后引擎会智能地分配任务到节点上，从而最小化网络中传输的数据量。

然而，在很多用例中，HDFS并不一定是最佳选择。在本章，我们会了解到以下主题。

- ❏ HDFS与其他POSIX文件系统的优缺点比较。
- ❏ Hadoop支持的其他文件系统。其中一个是亚马逊云存储服务（Amazon's cloud storage service），称为简单存储服务（simple storage service，S3）。在Hadoop中，允许通过S3服务读写文件。
- ❏ Hadoop HDFS可扩展的特性。扩展HDFS有两种方式：提供全新的对象存储接口；提供即插即用的HDFS替代品。前一种方式需要修改MapReduce层，使其能通过新接口读取数据。而后一种方式则无需修改现存作业。
- ❏ 如何扩展HDFS，使其支持S3原生文件系统。

9.1 HDFS 的优缺点

HDFS有优点也有缺点。其优点如下所示。

- ❏ HDFS物美价廉的原因有两个。首先，HDFS文件系统可运行在普通存储磁盘上，这种磁盘的价格远低于企业级存储。其次，文件系统与计算框架共享这些硬件，如MapReduce。而且HDFS是开源的，用户无需缴纳使用费。
- ❏ HDFS的存在时间已超过7年，并且是公认的成熟技术。其背后有庞大的社区支持，且许多公司都在HDFS上存放了PB级的数据。
- ❏ HDFS优化了MapReduce的工作负载。它支持性能极高的顺序读写，这是MapReduce作业典型的数据访问模式。

但是，HDFS不能满足企业中涌现的所有数据需求。其主要缺点是HDFS不兼容POSIX。这意味着

- HDFS是不可变的，即不能修改文件。若要修改还不如从头创建。所以在HDFS演化的较晚期，引入了append操作，这是唯一可以修改文件的操作。
- HDFS不可被挂载。不同于兼容POSIX的文件系统，HDFS不能被挂载，然后进行操作。这导致无法使用很多流行的常用文件系统工具，如查询、浏览、操作数据的工具。
- HDFS对流式读取有所优化，但不擅长随机访问文件。这个缺点连同前两个缺点，让用户从整体上觉得操作HDFS中的文件很繁琐。
- 尽管HDFS对MapReduce作业有所优化，但是引入YARN后Hadoop演变成了一个通用集群计算框架。其他计算模型可能对底层文件系统的要求有所不同，而HDFS达不到那些要求。

9.2 亚马逊 AWS S3

简称为S3的Simple Storage Service是亚马逊公司提供的存储服务。服务基于冗余，提供可靠的数据存储。用户在S3上存储数据是收费的，收费标准基于存储使用总量。从S3中下载数据也是收费的，但是上传数据和在AWS服务间传输数据是免费的。这些极力吸引着用户在AWS上运行EMR（Elastic Map Reduce）和在S3上存储数据。

MapReduce作业可以使用S3来存储输入和输出数据。中间文件可以保存在本地磁盘或EMR集群中的HDFS。凭借这种方式也可以和公司同事轻松地分享输入数据和结果数据而不用担心数据丢失，另外数据安全性也很高。如果一个EMR集群意外宕机，除非数据被迁移，否则所有HDFS中的数据都会丢失。使用S3来存放输入和输出数据则降低了此类风险。

然而，S3明显比较慢，因为它不支持数据本地化，所以需要使用得当。最佳实践是MapReduce作业从S3中获取初始数据，然后把最终结果存回S3。串联MapReduce作业产生的所有中间结果应该存放在HDFS中。

Hadoop对S3的支持

Hadoop支持在集群和S3之间互传数据。Hadoop支持以下两种文件存储。

- **S3原生文件系统**（S3 native filesystem，s3n）：Hadoop中的S3原生文件系统对象以S3对象（S3 object）的形式对文件进行读写。文件以S3原生格式进行保存，这样就能使用其他S3工具读取文件。但是，S3要求单个文件对象大小不超过5 TB。
- **S3块式文件系统**（S3 block filesystem，s3）：类似于文件在HDFS中的存放形式。文件被分成多个块，然后所有的块通过S3进行存储。S3纯粹是文件块的存储层。尽管基于S3的块式文件系统允许存储大于5 TB的文件，但是它要求使用整个存储桶用于Hadoop存储，

9

且不允许存放非块式的文件。与S3原生文件系统不同,这个文件系统不允许通过其他标准的S3工具读取数据。

S3块式文件系统几乎可以作为HDFS的嵌入式替代品。但是,它有一些局限性。除了数据本地化之外,最大的局限性就是分布式存储与生俱来的最终一致性问题。对文件系统所做的变化并不一定立即可见,并且可见时间不可控。

配置上也有一点变化,比如,当使用上述文件系统驱动器与S3存储桶进行连接,并将文件传入传出时,必须提供S3存储通的认证信息(credential)。可以对Hadoop conf目录下的core-site.xml文件进行修改,XML片段如下所示:

```
<property>
    <name>fs.s3n.awsAccessKeyId</name>
    <value><Your access id></value>
</property>

<property>
    <name>fs.s3n.awsSecretAccessKey</name>
    <value><Your secret key></value>
</property>
```

上述代码指定了Hadoop的S3原生文件系统驱动器连接到S3服务的认证信息。如果使用S3块式文件系统驱动器,那么属性名要改为`fs.s3.awsAccessKeyId`和`fs.s3.awsSecretKeyId`。

现在任何HDFS命令都可通过在URL中添加scheme,如s3或s3n,就可对指定的S3路径进行文件操作。例如,以下命令罗列了`masteringhadoop` AWS存储桶中的所有文件:

```
hadoop fs -ls s3n://masteringhadoop/
```

命令执行结果如下:

```
Found 10 items
-rw-rw-rw- 1 43736787 2014-07-31 16:44
s3n://masteringhadoop/HDFSReplacements-1.0-SNAPSHOT-jar-withdependencies.jar
-rw-rw-rw- 1 3875 2014-06-08 20:06
s3n://masteringhadoop/countrycodes.avro
-rw-rw-rw- 1 3787 2014-07-19 10:18
s3n://masteringhadoop/countrycodes.txt
drwxrwxrwx - 0 1970-01-01 05:30
s3n://masteringhadoop/jars
drwxrwxrwx - 0 1970-01-01 05:30
s3n://masteringhadoop/logs
drwxrwxrwx - 0 1970-01-01 05:30 s3n://masteringhadoop/masteringhadoop
drwxrwxrwx - 0 1970-01-01 05:30
s3n://masteringhadoop/songs
drwxrwxrwx - 0 1970-01-01 05:30
s3n://masteringhadoop/user
drwxrwxrwx - 0 1970-01-01 05:30 s3n://masteringhadoop/wordcount
```

此处需要注意的关键一点是,正是因为core-site.xml文件指定了S3认证信息,Hadoop才能方便地连接S3服务。S3文件系统以scheme作为地址，如s3n，代表使用Hadoop的S3原生文件系统驱动器。如果我们要使用S3块式文件系统驱动器，可以把scheme改为s3。

除了在core-site.xml文件中指定访问密钥和机密密钥，另外也可以在文件路径中直接指定，如下所示：

```
s3n://AWS-ACCESS-ID:AWS-SECRET-KEY@masteringhadoop/
```

通过AWS管理控制台上的账户模块，可以获得AWS的访问密钥和机密密钥。

9.3 在 Hadoop 中实现文件系统

基于这种情形，可能有必要用自己选定的文件系统替换掉HDFS。Hadoop可以方便地支持新的文件系统，如S3。替代HDFS的方式可以是内嵌式替代或如S3那样，无缝集成S3文件存储来存放输入和输出数据。

在本节，我们会重新实现S3原生文件系统，并用其来扩展Hadoop。本节代码演示了如何开发HDFS替代品的步骤。为了简短起见，省略了错误处理和其他有关S3的功能。

为Hadoop实现文件系统的主要步骤如下所示。

(1) 扩展`org.apache.hadoop.fs.FileSystem`抽象类，并重写所有抽象方法。已有一些可用的实现类，如`FilterFileSystem`、`NativeS3FileSystem`、`S3FileSystem`、`RawLocalFile-System`、`FTPFileSystem`和`ViewFileSystem`。

(2) `open`方法返回一个`FsDataInputStream`对象。如果用户希望与Hadoop底层文件系统集成，需创建`InputStream`支持对象（backing object），用于从底层文件系统读取数据。

(3) `create`和`append`方法返回一个`FsDataOutputStream`对象。如果用户希望与Hadoop底层文件系统集成，需创建`OutputStream`支持对象，用于向底层文件系统写入数据。

(4) 无论有没有定义`Path`对象所指文件的状态，都需创建`org.apache.hadoop.fs.FileStatus`对象。

(5) 包含实现类的JAR文件需放在$HADOOP_HOME/share/hadoop/hdfs/lib目录下，这样当分布式文件系统启动的时候才能识别到它。core-site.xml文件需要配置fs.<scheme>.impl属性，它的值是文件系统实现类的完整类名。在此文件中也可以设置额外的属性来配置文件系统。

9.4 在 Hadoop 中实现 S3 原生文件系统

让我们首先为文件系统创建`InputStream`和`OutputStream`。在本例中，我们需要通过连接

AWS来向S3读写文件。

Hadoop提供FSInputStream类来帮助我们实现自定义的文件系统。在本例的实现类中，我们扩展了这个类并重写了一些方法。许多私有变量（private variable）的声明、构造方法、用于初始化客户端的辅助方法，都在以下代码片段中。私有变量上包含了一些对象，这些对象用于配置文件系统和从文件系统中读取数据。本例中，我们用到的对象有AmazonS3Client，用于调用AWS服务商的REST网络API，S3Object代表位于S3服务上的远程对象，S3ObjectInputStream代表对象流，读操作的时候会用到这个对象。所有AWS相关的类都在com.amazonaws.services.s3和com.amazonaws.services.s3.model包中。代码中还有其他一些私有变量，如S3存储桶的名字和S3的键。传入构造方法的HadoopConfiguration对象用于读取任何用户可能定义的配置属性。

构造方法确保正确初始化所有的私有变量。在本例中，我们延迟打开S3对象流，因此，在构造方法中没有初始化流的调用。为了延迟初始化这个对象和对象流，我们创建了openObject和openS3Stream这两个方法。如果这个对象没有被初始化，那么openObject会调用openS3Stream方法并定位流到文件头部。openS3Stream方法会终止任何已打开的流，并重新初始化一个全新的对象和流。

```
private class S3NFsInputStream extends FSInputStream{

    private AmazonS3Client s3Client;
    private Configuration configuration;
    private String bucket;
    private String key;
    private long length;

    private S3ObjectInputStream s3ObjectInputStream;
    private S3Object s3Object;
    private long position;

    public S3NFsInputStream(AmazonS3Client s3, Configuration
        conf, String bucket, String key, long length) {
        super();

        this.s3Client = s3;
        this.configuration = conf;
        this.bucket = bucket;
        this.key = key;
        this.length = length;

        this.s3Object = null;

    }

    private void openObject(){

        if(s3Object == null){
```

```
        openS3Stream(0);
    }

}

private void openS3Stream(long position){

    if(s3ObjectInputStream != null){
        s3ObjectInputStream.abort();
    }

    GetObjectRequest objectRequest = newGetObjectRequest(this.bucket, this.key);
    objectRequest.setRange(position, length - 1);
    this.s3Object = this.s3Client.getObject(objectRequest);
    this.s3ObjectInputStream =
        this.s3Object.getObjectContent();

    this.position = position;

}
```

在前面例子中，我们其实是先实现了必须强制重写的方法。以下代码片段给出了这些被重写的方法和它们的实现。重写后的read方法用于从输入流中读取一个字节，输入流的位置是递增的。重写后的read方法还有另一个重载方法，这方法会填充字节缓冲区，然后返回读取的字节总数。为了延迟初始化流对象，在从S3ObjectInputStream读取字节前，所有这些方法会先调用openObject方法。

close方法用于清理对象，seek方法用于定位到文件中的指定位置。在这个简单的实现中，我们不支持任何标记。你可以取消文件中那些用来实现可切分压缩的标记。

```
@Override
public int read() throws IOException {

    openObject();
    int readByte = this.s3ObjectInputStream.read();

    if(readByte >= 0){
        this.position++;
    }

    return readByte;
}

@Override
public int read(byte[] b, int off, int len) throws IOException {

    openObject();
    int readByte = this.s3ObjectInputStream.read
        (b, off, len);

    if(readByte >= 0){
```

9

```
                this.position+=readByte;

            }
            return readByte;
        }

        @Override
        public void close() throws IOException {
            super.close();

            if(s3Object != null){
                s3Object.close();
            }
        }


        @Override
        public boolean markSupported() {
            return false;
        }

        @Override
        public void seek(long l) throws IOException {

            if(this.position == l){
                return;
            }
            openS3Stream(l);

        }

        @Override
        public long getPos() throws IOException {
            return this.position;
        }

        @Override
        public boolean seekToNewSource(long l) throws IOException
        {
            return false;
        }


    }
```

接下去，我们会实现输出流，用于将文件写入对象。我们会继承 java.io.OutputStream 包，并重写抽象方法。与实现输入流类似，我们也会声明一批私有变量，如 AmazonS3Client、Hadoop Configuration 和支持对象 OutputStream。这里采取的策略是写入本地文件，并且当输入流关闭后，本地文件会上传到 S3。为简化写入本地文件，我们创建了 BufferedOutput-Stream 和 LocalDirAllocator 对象。

当客户端写入 OutputStream 这个对象的时候，会创建一个临时文件并写入 Buffered-

OutputStream对象。临时文件会建在本地目录中，这个目录是在配置中指定，我们使用配置中hadoop.tmp.dir属性的值来确定临时目录。此处给出的范例代码是为了演示如何扩展HDFS，并不适合在生产环境中直接使用。例如，临时目录实际需要手动清理。并且，我们使用相同的备用文件名temp，这在多线程环境中会导致线程安全问题。

构造方法会在本地目录中创建临时文件，同时初始化BufferedOutputStream。基于BufferedOutputStream的操作对write和flush进行了重写。我们会在重写后的close方法中把本地文件上传到S3。这些待上传到S3的对象，其属性可以通过S3的PutObjectRequest类进行设置。接着使用AmazonS3Client对象来上传本地文件：

```
private class S3NFsOutputStream extends OutputStream{

    private OutputStream localFileStream;
    private AmazonS3Client s3Client;
    private LocalDirAllocator localDirAllocator;
    private Configuration configuration;
    private File backingFile;
    private BufferedOutputStream bufferedOutputStream;
    private String bucket;
    private String key;


    public S3NFsOutputStream(AmazonS3Client s3, Configuration
        conf, String bucket, String key) throws IOException{
        super();
        this.s3Client = s3;
        this.configuration = conf;
        this.localDirAllocator = new
            LocalDirAllocator("${hadoop.tmp.dir}/s3mh");

        this.backingFile =
            localDirAllocator.createTmpFileForWrite("temp",
                LocalDirAllocator.SIZE_UNKNOWN, conf);
        this.bufferedOutputStream = new
            BufferedOutputStream(new
                FileOutputStream(this.backingFile));
        this.bucket = bucket;
        this.key = key;
    }


    @Override
    public void write(int b) throws IOException {
        this.bufferedOutputStream.write(b);
    }

    @Override
    public void write(byte[] b) throws IOException {
        this.bufferedOutputStream.write(b);
    }
```

```
@Override
public void write(byte[] b, int off, int len) throws
    IOException {
    this.bufferedOutputStream.write(b, off, len);
}

@Override
public void flush() throws IOException {
    if(this.bufferedOutputStream != null){
        this.bufferedOutputStream.flush();
    }
}

@Override
public void close() throws IOException {

    if(this.bufferedOutputStream != null){
        this.bufferedOutputStream.close();
    }


    try {
        PutObjectRequest putObjectRequest = new
            PutObjectRequest(bucket, key, backingFile);
        putObjectRequest.setCannedAcl(CannedAccessControlList.Private);

        s3Client.putObject(putObjectRequest);
    }
    catch(AmazonServiceException ase){
        ase.printStackTrace();
    }

    }
  }

}
```

现在，我们可以继承FileSystem类，并实现需重写的方法。以下代码片段给出了类定义和重写后的initialize方法。initialize获取文件或目录的URI和Hadoop Configuration对象。接着，基于配置文件中的访问密钥和机密密钥构建AmazonS3Client。如上所述，这些配置值来自于core-site.xml文件和覆盖它的文件。

我们定义了属性fs.s3mh.access.key和fs.s3mh.secret.key，分别包含访问密钥和机密密钥。在构建AmazonS3Client对象之前，我们使用对象BasicAWSCredentials封装认证信息。

getScheme和getUri也被重写了。对于我们实现的文件系统，我们使用s3mh作为scheme。我们的文件系统类的类名是S3NFileSystem，意味着我们会使用Amazon S3原生对象模型。

```
package MasteringHadoop;

import com.amazonaws.AmazonServiceException;
import com.amazonaws.auth.BasicAWSCredentials;
```

```
import com.amazonaws.services.s3.AmazonS3Client;
import com.amazonaws.services.s3.model.*;
import org.apache.hadoop.conf.Configuration;
import org.apache.hadoop.fs.*;
import org.apache.hadoop.fs.permission.FsPermission;
import org.apache.hadoop.util.Progressable;

import java.io.*;
import java.net.URI;
import java.util.ArrayList;

public class S3NFileSystem extends FileSystem {

    private URI uri;
    private AmazonS3Client s3Client;
    private Configuration configuration;
    private String bucket;

    public S3NFileSystem() {
        super();
    }

    @Override
    public void initialize(URI name, Configuration conf) throws
        IOException {

        super.initialize(name, conf);
        this.uri = URI.create(name.getScheme() + "://" +
            name.getAuthority());

        String accessKey = conf.get("fs.s3mh.access.key");
        String secretKey = conf.get("fs.s3mh.secret.key");

        System.out.println("Access Key: " + accessKey);

        s3Client = new AmazonS3Client(new
            BasicAWSCredentials(accessKey, secretKey));

        this.bucket = name.getHost();

        if (!s3Client.doesBucketExist(this.bucket)) {
            throw new IOException("Bucket " + this.bucket + " does
                not exist !");
        }

        this.configuration = conf;


    }

    @Override
    public String getScheme() {
        return "s3mh";
```

```
    }

    @Override
    public URI getUri() {
        return uri;
    }
```

接着，我们重写open、create和delete方法。我们不支持append和rename方法。S3里，通过先复制然后再调用delete操作来实现rename。open方法返回FSDataInputStream对象，之前我们已经看过这个类的实现。S3有文件夹（folder）的概念，但是在文件系统中文件夹无法转换成实际的对象，且其长度为0。自定义实现后的FSDataInputStream对象需要长度（length）参数，它的值来源于getFileStatus方法。delete方法从S3中删除一个文件对象。对于目录的delete调用会被忽略，因为它们是伪对象（pseudo-object）：

```
    @Override
    public FSDataInputStream open(Path path, int i) throws
        IOException {
        FileStatus fs = getFileStatus(path);
        return new FSDataInputStream(new
            S3NFsInputStream(this.s3Client, this.configuration,
                this.bucket, pathToKey(path), fs.getLen()));
    }

    @Override
    public FSDataOutputStream create(Path path, FsPermission
        fsPermission, boolean b, int i, short i2, long l,
            Progressable progressable) throws IOException {
        String key = pathToKey(path);
        return new FSDataOutputStream(new
            S3NFsOutputStream(this.s3Client, this.configuration,
                this.bucket, key), null);
    }

    @Override
    public FSDataOutputStream append(Path path, int i,
        Progressable progressable) throws IOException {
        throw new IOException("Append functionality is not
            supported");
    }

    @Override
    public boolean rename(Path path, Path path2) throws
        IOException {
        throw new IOException("Rename is copy followed by
            delete");
    }

    @Override
    public boolean delete(Path path, boolean b) throws IOException
        {
        FileStatus fs = getFileStatus(path);
```

```
    if (b) {
        throw new PathIOException("Recursive delete is not supported");
    }

    if (!fs.isDirectory()) {
        s3Client.deleteObject(this.bucket, pathToKey(path));
    }

    return false;
}
```

在以下代码片段中，重写后的listStatus方法会列出给定目录下的所有对象。首先会创建一个ListObjectRequest对象，然后AmazonS3Client会检索对象的汇总信息。在返回结果之前，会从汇总信息中抓取元数据，然后保存在FileStatus对象中。AWS能批量罗列对象。在本例中，我们批量罗列1000个文件。如果对象的数量大于这个数字，那么只取前1000个对象。在实际生产环境中的代码，会批量检索所有对象。

另一个需重写的重要方法是getFileStatus方法。它获取一个路径，并为此路径返回单个FileStatus对象。路径可以是文件夹或文件。方法中还使用了辅助方法，如pathToKey方法返回路径对象中的键，isADirectory方法基于对象的名字和大小判断其是否是目录。

```
@Override
public FileStatus[] listStatus(Path path) throws
    FileNotFoundException, IOException {

    ArrayList<FileStatus> returnList = new ArrayList<>();
    String key = pathToKey(path);
    FileStatus fs = getFileStatus(path);
    if(fs.isDirectory()){

        if(!key.isEmpty()){
            key = key + "/";
        }

        ListObjectsRequest listObjectsRequest = new
            ListObjectsRequest(this.bucket, key,
                null, "/", 1000);
        ObjectListing objectListing =
            s3Client.listObjects(listObjectsRequest);

        for(S3ObjectSummary summary :
            objectListing.getObjectSummaries()){

            FileStatus fileStatus;
            if(isADirectory(summary.getKey(),
                summary.getSize())){
                fileStatus = new FileStatus(summary.getSize(),
                    true, 1, 0, 0, new Path("/" + key));
            }
            else{
```

```
                        fileStatus = new FileStatus(summary.getSize(),
                            false, 1, 0, 0, new Path("/" + key));
                    }

                    returnList.add(fileStatus);

                }

            }
            else{
                returnList.add(fs);
            }

            return returnList.toArray(new
                FileStatus[returnList.size()]);
        }


    @Override
    public void setWorkingDirectory(Path path) {}
    @Override
    public Path getWorkingDirectory() {return null; }
    @Override
    public boolean mkdirs(Path path, FsPermission fsPermission)
        throws IOException { return false;}
    @Override
    public FileStatus getFileStatus(Path path) throws IOException
    {
        String key = pathToKey(path);
        System.out.println("Key : " + key);
        System.out.println("Bucket : " + this.bucket) ;
        if(key.isEmpty()){
            throw new IOException("File not found.");
        }
        ObjectMetadata objectMetadata =
            s3Client.getObjectMetadata(this.bucket, key);
        if(isADirectory(key, objectMetadata.getContentLength())){
            return new FileStatus(0, true, 1, 0, 0, path);
        }
return new FileStatus(0, false, 1, 0,
    objectMetadata.getLastModified().getTime(), path);
    }


    private String pathToKey(Path path) {
        return path.toUri().getPath().substring(1);
    }

    private boolean isADirectory(String name, long size) {
        return !name.isEmpty()
            && name.charAt(name.length() - 1) == '/'
            && size == 0L;
    }
```

一旦编译完所有的代码片段，并将其归入到JAR文件中，这个JAR文件就可以放置在HDFS库目录下。以下片段显示了core-site.xml文件中所需的配置信息，这些信息用于为文件系统驱动器指定JAR文件，同时也标明了实现类所需的认证信息。现在可以执行任何HDFS命令，只要在路径上指明scheme s3mh，便能调用这个FileSystem实现。

```
<!-- 省略基于IAM角色的认证 -->
<property>
    <name>fs.s3mh.access.key</name>
    <value><!-- 你的亚马逊AWS的访问密钥 --></value>
</property>

<!-- 省略基于IAM角色的认证 -->
<property>
    <name>fs.s3mh.secret.key</name>
    <value><!-- 你的亚马逊AWS的机密密钥 --></value>
</property>

<!-- Hadoop加载我们的文件系统的驱动所必需的配置 -->
<property>
    <name>fs.s3mh.impl</name>
    <value>MasteringHadoop.S3NFileSystem</value>
</property>
```

9.5 小结

就MapReduce的工作负载而言，HDFS是杰出的文件系统。但是其顺序访问模式和不兼容POSIX接口等特性，使其在某些场景下使用起来很繁琐。Hadoop允许用户扩展HDFS或提供嵌入式替代品。

本章学到的主要内容如下所示。

❑ 通过扩展HDFS或作为嵌入式的替代品直接替换HDFS，已经涌现了很多HDFS的实现。其中一些扩展范例有IBM的CephFS、MapRFS、GPFS，以及DataStax的Cassandra。

❑ Hadoop中可以方便地使用亚马逊S3存储服务接口。Hadoop也集成了S3原生存储文件系统接口和块存储文件系统接口。

❑ 通过扩展FileSystem抽象类，可以使Hadoop与其他文件系统融合。FSDataInput-Stream和FSDataOutputStream对象分别封装了底层文件系统的输入流和输出流。

❑ 通过在Hadoop Configuration文件和类中进行配置，Hadoop底层文件系统的安全和访问控制机制无需修改就能保持原样。

下一章中，通过了解HDFS联合，我们会继续学习HDFS，以及它在Hadoop 1.X到2.X之间发生的变化。

## 第 10 章

HDFS联合

10

在Hadoop早期版本中，HDFS的NameNode组件存在单点故障的问题。之后的版本引入了从NameNode，作为主NameNode的备份。直至Hadoop 2.X，NameNode只能处理单个命名空间，这造成了伸缩性较差，以及HDFS多租户环境下难以隔离的问题。可伸缩性和隔离性是Hadoop企业部署中最迫切需要的两个特性，因为大多数公司在他们的团队之间都共享基础设施，而各个团队对于基础设施的可用程度和授权意愿又不尽相同。

HDFS联合作为一种特性，使Hadoop能够管理多个命名空间，这样在共享集群场景下使用起来更方便。这个特性隔离了存储和命名空间管理。类似于YARN，这样有助于其他应用和用例迁移到HDFS上，从而使Hadoop成为一个更通用的集群计算平台，而不是一个只支持MapReduce的平台。

在本章，我们会了解到：

- ❑ HDFS联合的必要性
- ❑ 学习HDFS联合及其架构
- ❑ 理解部署联合NameNode的步骤
- ❑ 理解活跃（active）NameNode的备份与恢复功能
- ❑ 学习NameNode高可用性相关的策略和命令
- ❑ 了解HDFS中一些实用工具和命令
- ❑ 了解MapReduce环境中HDFS的块放置策略

10.1 旧版 HDFS 架构的限制

旧版HDFS架构中有如下两个主要组件。

- ❑ **命名空间**（Namespace）：这个HDFS组件负责构建块，如目录、文件和实际的文件块。命名空间组件支持在构建的块上进行创建、删除、列表和更新/修改操作，它运行在NameNode守护进程中。

❑ **块存储服务**（Block Storage Service）：这个HDFS组件负责管理文件块。块存储组件分布在NameNode和DataNode上。DataNode上的块存储服务负责集群中本地机器的块存储，为块提供读写服务。NameNode上的块存储服务具有如下功能。

- 负责DataNode的注册、监控和健康报告。
- 解析DataNode发来的健康报告，将文件块地址缓存到内存中。
- 进行块级别的创建、删除、列表和更新操作。如我们之前所见，命名空间组件处理文件级别的这些操作。
- 简化副本放置的算法和启发式方法。它可以管理复制块的放置，还能补充复制不足的块和删除复制过多的块。

下图展示了老版HDFS的架构：

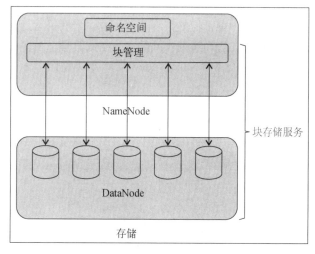

这个架构有许多限制，具体如下所示。

❑ 如图所见，很明显块存储服务组件侵入了NameNode，这导致命名空间和块存储服务之间产生了紧耦合，所有对块管理函数的调用必须通过NameNode，而DataNode无法成为一个独立的块存储服务。

❑ 这个架构只允许存在单个NameNode。这个NameNode把所有目录、文件和块级别的元数据都存于内存中。不同于DataNode，NameNode无法水平扩展，只能垂直扩展，也就是给NameNode所运行的机器添加更多的内存。NameNode的内存限制了集群的可伸缩性。

❑ 单个NameNode能够管理集群中大约60 K的任务。但是，随着Hadoop堆栈的变化和YARN的引入，任务数能达到100 K甚至更多。此类任务的激增给NameNode请求服务功能带来了巨大压力，单个NameNode可能无法在处理如此多请求的同时不影响任务的性能。

❑ 较大的公司出于保密性、性能、可用性等方面的考虑，需要在公司内不同团队间进行一

10

定程度的隔离，而单个命名空间无法满足上述任何一点要求。共享命名空间需要严密的安全措施，而性能和可用性很大程度上取决于集群中已运行的其他服务的工作负载。

要突破这些限制，就需要把命名空间从块存储服务中分离出来。特别是在多租户环境下，也需要能运行多个NameNode实例。通过负载均衡手段，水平扩展后的NameNode也有助于提高性能。

10.2   HDFS 联合的架构

HDFS联合的关键特性是允许集群中运行多个NameNode。这些NameNode是独立的，彼此没有任何依赖，但却共享DataNode。之所以称这些NameNode为联合关系，是因为它们可以独立运行，无需互相协调。

每个DataNode都向集群中的所有NameNode发送心跳和块报告信息。DataNode也接受来自所有NameNode的命令，它们是集群中最常见的共享存储资源，当然仍运行在普通硬件上。但是，它们为不同的NameNode提供服务，进而实现不同的命名空间管理。在多租户环境下，这些独立的命名空间保证了隔离性。通过运行多个NameNode，集群可以水平扩展，而且对这些NameNode的请求可以被负载均衡。

下图展示了集群HDFS联合的架构：

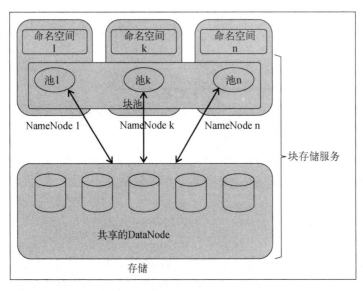

块联合正是基于块池（block pool）的概念而提出的。一个块池是一组块集合，隶属于单个NameNode。DataNode所存储的块可能属于不同的块池。每个块池是独立的，管理一个块池不会影响其他任何块池。命名空间基于它的块池可以独立地产生Block ID。

一个命名空间连同其块池称为命名空间卷（namespace volume）。当一个NameNode退出集群或删除一个命名空间时，DataNode会删除与该命名空间卷块池相关的所有块。

另一个参数ClusterId用于标识集群中的所有节点。集群中任何新加入的NameNode都会获得Cluster ID来正确识别所属集群。这个参数可以手工指定或自动生成，但默认是自动生成。

10.2.1　HDFS联合的好处

HDFS联合克服了单点NameNode的限制，其优点如下所示。

❑ 最重要的优点是赋予了NameNode水平扩展的能力，使得拥有大量小文件的集群获益匪浅。每个文件都会占有NameNode的内存来存放其元数据。基于不同的功能或组织部门，命名空间现在被划分为多个命名空间。这样负载可分布在许多NameNode上，而不是集中在单个NameNode上。

❑ 扩展读写吞吐量这个优势是单点NameNode无法做到的。现在公司可以在不同的NameNode中划分命名空间，从而把吞吐量维持在理想水平。运行在集群上的工作负载类型可用于确定NameNode的数量，这是部署HDFS联合的必备条件。

❑ 拥有不同的NameNode和命名空间使隔离变得轻松简单。公司现在可以隔离不同部门的数据集，也可基于功能对NameNode进行划分，如开发、测试或生产。所有数据可多路复用到一批DataNode上，从而提高了共享效率。当在集群中执行满足不同需求的作业时，隔离性能够保证NameNode不会成为性能瓶颈。例如，如果有一个作业造成NameNode过载，这并不会影响另一个作业，只要这些作业所需数据位于不同的命名空间中。

❑ HDFS联合功能还能把块存储服务视为通用块存储。抽象化块池有助于构建具有不同特点的新文件系统或HDFS API。这种存储通用化特性可提高企业集群中现有硬件的使用率，从而节省企业成本。

❑ HDFS联合架构简单性的另一个体现是其向后兼容的特性。现有单点NameNode部署不会被破坏，它们成为联合方法中的一个特例。为了支持这个特性，大多数对Hadoop实现代码的修改实际上都集中在DataNode。从Hadoop测试角度来看，这么做有助于保持整个NameNode的稳定。DataNode还有一个额外的间接层，用来指明块所在的块池。

10.2.2　部署联合NameNode

在本节，我们会了解到如何部署多个NameNode。要尝试这些步骤，你至少需要两台不同地址的机器。联合部署的配置是向后兼容的，支持以前安装的单点NameNode。

为了支持联合，引入了NameServiceId。从备份和检查节点属于特定的NameServiceId。配置中指定的NameNode和相关组件的所有属性都需以NameServiceId作为后缀。

10

重要的配置步骤如下所示。

(1) 为集群中的不同NameNode指定NameServiceId。可以在配置中添加dfs.nameservices属性来指定，它的值是罗列所有NameServiceId并以逗号相隔。

(2) 与特定NameNode相关的所有其他属性需以对应的NameServiceId为前缀。这个NameServiceId必须出现在dfs.nameservices属性中指定的NameServiceId列表中。

(3) 可使用bin/hdfs namenode -format [-clusterid clustered]来格式化NameNode。如果不指定clusterId，那么会自动生成一个ID。

(4) 所有其他的NameNode都可以使用与第3步中同样的命令进行格式化，但是此时必须指定参数clusterid。如果没有指定参数clusterid，那么NameNode之间不会进行联合。现在，这个命令是 bin/hdfs namenode -format -clusterid <specify clusterid that was given in the previous step>。

(5) 旧版Hadoop可升级为新版Hadoop。升级后，可使用bin/hdfs namenode -config <new configuration directory> -upgrade -clusterid <clusterid>启动NameNode。

(6) 往系统中添加另一个NameNode很简单，只需为新NameNode对应添加新的配置参数，然后把新配置分发到集群即可。重要的参数有NameServiceId和以NameServiceId为后缀的NameNode相关属性。配好后，NameNode就可以启动了。现在，需让DataNode识别新加入的NameNode，可以通过命令bin/hdfs dfadmin -refreshNameNode <datanode host and port>来完成。必须对所有的DataNode执行这个命令，这个命令会为新NameNode生成块存储层。

以下代码片段展示了一个hdfs-site.xml样例配置文件，其中配置了两个NameNode。NameServiceId分别为ns1和ns2：

```
<property>
    <name>dfs.namenode.name.dir.ns1</name>
    <value>[path to namenode store]</value>
    <description>Path on the local filesystem where the NameNode
        stores the namespace and transaction logs
            persistently.</description>
</property>
<property>
    <name>dfs.namenode.name.dir.ns2</name>
    <value>[path to namenode store]</value>
    <description>Path on the local filesystem where the NameNode
        stores the namespace and transaction logs
            persistently.</description>
</property>
<property>
    <name>dfs.nameservices</name>
    <value>ns1,ns2</value>
</property>
<property>
```

```
      <name>dfs.namenode.rpc-address.ns1</name>
      <value>[ip:port]</value>
</property>
<property>
      <name>dfs.namenode.http-address.ns1</name>
      <value>[ip:port]</value>
</property>
<property>
      <name>dfs.namenode.secondaryhttp-address.ns1</name>
      <value>[ip:port]</value>
</property>
<property>
      <name>dfs.namenode.rpc-address.ns2</name>
      <value>[ip:port]</value>
</property>
<property>
      <name>dfs.namenode.http-address.ns2</name>
      <value>[ip:port]</value>
</property>
<property>
      <name>dfs.namenode.secondaryhttp-address.ns2</name>
      <value>[ip:port]</value>
</property>
```

10.3　HDFS 高可用性

NameNode是HDFS命名空间的核心。只要是使用HDFS的集群，其可用性都和NameNode的可用性息息相关。

10.3.1　从NameNode、检查节点和备份节点

Hadoop 1.X引入了从NameNode的概念。从NameNode可以抵御灾难，因为当某个NameNode发生了故障，从NameNode可以恢复这个NameNode。从NameNode这个名称其实是个误称，它只是个冷备，自身无法处理请求，但是当NameNode遇到故障的时候，就可以由从NameNode读取数据。

NameNode把所有HDFS的更新写入原生文件系统里的edits日志文件。这个日志文件只以追加的形式写入信息。NameNode还拥有另一个文件，称为fsimage文件，它包含了HDFS的镜像。当NameNode启动后，会首先读取edits文件，然后一行一行地将所有edits信息合并入fsimage文件。在这个阶段，HDFS是只读的。我们称NameNode处于安全模式（safe mode）。一旦NameNode接受到了DataNode发来的块健康报告，就会退出安全模式。只有在NameNode确认HDFS健康之后，才允许对HDSF进行写入。在开始正常服务之前，NameNode会生成一个edits空文件和更新后的fsimage文件。

NameNode运行时间越长，edits文件就越大，这会直接导致NameNode重启时间变长。从

10

NameNode会定期获取并合并fsimage和edits文件。一般来说，为了尽最大可能容灾，从NameNode
应运行在不同的机器上。当故障恢复后，NameNode可以向从NameNode查询fsimage和edits文件。
当保存检查点的时候，从NameNode会模仿NameNode的目录结构，这样故障恢复后，可以简化
NameNode读取数据。

另一个引入的概念是检查节点（checkpoint node）。其功能类似于从NameNode，但还具有另
一个附加功能。检查节点不仅会定期地从NameNode那里获取fsimage和edits文件的更新，而且还
合并edits内容到fsimage文件里并上传到NameNode。这有助于NameNode迅速从故障中恢复。检查
节点可视为具有上传更新到NameNode功能的从NameNode。再提醒一次，保存后的检查点
（checkpoint）具有和NameNode同样的目录结构。

检查节点可以通过以下命令启动：

```
hdfs namenode -checkpoint
```

配置文件中的 `dfs.namenode.backup.address` 和 `dfs.namenode.backup.http-address`属性分别用于指定检查节点的地址和其HTTP地址。

备份节点比检查节点和从NameNode更高效。它由NameNode实时获取更新并更新自身的
fsimage和edits副本文件。另一方面，检查节点和从NameNode会从活跃NameNode下载fsimage和
edits文件。检查节点不允许和备份节点一起运行。备份节点的内存需求量和NameNode一样，因
为它保存了NameNode所需保存的所有信息。

备份节点可以用以下命令启动：

```
hdfs namenode -backup
```

备份节点的配置参数和检查节点的一样。

10.3.2　高可用性——共享edits

在第1章中，我们简要介绍了如何使用一组JournalNode和NFS的策略来实现NameNode高可用
性。有了热备后，可立即切换到备份NameNode，使其成为活跃NameNode，这是高可用性（high
availability，HA）的关键所在。热备节点维护了有关活跃NameNode足够多的信息，所以它能迅速
进行故障转移。热备节点同时也会设置检查点（check-pointing）来帮助灾难恢复。

NameNode高可用性背后的总体策略是在活跃NameNode和热备NameNode之间共享edits文
件。这可通过Journal管理者（Quorum Journal Manager，QJM）利用一组Journal节点来实现，也
可使用NFS共享来达到同样效果。

Hadoop支持以下两种故障转移模式。

□ **手动转移**：在这里，Hadoop集群管理员可以执行命令让热备成为活跃节点。因为这是决
定性的操作，所以需要的时间大约为5秒。使用的命令如下所示。

```
hdfs haadmin -failover <standby-namenode> <active-namenode>
```

❑ **自动转移**：如果有系统监控活跃NameNode的健康度，那么监控系统可能会找到足够的证据，并依据这些证据在活跃NameNode和热备NameNode之间进行自动切换。这个方法是启发式的，并且故障转移进程可能不是几秒、十几秒的事情，而会需要大约数十秒。工具Zookeeper连同ZKFailoverController模块可以协助自动转移。

如果ZKFailoverController模块遇到了故障，那么活跃和热备NameNode可能都会认为自己处于活跃状态，这种情况称为脑裂现象（split-brain scenario）。脑裂现象会使命名空间处于不一致的状态，因为两个NameNode会产生有冲突的变化。解决这个问题的办法是让活跃NameNode停止对系统产生变化。QJM对于故障转移的策略是构建起一组JournalNode作为围栏，并仅允许单个NameNode向这些节点写入信息。

10.3.3　HDFS实用工具

下面列出一些用于检查HDFS健康度的实用工具。

❑ **均衡器（rebalancer）**：DataNode中的块分布可能不均匀。如果有新的DataNode加入集群，可能就会发生倾斜分布的现象。为了帮助管理员查看分布情况和重新分布块，Hadoop命令中提供了均衡器（balancer）功能，如下所示：

```
hadoop balancer [-threshold threshold]
```

❑ **文件系统检查（fsck）**：与原生文件系统类似，fsck命令会遍历文件系统中的文件并提供一份有关文件和块的健康报告。但不同于原生文件系统中的fsck工具，Hadoop的fsck工具不会进行任何操作，纯粹是一个报告工具。HDFS中的大多数错误一般都由Hadoop维护，即

```
hadoop fsck
```

❑ **导入检查点（import checkpoint）**：可以为NameNode导入来源于备份节点和检查节点的检查点。这些节点所存检查点的目录结构都与NameNode一致。可通过配置属性dfs.namenode.checkpoint.dir来指明检查点的所存目录，并在启动NameNode时用-importcheckpoint标志。

10.3.4　三层与四层网络拓扑

Hadoop拓扑一般采用三层架构，如下图所示。层次结构中的叶节点是数据节点。数据节点组成机架（rack），机架形成数据中心。Hadoop集群也可以通过广域网（WAN）跨多个数据中心互连。

10

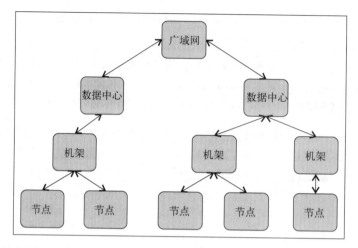

随着虚拟化的发展，现在一个物理机可以运行多个虚拟机节点。这导致Hadoop拓扑中产生了一个额外层，称为节点组层（nodegroup layer）。相同物理机上运行的所有虚拟机都属于一个节点组，换言之，每个节点组就是一个虚拟机管理器。节点组中各节点间的通讯无需通过网络，这会产生一些有趣的块放置策略。下图展示了四层架构。

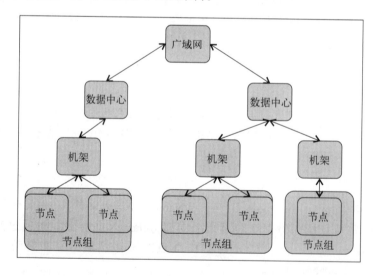

10.4 HDFS 块放置策略

复制是HDFS一项重要功能。它保证了数据的可靠性，避免数据丢失，同时在面对故障时提供了高可用性。默认复制因子是3，不过可以通过配置参数dfs.replication对这个参数进行调整。但HDFS不会复制整个文件；相反，它会把文件分成固定大小的块并分散保存在集群中。

复制因子可以在文件创建时指定，也可以在需要的时候改变复制因子的值。智能化块放置是

HDFS最显著的特性，这个特性使其区别于其他分布式文件系统。放置策略是机架感知的，能识别块存放的物理位置。这不仅有助于容错，而且还能高效利用网络带宽。任何运行在HDFS上的计算模型都能利用这些信息，从而最小化网络间所需传输的数据量。

一个机架是由一堆机器堆叠起来的。一般来说，单个交换机为单个机架内的所有机器提供服务。一个数据中心由许多这样的机架组成。机架内的网络带宽高于机架间的网络带宽，因此，在机架内移动数据可能快于机架间移动数据。

NameNode能感知到DataNode所属的机架。当放置单个块的副本时，NameNode会决定每个块驻留在哪个机架上。为了提高容错性，NameNode可能会把每个块的副本放置在不同机架上，这样能更好地实现负载均衡，并避免机架故障导致数据丢失。但是，因为需要跨越不同的机架，所以写入一个块会花费额外的时间。

当复制因子是3时，默认的机架放置策略是：第一个副本放置在机架内的节点上，第二个副本放置在同机架内的不同节点上，第三个副本整个放置在不同机架的节点上。一般来说，写的时候，第一个块会写在（集群内的）客户端所在的节点上。接下去的两个块会写入此机架外相同的随机节点上。这有助于提高写的吞吐量，因为写入是本地化的。但是由于三分之二的副本放置在相同机架上，因此会造成一定的数据倾斜。然而，这样也并不会影响可靠性和可用性，因为机架故障的概率远低于节点故障的概率。如果发生了机架故障这种罕见情况，位于不同机架上的额外副本可以容灾。如果客户端不在集群中，会随机选出第一个节点，然后把第一个块副本写入这个节点。

当触发读操作时，NameNode会尝试把读操作指向最接近的节点。选择的先后顺序是：首先在客户端相同的节点上试着读取；如果这里不存在副本，那么尝试在与客户端相同的机架上读取副本；如果同机架上的副本也不存在，那么会在相同数据中心的另一个机架上尝试读取，若还不行，就只能再将读取操作转移到另一个数据中心。

Hadoop 2.X的块放置策略是可插拔的。HDFS-385作为一个修复实现了这项增强功能。

可插拔的块放置策略

现在HDFS提供了可插拔的块放置策略。可重写位于`org.apache.hadoop.hdfs.server.blockmanagement`包中的`BlockPlacementPolicy`抽象类来实现这个功能。这个抽象类有一些需要重写的方法。重写方法`chooseTarget`告诉HDFS块放置策略。重写方法`chooseReplicaToDelete`用于判断是否要删除特定的副本，从而让所有的块符合块放置策略。第三个重写方法`verifyBlockPlacement`验证块是否出现在`minRacks`上。`initialize`用于初始化`BlockPlacementPolicy`对象的私有变量。

一旦创建了`BlockPlacementPolicy`的派生类，就可以把它构建在JAR文件中。这个JAR文件需放置在Hadoop类路径中。接着需要让Hadoop识别新的块放置策略，对此`hdfs-site.xml`引入了新属性，创建了配置项`dfs.block.replicator.classname`，它的值需包含`BlockPlacementPolicy`自定义类的完整类名，配置文件片段如下所示：

```
<property>
    <name>dfs.block.replicator.classname</name>
    <value><Fully qualified class name of the custom block
        placement implementation class></value>
</property>
```

Hadoop自带两个块放置策略派生类可供使用，如下：

❑ `BlockPlacementPolicyDefault`类提供的策略，我们在本节已有讨论；
❑ `BlockPlacementPolicyWithNodeGroup`类处理具有节点组层的网络拓扑。

10.5　小结

Hadoop由计算层和存储层组成。Hadoop 2.X用YARN替代了计算层，帮助其他计算模型共存于Hadoop集群硬件。存储层也在向类似目标快速发展。HDFS联合等相关特性使存储层向通用化发展迈近了一步。通过实现块存储和命名空间之间的松耦合，这即将成为现实。

本章学到的主要内容如下所示。

❑ HDFS联合使运行多个NameNode成为可能。这不仅有助于隔离，而且还能通过负载均衡提高性能。对NameNode进行水平扩展也更容易。
❑ 抽象化的块池促进了联合。单个命名空间中的块属于单个块池。每个块池都被赋予唯一标识以便寻址。不同NameNode仍共享所有的DataNode。
❑ 在Hadoop 2.X中，有很多选择可以确保NameNode从故障中恢复。之前，从NameNode是唯一的选择；而现在，有了检查节点和备份节点。这三个策略都保留了NameNode的目录结构，便于NameNode恢复。
❑ 对于Hadoop网络拓扑，现代虚拟化数据中心采用四层网络。运行在相同物理机上的不同节点，它们之间的通讯无需通过网络，这有助于优化块放置。
❑ 通过重写`BlockPlacementPolicy`抽象类，HDFS允许块放置策略可插拔化。

Hadoop安全及数据安全是Hadoop中很重要的方面。在本章，我们了解到隔离是确保关注分离的一个方法。但是，这在更大型的公司中还不够，此类公司对于数据遵从着法律法规方面的要求，所以需要更严格的数据安全保障。我们将在下一章中介绍Hadoop安全。

## 第 11 章

Hadoop安全 *11*

数据对任何组织而言都是一种资产。在这个千禧年中，像谷歌这样的大型企业已经证明了收集并分析数据本身就可以成为一种产品，并带来非常成功的商业模式。于是，这在数据驱动决策以及个性化消费者体验两方面引发了爆炸性的发展。数据从根本上成为了企业一种具有高价值的财产。如同其他的资产，数据一样需要受到保护。

数据安全领域深入研究如何保护数据。数据的安全威胁有来自企业外部的，也有来自企业内部的。数据盗窃是最常见的网络犯罪之一。最近的研究已经表明数据的安全威胁更多是来自企业的内部，可能是那些对企业心怀不满的员工，也可能是那些本身并没有恶意的用户的不经意行为。像授权这样的安全功能，已经成为任何数据产品最基本的功能了。

本章，我们将介绍如下几个主题：

❑ 安全的核心
❑ Hadoop中的认证
❑ Hadoop中的授权
❑ Hadoop中的数据保密性
❑ Hadoop中的日志审计

11.1 安全的核心

数据安全的四大核心功能如下所示。

❑ 认证（authentication）：这指的是向一个系统或是用户提出怀疑，让其证明自己的身份。只有经过认证的身份才被允许进入到数据系统。Hadoop中的认证主要有两种，简单认证和伪认证。前者是一种宽松的安全体系，它信任用户自己宣称的身份。而后者则使用像Kerberos这样的系统来认证用户。在企业级应用上，作为最佳实践，推荐后者。Hadoop甚至支持无缝地集成很多像LDAP和活动目录（active directory）这样的用户存储。在这些存储的帮助之下，可以将Kerberos实现成一个认证机制。

- ❏ **授权（authorization）**：授权是指授予一个通过认证的用户访问数据资源的权限。在一个需要共享数据集群的多租户系统或是多团队企业中，政策、法规和监管规范可能会禁止一个团队去访问属于另一个团队的数据。在这种情况下，将敏感的数据资源与那些无意或是恶意的访问隔离开就显得十分重要。Hadoop支持不同级别的授权。对于HDFS，Hadoop提供了文件级的细粒度访问控制。这种访问控制非常类似于那些基于UNIX的文件系统。MapReduce计算层在资源级别同样有访问控制列表（Access Control List，ACL）。Hadoop服务允许有他们自己的授权功能。例如，可以使用粗粒度的访问控制机制来保护Hive的表，如SQL。

- ❏ **审计（auditing）**：审计是深入到数据系统使用模式的一种机制。不论进行何种审计，最基本的要求都是要提供统计功能。所有的访问和操作都需要被记录在审计日志中，以便在稍后的时间点进行审计。在企业中，审计对于信守承诺非常重要。例行审计可以确保遵守数据策略。有些场合可能需要即席（ad hoc）审计，特别是当系统中出现安全漏洞时。审计可以揭示取证信息，帮助惩罚犯罪并评估漏洞所造成的损失。在平台级别，Hadoop支持审计。在服务级别，像Hive这样的服务会在元数据中记录所有用户相关的行为。

- ❏ **数据保护**：大数据系统分布在很多机器上，这使得数据不得不从一个节点移动到另一个节点。此外它也涉及数据存储位置不可信的问题，比如云上。这两种情况都会迫使我们在隐私和机密性上做出妥协。传输过程中的中间人可以找到那些正在传输的数据，而一个充满恶意的攻击者甚至可以操纵数据。在其他时候，不可信的一方可以窥探或修改数据。对付这种攻击的保护措施可以通过加密技术来实现。在传输以及其他时候，可以将数据进行加密。生成数字签名可以保护数据免受修改。在Hadoop中，可以对通过线路的传输进行加密以便保证数据的机密性。在其他时候，操作系统级别的加密可以保护HDFS上数据的机密性。

Hadoop提供的上述这些核心功能都达到了令人满意的程度。接下来我们将深入探讨其中某些功能。

11.2 Hadoop 中的认证

Hadoop中的认证可以很简单，也可以使用Kerberos。Hadoop同样允许你自定义认证方案。在本节中，我们将看到Kerberos认证以及如何使用HTTP Hadoop接口来通过认证。

11.2.1 Kerberos认证

Kerberos是一种网络认证协议，它使用加密来提供高度安全的认证机制。这种认证机制由于具备以下功能而大受欢迎。

- ❏ **相互认证**：在进行会话之前，客户端和服务器可以进行相互认证。

❏ **单点登录**：一旦登录，令牌（token）的有效时间就确定了。令牌有效性的持续时间决定了会话的最长时间。

❏ **协议消息加密**：认证过程中的所有协议消息都会加密，所以它不可能被对手进行中间人式攻击（man-in-the-middle attack）或是重放攻击（replay attack）。

11.2.2 Kerberos的架构和工作流

Kerberos的核心是Kerberos密钥分发中心（Key Distribution Center，KDC）。KDC有以下两个重要的组件：

❏ **认证服务器**（Authentication Server，AS）
❏ **票据授予服务器**（Ticket Granting Server，TGS）

认证服务器负责验证客户端的有效性。票据授予服务器则负责发放令牌或票据（有时间限制且加密的消息），受让人可以使用这些令牌或票据对其自身进行认证。

下图显示了当客户端使用Kerberos进行认证时的协议工作流。

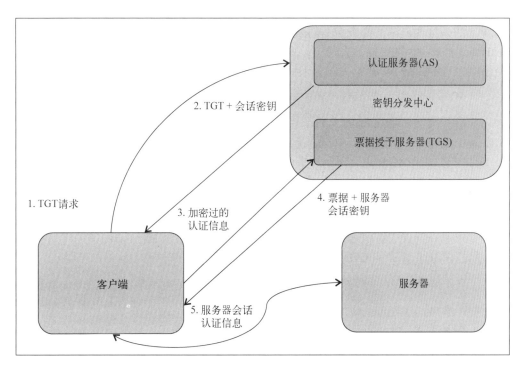

认证步骤如下所示。

(1) 首先，客户端向Kerberos中的AS请求一个票据授予票据（Ticket Granting Ticket，TGT）。

(2) AS在自己的数据库中检查客户端，然后送回两条消息。第一条消息是会话密钥，第二条则是TGT。这两条消息都使用客户端的密码作为密钥进行了加密。只有当自己的密码和AS中保存的密码一致时，客户端才可以使用这个会话密钥和TGT。

(3) 客户端想要访问服务，首先得提交自己的身份信息到TGS。为了证明其真实性，客户端需要通过它从AS那取得的会话密钥向TGS发送加密过的认证信息。

(4) TGS收到请求后，将它解密，然后检查客户端和请求的有效性。成功验证后，TGS授予一张带有时效的票据，同时也会返回一个服务器会话密钥给客户端。这个服务器会话密钥会有两个副本——一个用客户端的机密信息加密，另一个则用服务器机密信息加密。

(5) 现在，客户端手中握有票据、服务器会话密钥，以及它所需要访问的服务的认证信息。服务所在的服务器验证会话密钥，然后根据验证结果授予访问权限。如果需要相互认证，则服务器也会送回认证信息，这样客户端就可以对其有效性进行检查。这是可行的，因为会话密钥有两个副本，分别用服务器和客户端的机密信息进行了加密。

11.2.3　Kerberos认证和Hadoop

Hadoop的认证客户端需要一个密码去进行Kerberos的认证工作流。对于一个长时间运行的MapReduce作业来说，这可能不太现实，因为作业时间可能会超出票据的有效时间。在Hadoop中，使用kinit命令来初始化客户端得到一个密码。虽然票据的有效时间可能是几个小时，但对于某些长时间运行的作业，最好是将这个密码写入一个叫keytab的文件。

使用ktutil命令来创建keytab文件。然后使用-t参数在kinit命令中指定这个keytab文件。klist命令可以显示一个用户拥有的不同票据。kdestroy命令可以注销那些不再使用的票据。

11.2.4　HTTP接口的认证

默认情况下，Hadoop集群所有的HTTP网络端口都没有启用认证。这意味着任何人只要知道网页地址就可以在集群中访问这些不同的服务。不过可以通过配置HTTP网络接口，明确要求Kerberos认证使用HTTP SPNEGO协议。这种协议可以很好地支持所有主流的浏览器。

也可以启用简单认证。这需要在网页地址中追加用户名作为查询字符串的参数。参数的值是这个用户的身份名称。也可以使用自定义的认证方案。Hadoop的所有网络端口都支持这种扩展，前提是你正确地重写了AuthenticatorHandler类。

可以使用core-site.xml中的如下属性来配置HTTP认证。

❑ hadoop.http.filter.initializers：这个属性的值需要配置为org.apache.hadoop.security.AuthenticationInitializer类的类名。

❑ hadoop.http.authentication.type：这个属性决定了认证的类型。值可以是simple
或kerberos，或自定义AuthenticatorHandler派生类的类名。默认值为simple。

❑ hadoop.http.authentication.token.validity：这个属性的值是指认证令牌的有
效时长。单位是秒，默认值为36 000。超过这个时长就必须重新更新令牌。

❑ hadoop.http.authentication.signature.secret.file：网络端口的机密信息保
存在这个文件中。机密密钥被用于为认证令牌提供一个数字签名。

❑ hadoop.http.authentication.cookie.domain：这是域名白名单，其认证令牌可以
通过cookies递送。此属性没有默认值。

❑ hadoop.http.authentication.simple.anonymous.allowed：当这个属性设为
true时，允许匿名用户连接HTTP端口。默认值为true，并且只有当认证类型设为simple
时这个属性才有效。

❑ hadoop.http.authentication.kerberos.principal：当认证类型设为kerberos
时所使用的Kerberos实体名称。

❑ hadoop.http.authentication.kerberos.keytab：这个属性的值是HTTP端口所使
用的Kerberos实体的keytab文件的路径。

11.3 Hadoop 中的授权

授权涉及到对资源的限制访问。Hadoop为HDFS及所有Hadoop服务提供了授权。在本节中，
我们将看到如何启用Hadoop的授权，以确保共享资源不会受到非法访问。

11.3.1 HDFS的授权

HDFS的授权模式跟POSIX系统的授权模式十分相似。在POSIX中，每个资源——文件和目
录——都跟一个所有者用户和组相关联。HDFS与此类似，其权限被分别赋于不同的身份。这些权
限是：

❑ 资源的所有者
❑ 与资源相关的组的用户
❑ 系统中的其他用户

有两种访问权限，即读和写。和POSIX不同的是，HDFS中的文件没有执行权限，这是因为
HDFS中的文件不是可执行的。如果用户或是属于某个组的用户有读权限r，那么就只允许从
HDFS中读取这个文件的内容。同样，任何用户或是属于某个组的用户有写权限w，那就允许写入
或是往一个即存文件中追加内容。用户或是组可以同时拥有读和写的权限rw。

对于目录来说，这个权限的含义略有不同。读权限允许用户或是属于某个组的用户列出目录
中的内容。写权限允许用户或组可以在该目录中创建文件和子目录，或是追加该目录中文件内容。

11

目录还有一个特殊的执行权限x，允许用户或组可以访问该目录的子目录。

HDFS文件没有POSIX中的setuid和setgid的概念。因为HDFS不是可执行的，所以拥有这些操作对它来说是没有意义的。在这种情况下，就算是目录也不需要setuid和setgid。HDFS的目录允许设置粘滞位（sticky bit），这样可以防止除了superuser之外的其他用户操作目录或目录中的内容。不过，对文件设置粘滞位是没有任何效果的。

就像任何基于UNIX的操作系统一样，权限被编码成三个八进制数。第一个八进制数表示所有者的rwx位，第二个表示组的，第三个则表示其他所有用户的。例如，下面的命令将所有权限赋给所有者，将读权限赋给该组，而系统中的其他用户则没有任何权限。

```
hadoop fs -chmod 740 masteringhadoop
```

文件或目录的这组权限被称为模式（mode）。使用chmod命令（修改模式命令）可以操作这个模式。当一个进程在HDFS上创建一个文件或目录时，它自动将所有者设为该进程的所有者。不过，组继承自父目录的组，也就是说跟父目录的组一样。

当客户端操作HDFS文件或目录时会提供用户名和该用户所属的组。HDFS首先会将此用户名和文件或目录的所有者进行匹配。如果匹配成功，那么这个资源的权限检查就完成了。如果不匹配，则会检查该用户所属的组和该资源所属的组列表是否匹配，以确认该用户是否属于这个组。同样，如果匹配成功，就可针对所需操作进行权限检查。但如果这两项检查结果都不匹配，就会继续检查其他权限。如果最终三种权限的检查都不匹配，操作就会被拒绝。

1. HDFS用户的身份

如上所述，Hadoop支持两种用户认证的机制，这是由hadoop.security.authentication属性的值来决定的。有两个值可以使用。

❑ simple：用户的身份由运行客户端进程的操作系统决定和提交。
❑ kerberos：用户的身份由它的Kerberos证书决定。

要注意关键的一点是HDFS自己并不创建、修改或删除任何身份。所有身份管理都发生在HDFS之外，比如简单认证时在操作系统，或者是在Kerberos。HDFS仅仅使用提供给它的身份信息，然后对它进行授权检查。

2. HDFS用户的组列表

用户和组的映射由hadoop.security.group.mapping属性的值来决定。默认情况下，这个值为org.apache.hadoop.security.ShellBasedUnixGroupsMapping。当使用这种特定的组映射时，会将用户名传给UNIX的shell命令来确定该用户所属的组列表。比如，在bash shell中，这个命令是：

```
bash -c groups
```

企业可以有自己的用户配置文件存储，比如轻量级目录访问协议（Lightweight Directory Access Protocol，LDAP）或活动目录。这种情况下，可以通过访问这些目录服务来确定用户的组。Hadoop内置有一个通过连接LDAP数据存储来确定组的映射服务。要使用这种方法，需要将`hadoop.security.group.mapping`属性的值设为`org.apache.hadoop. security.LdapG-roupsMapping`。

NameNode负责调用相应的API来确定指定用户的组列表，然后将结果提供给DataNode。此外，当与基于UNIX的系统做比较时，所有的组和用户名都是被存为字符串，而不是数字。

> 如果在客户端操作过程中撤销权限，客户端仍可以访问那些它已经知道的文件的块。

3. HDFS的API及shell命令

所有的HDFS API在执行权限检查失败时都会抛出`AccessControlException`异常。`org.apache.hadoop.fs.permission`包里的`FsPermission`类用来封装文件或目录中与权限相关的必要信息。`FileStatus`包含`FsPermission`对象。使用`getFileStatus`方法可以取得文件的状态。

此外，`FileSystem`类提供了一些方法来设置文件或目录的模式以及所有者/组。`setPermission`方法的声明如下：

```
public void setPermission(Path path, FsPermission permission)
    throws IOException
```

它会接受Path对象并传给文件或目录，也会接受需要在上面执行的权限。同样，`setOwner`方法的声明如下：

```
public void setOwner(Path p, String username, String group)
    throws IOException
```

`setOwner`方法将你通过Path对象指定的文件或目录的所有者和组设置为你指定的内容。

一些shell命令也可以修改文件和目录的授权参数。具体如下：

```
hdfs chmod [-R] <octal mode> <file path>
```

这个命令可以用来修改文件或目录的模式。使用八进制的模式值来指定所有者、组及其他用户所对应的权限。使用-R参数可以递归地将所有子文件和子目录的模式都修改成指定的模式，直到遇见叶文件或目录。严格地说，只有文件或目录的所有者或超级用户（superuser）才可以修改模式。

同样，chown命令可以设置指定文件或目录的所有者或组。具体如下：

11

```
hdfs chown [-R] [owner][:[group]] <filepath>
```

所有者名称和组可以跟随文件路径一起指定。文件的所有者只有超级用户才能修改，其他人都不可以。同样，使用-R参数可以递归地修改所有目录和子目录的所有者。

chgrp命令也可以修改一个文件所属的组。具体如下：

```
hdfs chgrp [-R] <group> <filepath>
```

只有当文件或目录的所有者属于这个指定的组时，才允许修改。另外，超级用户也允许进行这项操作。

4. 指定HDFS的超级用户

在Hadoop中，启动NameNode的用户被称为HDFS的超级用户。超级用户拥有HDFS中最高的权限。对于超级用户的权限检查是不会失败的，而且超级用户的身份允许执行所有操作。

超级用户的身份并不是永恒的。它严格地取决于"谁来启动NameNode服务"。所以并没有必要将运行NameNode的机器管理员赋于超级用户的身份。

然而，管理员可能也需要指定一组用户具备超级用户的身份，不过这些用户并不会去运行NameNode。将dfs.permissions.superusergroup属性的值设置为需要执行超级用户权限的一组用户。

HDFS提供了一个Web界面来访问文件系统。Web服务器以某种身份运行这个界面，而这个身份由dfs.web.ugi配置属性指定。属性值由运行这个Web界面的用户和组的列表所组成，以逗号分隔。这个属性值中的用户也可以指定为超级用户。如果Web服务器以超级用户的权限运行，那就可以查看整个命名空间。如果设置为超级用户以外的用户和组，那就只能基于这个用户或组的权限访问有限的内容。另外，在逗号分隔的列表中，可以指定多个组。

5. 关闭HDFS授权

整个授权功能都是由dfs.permissions属性控制。如果这个属性设为true，那么所有跟权限相关的规则和检查就会被应用到每个操作中。如果设为false，那么授权功能就被关闭了。关闭权限控制并不会改变文件系统中的文件及目录的模式、所有者，或是组。

然而，之前讨论过的chmod、chown及chgrp命令并不会受到权限关闭的影响。当执行这些命令时，会强制进行权限检查。

11.3.2　限制HDFS的使用量

即使有足够的认证和授权的设置，仍然可能发生某种意外，即某个用户或某个组的用户超过了资源使用的公平配额。这也许是由于用户不小心运行了一个错误的处理，或是一个恶意的用户试图在Hadoop集群上挂载一个拒绝服务（denial of service）所引起的。

HDFS提供了配额（quota）用于限制使用。配额可以限制文件数及使用的空间量。这些配置可以设置在一个目录级别，然后对所有子文件和子目录都起作用。

1. HDFS中的数量配额

使用数量配额可以限制一个目录中子目录和子文件的数量。一个目录的数量配额值为1时，表示该目录下不能创建子目录或子文件。默认情况下，创建一个目录时不会设置它的数量配额。这时候最大的配额跟Long.Max_Value有关。当给目录设置配额时，即使该目录已经超过了配额值，设置也会成功。下面的命令可以用来设置一个或一组目录的配额：

```
hdfs dfsadmin -setQuota <Quota> <dir1>….<dirn>
```

使用-clrQuota命令可以删除一个或一组目录的配额，使用方法如下：

```
hdfs dfsadmin -clrQuota <dir1> ….. <dirn>
```

2. HDFS中的空间配额

使用空间配额可以限制每个目录的空间使用量。空间配额以字节为单位。如果一个目录中的某个文件的块大小超过了这个配额，则写入会失败。零配额允许创建文件，但这个文件不能写入内容，这是因为文件元数据并不归入这个配额。另外，目录也不计算在空间配额内。配额能指定的最大字节数为Long.Max_Value。

文件的备份会被计算在配额内。比如一个三备份的1 TB文件，则会占用3 TB的配额。在设置配额时请牢记这一点。

下面的命令可以用来设置HDFS中的空间配额：

```
hdfs dfsadmin -setSpaceQuota <Quota> <dir1>….<dirn>
```

使用-clrSpaceQuota命令可以重置空间配额，使用方法如下：

```
hdfs dfsadmin -clrSpaceQuota <dir1>…. <dirn>
```

使用带-q参数的count命令可以列出文件和目录的配额。如果没有设置任何配额，这个命令会显示该目录数量配额为none，空间配额为inf（infinity）。

```
hdfs -count -q <dir1>…<dirn>
```

11.3.3　Hadoop中的服务级授权

Hadoop有很多串联运行的服务来处理提交的应用和作业。YARN的资源管理器可以运行执交的应用。Application Master将作业作为输入并进行处理。同样，HDFS的NameNode服务提供元数据存储及HDFS的目录服务。在任何框架中，访问服务的授权功能都是一项强制性的安全组件。

11

在 Hadoop 的配置目录里，hadoop-policy.xml 文件描述了访问服务的授权策略。使用 ACL 来定义授权，ACL 定义了用户或组，以及允许或拒绝某个用户或组的访问类型。一开始就会进行这些 ACL 的检查，之后才是其他的授权检查，比如 HDFS 授权。

将 core-site.xml 文件中的 hadoop.security.authorization 属性设置为 true 可以启用 Hadoop 中的服务级授权（Service-Level Authorization，SLA）。Hadoop 的 SLA 功能有很多 ACL 的设置，定义了允许或限制访问服务。具体如下所示。

- ❑ security.client.protocol.acl：这个属性决定了经由 Hadoop API 的分布式文件系统客户端的使用权限。被允许访问的用户或组可以通过一个访问控制项（Access Control Entry，ACE）来调用 NameNode 服务。
- ❑ security.client.datanode.protocol.acl：这个属性决定了在 Hadoop 集群中可以访问 DataNode 的用户和组。被允许访问的用户或组可以通过 ACE 调用 DataNode 的 API。该属性通常用于块恢复场景。
- ❑ security.datanode.protocol.acl：这个属性确定了相应的 ACE，允许 DataNode 与 NameNode 通信，并访问 NameNode。
- ❑ security.inter.datanode.protocol.acl：这个属性确定了相应的 ACE，允许 DataNode 与其他 DataNode 通信。它们通常被用于更新年代时间戳（generation timestamp）。而这个时间戳被用于块写入失败场景。
- ❑ security.namenode.protocol.acl：这个属性决定了从 NameNode 与主 NameNode 通信时拥有的权限种类。
- ❑ security.inter.tracker.protocol.acl：这个属性决定了 Task Tracker 与 Job Tracker 通信时拥有的权限种类。
- ❑ security.job.submission.protocol.acl：这个属性决定了作业提交客户端所拥有的权限。这些客户端被用于提交作业或查询作业状态。
- ❑ security.task.umbilical.protocol.acl：这个属性决定了 Map 或 Reduce 任务与父 TaskTracker 进程通信时的权限。
- ❑ security.refresh.policy.protocol.acl：这个属性决定了 dfsadmin 和 mradmin 命令刷新策略时的权限。
- ❑ security.ha.service.protocol.acl：这个属性决定了 HAAdmin 管理活跃 NameNode 和备用 NameNode 时的权限。这个 ACL 协议只用于处理 NameNode 高可用性。

每个 ACL 都是由一个用户列表和紧随其后的组列表所组成。每个用户列表用逗号分隔。每个组列表也是用逗号分隔。用户列表和组列表之间是用空格分隔。比如，u1，u2 g1，g2 表示这个 ACL 是用于用户 u1、用户 u2、组 g1 以及组 g2。星号（*）作为通配符可以被用来指定为所有用户。

不用重启 NameNode 或其他任何守护进程就可以刷新 SLA。dfsadmin 和 mradmin 命令都有一个 -refreshServiceAcl 参数用于重新加载配置。

下面的XML就是一个hadoop-policy.xml样本文件中的一段：

```
<property>
    <name>security.job.submission.protocol.acl</name>
        <value>u1,u2 g1</value>
</property>
<property>
    <name>security.client.protocol.acl</name>
        <value>* </value>
</property>
```

第一个ACL允许用户u1和u2在集群中提交作业。此外，属于组g1的所有用户也可以提交作业。第二个ACL则允许所有用户访问HDFS。

11.4　Hadoop 中的数据保密性

Hadoop是一个分布式的系统。所有分布式的系统都通过网络相互连接。网络容易受到攻击，从而被恶意地窃取数据。同时，数据在不传输的时候，如果没有加密保护，也会被读取。

数据在不传输的时候，它的保密性被委托给DataNode所在机器的操作系统。大多数现代的操作系统都提供了加密方案，以保护在他们范围内的磁盘上的数据。在本节中，我们将看到通过网络传输时的保密性以及如何在数据传输过程中启用加密。

HTTPS和加密的洗牌

在洗牌过程中加密，是一项有利于数据保密性的功能。入之前所述，在MapReduce作业的生命周期中，洗牌是将数据从Map任务移到Reduce任务的步骤。这是通过网络在机器之间进行的数据移动，传输协议是HTTP。

HTTP本身以明文发送数据，即，使用一种未加密的形式。当有人恶意窥探网络时，这会导致信息的泄漏。HTTPS是HTTP的安全形式，所有HTTP端点间的包负载都使用安全套接层（Secure Socket Layer，SSL）进行加密。Hadoop通过在Map和Reduce任务节点间使用HTTPS通信，允许加密的洗牌处理。

另外，Hadoop也允许客户端认证。通过配置设置来实现加密的洗牌处理：

☐ 关闭HTTP和HTTPS之间的洗牌处理；
☐ 指定一个密钥库（keystore）和信任库（truststore），以便HTTP加密；
☐ 当添加或删除节点时，重新加载信任库。

1. SSL的配置更改

加密洗牌处理的配置需要SSL。启用SSL，需要进行如下更改。

- 如果要使用客户端证书，则core-site.xml文件中的`hadoop.ssl.require.client.cert`属性需要设为`true`。默认情况下，这个值是`false`。
- 当使用SSL连接时，使用`hadoop.ssl.hostname.verifier`属性来指定安全的等级。Java中的`HttpsUrlConnection`类使用这个值来确定是否允许连接。将认证方案中的服务器身份与实际的服务器身份进行比较，来决定允许还是拒绝连接。这个属性的值有`DEFAULT`、`STRICT`、`STRICT_I6`、`DEFAULT_AND_LOCALHOST`和`ALLOW_ALL`。默认值为`DEFAULT`。`ALLOW_ALL`是最弱的验证形式。这个属性在core-site.xml文件中。
- `hadoop.ssl.keystores.factory.class`属性表示用于实现和管理密钥库的类名。默认情况下，值为`org.apache.hadoop.security.ssl.FileBasedKeyStoresFactory`。这个属性在core-site.xml文件中。
- `hadoop.ssl.server.conf`属性表示服务器端用于配置SSL的配置文件。默认值为`ssl-server.xml`。出于可用性，此文件配在class path中。这个配置文件的值配置了密钥库和其他的SSL属性。这个属性在core-site.xml文件中。
- `hadoop.ssl.client.conf`属性跟上一个属性类似。但它定义的是客户端的SSL属性。默认值为`ssl-client.xml`，而且必须配在class path中。

上面所有的属性都被标记为`final`，这意味着它们不能被系统或用户用其他任何配置所覆盖。这些属性必须配置在集群的所有节点上。

下面的配置段显示了一个core-site.xml样本的配置：

```xml
<property>
    <name>hadoop.ssl.require.client.cert</name>
    <value>false</value>
    <final>true</final>
</property>
<property>
    <name>hadoop.ssl.hostname.verifier</name>
    <value>DEFAULT</value>
    <final>true</final>
</property>
<property>
    <name>hadoop.ssl.keystores.factory.class</name>
    <value>org.apache.hadoop.security.ssl
        .FileBasedKeyStoresFactory</value>
    <final>true</final>
</property>
<property>
    <name>hadoop.ssl.server.conf</name>
    <value>ssl-server.xml</value>
    <final>true</final>
</property>
<property>
    <name>hadoop.ssl.client.conf</name>
    <value>ssl-client.xml</value>
```

```
        <final>true</final>
    </property>
```

前面的属性在节点间设置了SSL，这样可以将HTTPS作为通信协议使用。要在加密的洗牌处理中启用HTTPS，可以将mapred-site.xml文件中的mapreduce.shuffle.ssl.enabled属性设为true。默认情况下，该属性的值为false。同样，这个属性是不能被覆盖的，并被标记为final。下面的代码段显示了mapred-site.xml文件中这个属性的配置：

```
<property>
    <name>mapreduce.shuffle.ssl.enabled</name>
    <value>true</value>
    <final>true</final>
</property>
```

2.配置密钥库和信任库

Hadoop中可以直接使用的密钥库实现只有FileBasedKeyStoreFactory。信任库和密钥库所对应的文件可以通过设置hadoop.ssl.server.conf和hadoop.ssl.client.conf属性的值来指定。

　　密钥库和信任库的结构非常相似。它们被用于存储私钥和证书。不过在功能上它们服务于不同的目标。密钥库被用来存储在SSL连接中所需要提供的证书。一般情况下，密钥库被用来存储启动一个安全的远程连接所需要的私钥和公钥证书。如果启动了一个SSL服务器，或服务器需要处理客户端认证，那么必须使用密钥库来存储必要的密钥和证书。

　　相比之下，信任库被用来在一个连接建立时验证证书。它们通常包含第三方的证书，比如根证书或是由标识和认可端点的认证机构所签署的证书。

　　密钥库和信任库可以是同一个文件。不过，通常最好将它们分开。

可以使用下表中所列的属性来配置ssl-server.xml文件。

属性名	描述
ssl.server.keystore.type	密钥库文件的类型。Java密钥库是jks类型的。这个属性的默认值是jks
ssl.server.keystore.location	密钥库文件在本地节点上的路径。运行任何MapReduce作业的用户至少需要这个文件的读权限
ssl.server.keystore.password	每个密钥库和信任库文件都有密码保护。密钥库的密码在这里指定
ssl.server.truststore.type	信任库文件的类型。默认值为jks
ssl.server.truststore.location	信任库的文件路径
ssl.server.truststore.password	信任库的密码
ssl.server.truststore.reload.interval	从信任库重新加载证书的时间间隔，单位为毫秒。默认值为10 000，表示10秒

11

下面是一个ssl-server.xml文件的样本配置：

```
<configuration>
<!-- 密钥库相关配置 -->
<property>
    <name>ssl.server.keystore.type</name>
    <value>jks</value>
</property>
<property>
    <name>ssl.server.keystore.location</name>
    <value>${user.home}/keystores/certstore.jks</value>
</property>
<property>
    <name>ssl.server.keystore.password</name>
    <value><your keystore password></value>
  </property>

<!-- 信任库相关配置 -->
<property>
    <name>ssl.server.truststore.type</name>
    <value>jks</value>
</property>
<property>
    <name>ssl.server.truststore.location</name>
    <value>${user.home}/keystores/castore.jks</value>
</property>
<property>
    <name>ssl.server.truststore.password</name>
    <value><your truststore password></value>
</property>
<property>
    <name>ssl.server.truststore.reload.interval</name>
    <value>10000</value>
</property>
</configuration>
```

可以使用下表中所列的属性来配置ssl-client.xml文件。

属性名	描　述
ssl.client.keystore.type	密钥库文件的类型。Java密钥库是jks类型的。这个属性的默认值是jks
ssl.client.keystore.location	密钥库文件在本地节点上的路径。运行任何MapReduce作业的用户至少需要这个文件的读权限
ssl.client.keystore.password	每个密钥库和信任库文件都有密码保护。密钥库的密码在这里指定
ssl.client.truststore.type	信任库文件的类型。默认值为jks
ssl.client.truststore.location	信任库的文件路径
ssl.client.truststore.password	信任库的密码
ssl.client.truststore.reload.interval	从信任库重新加载证书的时间间隔，单位为毫秒。默认值为10 000，表示10秒

下面是一个ssl-client.xml文件的样本配置：

```
<configuration>
<!-- 密钥库相关配置 -->
<property>
    <name>ssl.client.keystore.type</name>
    <value>jks</value>
</property>
<property>
    <name>ssl.client.keystore.location</name>
    <value>${user.home}/keystores/clientcertstore.jks</value>
</property>
<property>
    <name>ssl.client.keystore.password</name>
    <value><your keystore password></value>
</property>

<!-- 信任库相关配置 -->
<property>
    <name>ssl.client.truststore.type</name>
    <value>jks</value>
</property>
<property>
    <name>ssl.client.truststore.location</name>
    <value>${user.home}/keystores/clientcastore.jks</value>
</property>
    property>
    <name>ssl.client.truststore.password</name>
    <value><Your truststore password></value>
</property>
<property>
    <name>ssl.client.truststore.reload.interval</name>
    <value>10000</value>
</property>
</configuration>
```

一旦配置完成，只要重启集群中所有的NodeManager就可以激活加密的洗牌处理。加密的洗牌处理会增加一定的处理开支，因为洗牌处理除了要执行原有的职责以外，还不得不进行加密和解密处理。

可以在Reduce任务节点上调试SSL连接。要实现这一点，只要将mapreduce.reduce.child.java.opts属性设为javax.net.debug=all这个Java选项就可以了。可以基于每个作业修改这个配置，也可以在mapred-site.xml文件中修改，这样就可以调试整个集群中的所有作业了。下面的内容显示了如何在mapred-site.xml文件中修改这个属性：

```
<property>
    <name>mapred.reduce.child.java.opts</name>
    <value>-Djavax.net.debug=all</value>
</property>
```

11

仅在调试的时候使用这个调试属性，且要谨慎使用。当使用这个选项时，它会减慢作业的执行时间。通过在NodeManager上设置如下的环境变量，也可以启用调试：

```
YARN_NODEMANAGER_OPTS="-Djavax.net.debug=all"
```

11.5   Hadoop 中的日志审计

日志审计是一项审计处理，记录了Hadoop中发生的所有操作。通过log4j属性，Hadoop已经提供了HDFS和MapReduce引擎的日志记录功能。审计日志使用相同的框架，但它们记录更多的事件，提供更高精度的Hadoop操作。使用log4j.properties文件来配置日志。

默认情况下，log4j.properties文件将日志打印的阈值设为WARN。通过将这个等级设为INFO，可以开启日志审计。下面的内容显示了当HDFS和MapReduce开启审计日志时的log4j.properties的配置：

```
#
# hdfs审记日志相关配置
#
hdfs.audit.logger=INFO,NullAppender
hdfs.audit.log.maxfilesize=256MB
hdfs.audit.log.maxbackupindex=20
log4j.logger.org.apache.hadoop.hdfs.server.namenode.FSNamesystem
    .audit=${hdfs.audit.logger}
log4j.additivity.org.apache.hadoop.hdfs.server.namenode
    .FSNamesystem.audit=false
log4j.appender.RFAAUDIT=org.apache.log4j.RollingFileAppender
log4j.appender.RFAAUDIT.File=${hadoop.log.dir}/hdfs-audit.log
log4j.appender.RFAAUDIT.layout=org.apache.log4j.PatternLayout
log4j.appender.RFAAUDIT.layout.ConversionPattern=%d{ISO8601} %p
    %c{2}: %m%n
log4j.appender.RFAAUDIT.MaxFileSize=${hdfs.audit.log.maxfilesize}
log4j.appender.RFAAUDIT.MaxBackupIndex=${hdfs.audit.log
    .maxbackupindex}

#
# mapred审记日志相关配置
#
mapred.audit.logger=INFO,NullAppender
mapred.audit.log.maxfilesize=256MB
mapred.audit.log.maxbackupindex=20
log4j.logger.org.apache.hadoop.mapred.AuditLogger=${mapred.
    audit.logger}
log4j.additivity.org.apache.hadoop.mapred.AuditLogger=false
log4j.appender.MRAUDIT=org.apache.log4j.RollingFileAppender
log4j.appender.MRAUDIT.File=${hadoop.log.dir}/mapred-audit.log
log4j.appender.MRAUDIT.layout=org.apache.log4j.PatternLayout
log4j.appender.MRAUDIT.layout.ConversionPattern=%d{ISO8601} %p
    %c{2}: %m%n
log4j.appender.MRAUDIT.MaxFileSize=${mapred.audit.log.maxfilesize}
```

```
log4j.appender.MRAUDIT.MaxBackupIndex=${mapred.audit.log
    .maxbackupindex}
```

　　将等级设为`INFO`，开启了`hdfs.audit.logger`和`mapred.audit.logger`属性。随后这些属性又会被赋给`log4j`属性，比如`log4j.logger.org.apache.hadoop.hdfs.server.namenode.FSNamesystem.audit`。另外，也可以调整其他属性来控制日志记录。

11.6　小结

　　安全性成为多租户及分布式环境的一个主要特性。很多途径都可能导致网络和资源共享出现信息泄露，比如未经认证的访问，恶意的修改，甚至拒绝服务等。开启诸如认证、授权、数据保护和数据审计等安全功能，可以保护Hadoop集群免受攻击。

　　本章学到的主要内容如下所示。

- ❑ 0.20以后，为了确保合规性、保密性，以及公平地使用共享的企业集群，雅虎引入了Hadoop安全相关的功能。
- ❑ 基于拓扑学和法规的要求，Hadoop可以配置基于Kerberos的认证或简单认证。用户的信息可以从诸如LDAP或活动目录之类的企业用户存储中取得。
- ❑ Hadoop内置了服务级和资源级的授权。HDFS的授权和基于UNIX的文件授权模式非常相似。
- ❑ 通过MapReduce洗牌处理和Web端点中的HTTPS，Hadoop提供了数据的保密性。只需调整几个参数就可以启用HTTPS。而数据不在传输时的保密性则委托给节点的操作系统。
- ❑ 在企业中，审计处理对于合规和取证来说非常重要。Hadoop使用log4j日志记录框架来提供日志审计功能。

　　下一章，我们会详细探讨Hadoop的应用，特别是大数据分析方面。

11

第 12 章

使用Hadoop进行数据分析

12

凭借其出众能力，Hadoop在辅助数据分析上开始崭露头角。随着数据在容量、速度和多样化上的快速增长，我们需要有能够高效分析这些数据的系统。硬件上的垂直扩展已经不适用于这些数据，因为垂直扩展太昂贵而且很难管理。分布式计算和水平扩展倒是不错的选择，而且像Hadoop这样的框架可以自动进行容错处理、扩展和分布式计算，满足了这样的系统的需求。

分析都是和数据有关的。一个常被问起的问题是：什么情况下Hadoop会显得大材小用？通常情况下，当数据集的容量等于或大于1 TB时，推荐使用Hadoop。然而，当数据规模的增长速度很难预测时，由于Hadoop拥有"一次编写，任意部署"的特性，因此使用Hadoop MapReduce可能也是一个好主意。

也有一些机构使用Hadoop分析几百个G左右容量的数据。由于用户的Hadoop作业在较长时间的启动和磁盘访问上需要消耗很大的延时，因此数据集越小越好。Hadoop MapReduce在功能方面的特点使其很容易编码和实现复杂的分析功能。在某些场景中，当数据集较小，并且传统的SQL由于其分析特性而变得无用武之地时，使用Hadoop并且直接与文件系统交互是很明智的做法。

本章，我们将讨论如下主题：

❑ 数据分析的工作流
❑ 机器学习简明介绍
❑ Apache Mahout基础
❑ 使用Pig和Mahout做文档分析的数据分析案例

12.1 数据分析工作流

数据分析需要转换数据和洞察数据内部，并以此找出内部有意义的信息。信息摘要用于决策或者为决策提供建议。下图展示了数据分析的工作流：

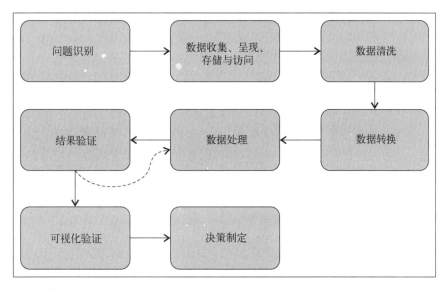

数据分析工作流主要涉及以下几个步骤。

(1) 第一步是识别需要解决的问题。由于后续的步骤都依赖于这步，所以它很重要。例如，在问题的陈述中指明需要收集哪种类型的数据，以及问题的解决方案有哪些重要的特征。数据分析需要各个领域的专业知识，所以还必须知道问题对应的专业知识从哪里可以获取到。

(2) 一旦问题识别出来了，就需要收集适当的数据。收集的数据使用一种空间上优化的表现格式，但又不能丢失对问题解决有帮助的信息。现在的企业还要意识到合规和安全的要求，因此对数据的访问可能需要受到个人授权的限制，而某些情况下数据可能是需要保密的。

(3) 存储的数据需要清洗。清洗涉及删除异常值、丢失值和错误的记录。分析结果的好坏很大程度上取决于数据的清洗质量。如果没有清洗数据，那么分析结果很可能是对事实的曲解。

(4) 清洗后的数据需要转换成一种有利于数据分析的表现形式。比如，将数据做正规化转换为0到1之间的值；再比如，将数据的规模转变为容易计算的状态。

(5) 转换后的数据将使用算法进行分析。机器学习的算法是一种基于先前已经知道的经验性实例来提供解决方案的分析算法。

(6) 一旦数据被转换并且得到了分析的结果，就需要验证结果的有效性。验证可以通过咨询领域专家或者应用到用户的测试集来完成。验证之后，如果分析的结果可以用来做出有意义的决策，那分析的过程就可以结束了。否则，数据科学家和相关人员将回到图板前，调整工作流的参数并重新分析。

(7) 验证后的结果将以可视化的方式呈现给利益相关人（可以包括使用者），以确认其是否有效。这个阶段要决定使用什么合适的可视化表现方式。

(8) 最后，分析的结果用于帮助做出决策。

12.2 机器学习

机器学习是通过编程使得计算机可以基于先前的经验优化出一个函数。提供经验数据给计算机，让它构建一个可以对真实世界中遇到的未知数据做出预测的模型函数。计算机基于参数和提供的经验数据构建这样的函数，并可以随着经验数据的增加或者数据特征的变化而不断演进。在后期环节，这个模型函数会应用到未知的数据上，并基于模型函数预测输出。用于学习这个模型函数的经验数据称为训练数据（training data）。

下面是几种机器学习的算法。

- **监督学习**（supervised learning）：提供给监督学习的训练数据是打了标签的。训练数据集中的每个数据点都是一对对象：原始的数据点所表示的状态（通常以向量形式表示的值）和此状态对应的一个期望值。一位熟悉这个领域数据的专家标注这个状态对应的期望值，并把这个期望值称为标签（label）或者监督符号。这种算法在训练数据集上执行，并由此推导出一个数学函数。这个函数尽可能的通用化，被称为模型（model）。当这些函数应用于任何未知的数据时，都会得到一个输出值。这个模型在预测上的准确率决定了它有多强的能力。
- **非监督学习**（unsupervised learning）：提供给非监督学习算法的训练数据是没有打标签的。这就要求学习算法能够学习到数据中蕴含的结构信息。聚类（clustering）是非监督学习方法的一个例子，它将没有标签的数据基于不同数据点之间的距离来分组。
- **半监督学习**（semi-supervised learning）：它将少数带有标签的数据点混合到没有标签的经验数据中，因此是一种混合监督学习和非监督学习的算法。

下页图展示了机器学习的过程。

机器学习过程主要包括以下几个步骤。

(1) 机器学习的第一步是明确要解决的问题以及对于这个问题已有的训练数据由什么组成。这需要指明测试数据点的粒度应该多大以及数据点数量应为多少。问题领域的专家对于决定测试数据的粒度和大小是非常有帮助的。

(2) 一旦问题确定，下一步就是从实际世界中收集训练数据。在监督学习的情况下，收集的数据可能需要专家打标签。打标签的训练数据的最优大小也许是决定这个模型函数准确率的最关键因素。通常，通过专家给训练数据打标签非常昂贵，且需要恰当的计划安排。同时也是因为手动打标签的缘故，它不可能对很大规模的数据点完成打标签，因此，半监督学习技术变得越来越受欢迎。

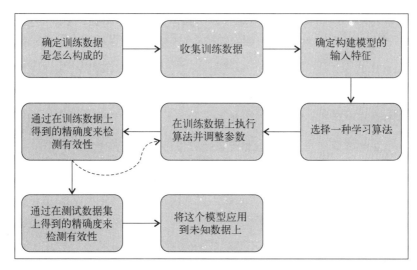

(3) 训练数据点现在需要解析成一组特征集。这种对数据点进行特征化的操作能够准确表达数据收集时的原始状态。选择正确的特征集是获得好的模型函数的关键。过多的特征会使处理变得非常缓慢，而过少的特征会导致准确率降低。

(4) 下一步是选择一种好的学习算法来学习这个函数。这往往需要根据问题的本身特点，从众多的算法中进行挑选。分类（classification）这种算法输出的模型函数能够决定某个特定的数据点属于哪种类别；聚类算法将一个数据集基于距离的度量分成很多个分组。

(5) 当合适的算法选好后，就给予它训练数据和参数。学习算法的输出是一个模型函数。学习参数可以用来调整这个模型函数的特征。例如，正则化（regularization）参数用于使模型函数具有一般形式，以解决过度拟合（overfitting）的问题。在聚类的场景中，一个参数能决定这个学习算法输出的聚类数量。

(6) 验证（validation）是机器学习工作流中最为重要的步骤之一，它能够确定学习模型的优势和劣势。可以使用学习到的模型函数在随机选择的训练数据子集上进行验证。在监督学习的场景中，由于我们事先知道数据的标签，因此很容易就能够计算学习到的模型的准确率。如果发现学习模型的准确率较低，我们可以回到第4或第5步，通过修改算法或者调整参数来获得更好的模型函数。

(7) 接下来用验证后的机器学习模型对测试数据集进行预测。这也是一些打了标签的数据集，但是不在训练数据里面。可以通过这个数据集确定操作参数和模型特征，然后，这些操作参数就能够用于预测真实世界里面的未知数据。

(8) 最后一步是部署和操作学习到的模型，以使其能够按照第7步得到的参数运行。未知的数据会提供给学习模型，并要求其给出预测的结果。这个预测的结果可以用于驱动商业决策。

(9) 学习到的模型可以周期性地使用新获取的知识或者用户和利益相关者的反馈来不断更新。收集新的训练数据，然后重复步骤1到8，从而更新模型。

机器学习（machine learning）和数据挖掘（data mining）这两个术语经常会在同一个语境下出现。**数据挖掘**领域涉及在大规模的数据集中发现模式。机器学习和数据挖掘之间的不同如下所示：

❑ 机器学习可以作为数据挖掘过程中的一个工具使用；
❑ 机器学习解决特定的任务，而数据挖掘探索数据的本质；
❑ 机器学习是在未知的数据上识别已知的信息，而数据挖掘是发觉数据的未知信息。

12.3   Apache Mahout

Apache Mahout是一个可扩展的机器学习库，也是Apache软件基金会旗下的一个开源库。它支持分布式平台上的算法，包括聚类、分类和协同过滤（collaborative filtering）等。Apache Mahout欢迎贡献者贡献任何算法到库中。算法的代码并不一定要是在分布式系统中执行，也可以在单个机器上执行。

由于Apache Mahout允许用户引入单机算法，因此建议你在Hadoop上执行该算法前先了解它的实现方式。

Apache Mahout有一些算法是使用MapReduce实现的，这些算法可以在Hadoop上执行以充分利用分布式集群的并行度。再次提醒，在Hadoop执行上这些算法前你应该学习这些算法的实现。在Hadoop集群上执行一个非MapReduce实现的算法可能无法获得任何的加速效果。

近期，也就是从2014年4月开始，Mahout已经停止接受使用MapReduce模型编写的算法。然而，Mahout承诺会支持所有已经在库中且使用了MapReduce模型编程的算法。

下面列出了Apache Mahout所支持的用例，以及可以在Hadoop上执行并利用Hadoop集群并行度的算法。

❑ **分类**：这是一个学习如何将数据点放在不同分类的监督学习方法，未知数据将会被划分到其中的一个分类中。在分类的用例中，Mahout支持贝叶斯分类器和随机森林分类器的并行实现。贝叶斯分类器使用贝叶斯规则和条件概率来做二元分类。随机森林分类器以决策树为内核，但使用的是很多决策树组合在一起的方法。

❑ **聚类**：这是一种非监督学习方法，它将训练数据的点划分到相干的分组中。Mahout支持很多聚类算法的分布式实现，例如，k-means就是一个广受欢迎的聚类算法，有它的分布式和并行化实现。k-means对数据点进行分组的核心是要使数据点之间的平均距离最小。模糊的k-means聚类算法也是和Hadoop兼容的。在这个聚类算法中，聚类并不是唯一的，它允许一个数据点被聚集在不同的组中。在聚类的体系中，分级式（hierarchical）、Latent Dirichlet Allocation（LDA）、Mean shift、MinHash、Dirichlet Process、Canopy和Spectral聚类算法也在Mahout库中有分布式实现。

❑ **协同过滤**：它基于已获得的用户数据做出推荐。基于分布式项的协同过滤算法和基于并行矩阵分解的协同过滤算法有Hadoop兼容的实现。前者使用用户对其他项的偏好来预测他们对某一类似项的偏好，而后者通过未知项的矩阵来预测用户的偏好。

❑ **频繁项集挖掘**（frequent itemset mining）：这也叫购物篮分析，这个算法分析典型情况下哪个物品和当前的物品经常一起出现，由一个并行FP增长算法的并行实现决定物品之间的关联。

12.4　使用 Hadoop 和 Mahout 进行文档分析

在本节，我们将使用一个文档分析的例子来展示使用Hadoop和Mahout进行数据分析工作。我们将使用Pig作为MapReduce的高阶抽象，计算文档间的距离时所使用的评分算法为Tf-idf。这种距离度量方法在信息检索和文本分析领域非常流行，它是基于文档中的单词出现的统计信息来实现的。

Tf-idf基于查询项对文档进行排序，它广泛适用于文本检索场景。查询项与文档的距离决定了查询项与文档的相似程度，这种距离可以用来将文档排序。

此例中，我们将会使用NSF授权的摘要文档，可以从下面的地址获取它们：http://kdd.ics.uci.edu/databases/nsfabs/nsfawards.html。这个数据集由120 000个摘要文档组成，分为三个部分，每个摘要文档都是独立的文本文件。

Tf-idf是词频–逆文频（term frequency-inverse document frequency）的缩写。它是两项指标的乘积：词频（tf）和逆向的文频（df）。

12.4.1　词频

正如这个词的字面意思所示，词频（term frequency）是指一个词语在一个特定文档中出现的次数。一个词在文档里面出现的频率越高，这个词与该文档的联系就越紧密。例如，如果"Hadoop"这个词在文档A中出现10次，在文档B中出现15次，那么就Hadoop这个词的语境而言，文档B的相关性要超过文档A。这种一目了然的直观性促使我们将词频作为度量项来计算。

12

不同规模的文档其词语数量可能千差万别，例如，一个较大的文档（假设有1000个词语）可能出现"Hadoop"这个词语10次，而另一个文档（假设有100个词语）可能出现5次。如果据此说较大的文档与"Hadoop"这个词语的相关性更强，那可能很不公平，因为较小的文档中Hadoop这个词占所有词的百分比要更高。因此，在计算词频的时候，需要将词语出现的次数除以词语的总数以使其归一化。

事实上，一个词语t对于文档d的词频可以由下面公式给出：

词频 (t, d) ＝ 词语t在文档d出现的次数/文档d中词语的数量

12.4.2　文频

仅仅使用词频可能还无法公平地决定一个单词对于一个文档的重要性，因为有一些词语在英语词汇中出现的频率非常高。例如，"and""the"和"in"出现的频率就比其他的词高得多。我们称这些词为终止词（stop word）。

还有一些词出现的频率和它们来源的语料库关系密切。例如，来自某个机构的文档可能都包含这个机构的名字。这些词语和终止词一样，在比较判断某组词汇对于一个文档的重要性时，没有贡献任何有用的信息。

文频（document frequency）用于消除或减轻这种高频词在计算文档距离时带来的负面影响。为了实现这个功能，需要计算一个词语出现在一个文档语料库中的文档的数量。这个值越大，就意味着这个词在区分这些文档相关性上贡献的信息就越少。因此，逆向文频可用于减少这类高频词的影响。

事实上，逆向文频可以按如下公式计算：

逆向文频 (t) ＝ log (语料库中文档的数量/词语t出现的文档数量)

用文频除以语料中文档的总数，可以产生归一化的数值，因此结果在0到1之间。对整个分数使用log函数是为了将这个值保持在一个合理的范围内，因为文档的数量可能非常巨大（例如互联网文档集中的文档数量）。

12.4.3　词频–逆向文频

词频和逆向文频的乘积，能指示某一给定的词语与文档之间的重要性：

词语t和文档d的Tf-idf ＝ 词语t在文档d的词频 * 词语t的逆向文频。

语料中的每个词语和每个文档都有一个Tf-idf，明白这一点很重要。这些Tf-idf分数被存储在反向索引的全文搜索引擎中，并用于度量查询词与文档之间的距离。这个反向索引的存储是很稀疏的格式，也就是说，只有当一个词语出现在一个文档中的时候，Tf-idf评分才会和一个文档关

联。一个没有出现在文档中的词语的Tf-idf评分是0，因为这个词在文档中的词频为0。这些值为0的Tf-idf不会存储在反向索引中。

12.4.4 Pig中的Tf-idf

下面的步骤演示了如何计算之前描述过的NSF授权摘要文件的Tf-idf。

(1) 前提条件是将所有文档加载到HDFS中。这可以通过使用`hadoop fs -cp`命令[①]来完成。下一步是将文件加载到Pig关系中，这样我们就可以基于这些关系运行数据的计算和转换。`PigStorage`类用于将一个文档读入一个关系，它以文件名和文档中的句子作为`chararray`（`file_and_sentence`）。我们使用`-tagsource`指令去通知`PigStorage`类给关系中的元组（tuple）打上文件名的标签，这是为了标志它属于某个文档。由于Tf-idf评分是词语和文档关联的，因此文件名起到一个文档标识的作用。

(2) 一旦加载了关系，下一步就是将句子切分成单词。这些词语将用于后期的计算。我们使用Pig函数`TOKENIZE`来将句子切分为单词，也可以用一个更为成熟的正则表达式来分词。分词的输出是另一个关系，`fiel_and_words`，这包含了文件名以及和句子相对应的单词。对于每个文件，我们将得到很多这样的元组，元组的数量取决于文件中出现的句子的数量。

(3) 这些元组将通过一个过滤器，从而去除所有没有包含字母数字式字符的词语。使用正则表达式`\w+`来完成这个过滤。现实中还会使用终止词列表来过滤掉那些普通的常见词。

(4) 下一步，所有剩下来的词语都将转换为小写，这样相同的词语其表现形式也是统一的。这是对于词语的一种非常简单的转换方式。实践中，类似于stemming和lemmatization这样的操作在这一步可以帮助将单词的各种变形形式转换为相同的表现形式。例如，swimmers和swimmer可以表现为一个单词，也就是swimmer。有很多实现stemming的算法，并且大部分知名的自然语言处理的库都内置了这样的算法。Porter Stemmer是一个很受欢迎的算法：

```
/* 这是一个Pig的模板文件，用于取得所有NSF授权摘要文件的Tf-idf。在开始前，
 * 1) 解压你本地路径中的zip文件
 * 2) 使用bin/hadoop fs -cp命令
 */

/* 我们加载所有位于hdfs的grants目录中的文件。使用下面的命令可以完成这项工作。PigStorage类能帮助
我们取得文件名和文档中的句子。命令结束后，你将得到（文件名，句子）这样的元组。有必要的话，请注意更
改hdfs的加载目录。
 */

file_and_sentence = load 'grants/*' using PigStorage('\t',
    '-tagsource') as (file_name: chararray, sentence:
```

---

① 可能是作者笔误，此处应该使用-put命令。——译者注

```
        chararray);
```

```
/* 现在我们使用pig的TOKENIZE函数将每个句子进行分割，然后将分片展开。这一步完成后，我们将得到（文
件名，单词1，单词2...）。这些单词的元组就是由句子分解而来。
*/
```

```
file_and_words = foreach file_and_sentence generate
    file_name as file_name,flatten(TOKENIZE(sentence)) as
        words;
```

```
filtered_file_and_words = filter file_and_words by (words
    matches '\\w+');
```

```
/*现在我们将每个文件和句子的单词进行分组。Pig中的分组操作将得到　（分组，{分组的成员}）。对分组做
flatten操作将产生更多的元组。请参考这个文档以理解更多细节。执行下面的步骤可以得到整洁的元组格式（文
件名，单词，单词数）。http://pig.apache.org/docs/r0.9.1/basic.html#flatten
*/
```

```
lowercased_file_and_word = foreach filtered_file_and_words
    generate file_name as file_name, LOWER(words) as word;
```

(5) 当我们恰当地清洗和转换数据后，使用Pig中的GROUP BY操作按文件名和单词分组。这会对某个文件中的所有单词进行分组。这个分组的键是文件名，并被表示为file_and_words_groups的关系，如下Pig代码片段所示。

(6) 我们现在根据每个分组中单词的数量就可以计算每个文档中单词的数量。file_and_word_and_count关系展示了此项数据。这个关系中的元组包括文件名、单词、单词在这个文件出现的次数。这就是词频。

(7) 将file_and_word_and_count用不同的方法分组，也就是基于文件名，我们可以得到某个文档中单词的数量。将每个分组内这个单词的计数累加起来，unnormalized_term_counts关系给出了每个文件中单词的数量。

(8) 每个文件中的单词计数可以用来规范和计算词频。在这个例子中，term_frequencies关系代表了词频。它是通过词频除以文档中单词的数量计算得到：

```
file_and_words_groups = group lowercased_file_and_word by (file_name, word);
```

```
file_and_word_and_count = foreach file_and_words_groups
    generate flatten(group) as (file_name:chararray, word:chararray),
        COUNT_STAR(lowercased_file_and_word) as count;
```

```
/* 现在我们拥有了格式为（文件名，单词，单词数）的数据。我将让你来处理练习的剩余部分。　*/
```

```
/* 现在我们可以进行合适的分组，然后得到不同的统计。比如，使用下面的Pig命令我们可以得到每个文件中单
词的数量。当我们尝试规范化tf或idf分数时，需要注意到JOIN操作可能很重要。　*/
```

```
group_file_and_word_and_count = group
    file_and_word_and_count by file_name;


/* 将文档大小添加到单词数量的元组 */
unnormalized_term_counts = foreach
    group_file_and_word_and_count generate group as
        file_name, flatten(file_and_word_and_count.(word,
            count)) as (word, count),
                SUM(file_and_word_and_count.count) as
                    doc_size;


/* 生成tf评分 */
term_frequencies = foreach unnormalized_term_counts
    generate file_name as file_name, word as term,
        ((double)count / (double)doc_size) as term_freq;
```

(9) 通过对 term_frequencies 基于单词进行分组并计算分组中每个元素的数量，我们得到了某个特定单词的文频。在下一段代码中，关系 doc_term_count 展现了包含这个单词的文档的数量。

(10) 现在文频必须通过语料库中文档的数量进行归一化处理。将关系 file_and_sentence 对文件名进行分组可以做到这点。分组的计数表示了语料库中文件的数量。

(11) 最后，Tf-idf 可以通过先前讨论的公式，按每个单词和文件进行计算。然后我们将评分进行排序，以验证我们的计算结果。拥有最高评分的单词–文档对表示的意思是：对于这个文档而言这些单词的相关性最高。

```
/* 生成文频 */
group_term_frequencies = group term_frequencies by term;

doc_term_count = foreach group_term_frequencies generate
    FLATTEN(term_frequencies) as (file_name, term,
        term_freq), COUNT_STAR(term_frequencies) as
            doc_freq;


/* 生成语料库中文档的数量 */
doc_groups = foreach (group file_and_sentence by file_name)
    generate group as file_name;

doc_count = foreach(group doc_groups all) generate
    COUNT(doc_groups) as n_docs;


/* 生成最终的tf-idf评分 */
scores = foreach doc_term_count generate file_name as
    file_name, term as term, term_freq *
        LOG((double)doc_count.n_docs/(double)doc_freq)
```

```
        as tf_idf;

ordered_scores = order scores by tf_idf ;
```

12.4.5　余弦相似度距离度量

在上一节我们看到了如何计算Tf-idf评分。一个文档可以表示为这个文档中出现的单词的Tf-idf评分向量。对于没有出现的单词，Tf-idf评分为0。有了这种向量表示的文档，接下来就会面临一个问题：如何找出两个文档之间的距离，或者以搜索引擎为例，如何找到文档与一个查询之间的距离。两个文档或者文档与查询之间的距离最小，意味着它们一定是最相似或者最相关。

距离的度量有多种。一种常用的距离度量是寻找欧几里得距离，或者说两个文档（或文档与查询）之间的向量的差。结果向量取决于减法中两个向量的长度。欧几里得距离会导致较长的文档之间更为相似，而不同大小的文档之间的相似性会被降低。这可能不是一种非常准确的、用来度量两个文档之间的距离的方法，特别是在文本分析的环境下：

```
|D1 - D2|
or
|D1 - Q|
```

如果考虑两个向量之间的夹角，文档距离的表达将更为准确。在文本分析中，两个文档的距离是计算两个Tf-idf文档向量的夹角的余弦值。文档与查询之间的距离计算也与之相同，因为查询是作为一个小文档来处理的。

从三角形的基本原理可知，如果两个向量间夹角的余弦值越大，那这两个向量代表的文档就越相似。0度角的余弦值是1，代表文档是相同的或者非常相似的。文档如果表现为正交向量，其值也接近于0，因为90度角的余弦值是0。

两个向量的余弦值可以由这两个向量的内积来计算，如下公式所示：

```
文档i和j的余弦相似度 = d1i * d1j +d2i * d2j + ... + dki * dkj
```

然后将结果除以两个向量的长度，以使得余弦相似度归一化。

12.4.6　使用k-means的聚类

k-means是一个广受欢迎的聚类算法。它被内置到Apache Mahout库并且能够运行在Hadoop上。它是一个非监督学习的方法，将数据点按照距离簇集中心点距离最小的原则来分组。

当指定数据点必须分入k个簇集时，可按如下方式实施k-means算法。

(1)第一步是初始化k个簇集的中心点。这些中心点是随机初始化的。有些情况下，如果事先已经对一些簇集有所了解，那么这些簇集的放置方式就是知晓的，这样可以减少算法的计算时间。

（2）在此例中，每个数据点，也就是文档的Tf-idf向量，会分配给最靠近的簇集中心。这种相似的概念是通过不同的距离或相似度来表示的。在前面我们已经学习了两种距离度量——欧几里得距离和余弦相似度距离。

（3）当所有的数据点都被分配完成后，下一步就是重新调整簇集的中心。对第2步中分配给簇集中心的所有点取平均值，根据这个平均值来调整簇集中心。

（4）第2步和第3步将不断循环直到收敛，或者达到了指定的迭代次数。

12.4.7　使用Apache Mahout进行k-means聚类

在本节，我们将会看到如何在Hadoop和Apache Mahout上运行k-means聚类。我们将在之前讨论的授权文档上执行这个聚类算法。

　　安装Apache Mahout需要从 http://mahout.apache.org 下载二进制安装包。下载后将文件提取出来，设置如下的环境变量，从而让Mahout知道Hadoop的安装信息：

```
export HADOOP_HOME=<Path to Hadoop installation folder>
export MAHOUT_HOME=<Path to Mahout installation folder>
export PATH=$PATH:$HADOOP_HOME/bin:$MAHOUT_HOME/bin
```

Mahout库有很多有趣的命令行选项。

我们将通过执行如下的命令行来检验Mahout提供的不同步骤和选项：

```
# 将授权文档转换成一个sequence文件。将所有文件合并成一个单一的文件。
bin/mahout seqdirectory -i /user/hadoop/grants -o
    /user/hadoop/grants-seqdir -c UTF-8 -chunk 5

# 使用seqdumper显示sequence文件。观察所有文件的构成。
bin/mahout seqdumper -i /user/hadoop/grants-seqdir/part-m-00000


# 从语料库生成所有统计信息，如tf、df和tf-idf。生成每个单词的ID，并构造字典文件。所有的向量都是稀疏的。
bin/mahout seq2sparse -i /user/hadoop/grants-seqdir/ -o
    /user/hadoop/grants-seqdir-sparse --maxDFPercent 85
        --namedVector

# 检测tf-idf向量。
bin/mahout seqdumper -i /user/hadoop/grants-seqdir-sparse/tfidf-
    vectors/part-r-00000

# 检测包含单词ID映射的字典文件。
bin/mahout seqdumper -i /user/hadoop/grants-seqdir-
```

```
            sparse/dictionary.file-0

# 使用tf-idf的余弦值作为距离度量，运行kmeans分入3个簇集。
bin/mahout kmeans -i /user/hadoop/grants-seqdir-sparse/tfidf-
    vectors/ -c /user/hadoop/grants-kmeans-clusters -o
        /user/hadoop/grants-kmeans -dm
            org.apache.mahout.common.distance.CosineDistanceMeasure
                -x 10 -k 3 -ow --clustering

# 使用cluster dump得到聚类的度量指标。
bin/mahout clusterdump -i /user/hadoop/grants-kmeans/clusters-*-
    final -o clusterdump -d /user/hadoop/grants-seqdir-
        sparse/dictionary.file-0 -dt sequencefile -b 100 -n 20 --
            evaluate -dm
                org.apache.mahout.common.distance.
CosineDistanceMeasure -sp 0 --
    pointsDir /user/hadoop/grants-kmeans/clusteredPoints
```

使用Apache Mahout运行k-means聚类的步骤如下所示。

(1) Mahout库有一个选项seqdirectory可以从一个目录创建SequenceFile。seqdirectory命令有很多选项，例如，设置使用的编码、块的大小（MB）和文件分析的类名字。在下面的例子，我们创建一个grants-seqdir文件，使用的是UTF-8编码和5 MB的文件块。

(2) seqdumper命令是Mahout库中查看序列化文件的一个很有用的工具。在下面的例子，我们将观察序列文件的一部分。每个记录的"键"是由文件名组成，而"值"由文件的内容组成。授权文档示例与下面的代码片段类似：

```
Key: /a9996416.txt: Value: Title : Inverse Diffraction
Problems in Optics
Type        : Award
NSF Org     : DMS
Latest
Amendment
Date        : September 13, 1999
File        : a9996416
Award Number: 9996416
Award Instr.: Standard Grant
Prgm Manager: Deborah Lockhart
              DMS DIVISION OF MATHEMATICAL SCIENCES
              MPS DIRECT FOR MATHEMATICAL & PHYSICAL SCIEN
Start Date  : August 16, 1999
Expires     : June 30, 2001 (Estimated)
```

(3) seq2spare是另一个很有用的命令行，它从序列文件创建向量。这个命令会输出两种类型的向量：第一种是以文档的ID和文档单词的向量组成的一个序列文件；第二种是由文档ID和Tf-idf评分向量组成的序列文件。seq2sparse命令使我们不用单独计算Tf-idf评分，且这个命令有很多的选项，例如，-namedVector创建一个带名字的向量，-maxDFPercent用于设置参与计算文频度量的文档数的最大百分比，-minDF用来设置某个单词的最小文频。在下面的例子中，我们使用命名向量和值为85的 `maxDFPercent` 来为授权文档创建向量。下面是 HDFS 中 grants-seqdir-sparse 目录的列表：

```
Found 2 items
-rw-r--r-- 3 sandeepkaranth supergroup 0 2014-09-09
15:14 grants-seqdir-sparse/df-count/_SUCCESS
-rw-r--r-- 3 sandeepkaranth supergroup 159253 2014-09-09
15:14 grants-seqdir-sparse/df-count/part-r-00000
Found 1 items
-rw-r--r-- 3 sandeepkaranth supergroup 162107 2014-09-09
15:14 grants-seqdir-sparse/dictionary.file-0
Found 1 items
-rw-r--r-- 3 sandeepkaranth supergroup 159233 2014-09-09
15:14 grants-seqdir-sparse/frequency.file-0
Found 2 items
-rw-r--r-- 3 sandeepkaranth supergroup 0 2014-09-09
15:14 grants-seqdir-sparse/tf-vectors/_SUCCESS
-rw-r--r-- 3 sandeepkaranth supergroup 646642 2014-09-09
15:14 grants-seqdir-sparse/tf-vectors/part-r-00000
Found 2 items
-rw-r--r-- 3 sandeepkaranth supergroup 0 2014-09-09
15:14 grants-seqdir-sparse/tfidf-vectors/_SUCCESS
-rw-r--r-- 3 sandeepkaranth supergroup 646642 2014-09-09
15:14 grants-seqdir-sparse/tfidf-vectors/part-r-00000
Found 2 items
-rw-r--r-- 3 sandeepkaranth supergroup 0 2014-09-09
15:14 grants-seqdir-sparse/tokenized-documents/_SUCCESS
-rw-r--r-- 3 sandeepkaranth supergroup 884092 2014-09-09
15:14 grants-seqdir-sparse/tokenized-documents/part-m-00000
Found 2 items
-rw-r--r-- 3 sandeepkaranth supergroup 0 2014-09-09
15:14 grants-seqdir-sparse/wordcount/_SUCCESS
-rw-r--r-- 3 sandeepkaranth supergroup 193944 2014-09-09
15:14 grants-seqdir-sparse/wordcount/part-r-00000
```

(4) 我们使用 `seqdumper` 命令行检测创建好的文件。Tf-idf 向量和包含单词 ID 映射的字典文件都使用 `seqdumper` 命令行检测。如下的输出给出了一个单独文件的 Tf-idf 向量和字典文件的片段：

```
Key: /a9996454.txt: Value:
/a9996454.txt:{3050:4.144606113433838,277:2.0784096717834473,501:3.9535505771636963,190:1.200166940689087,6974:2.745239496231079,998:3.8460910320281982,6977:1.9710510969161987,2819:2.483874797821045,2496:1.2779039144515991,1185:4.52409553527832,2039:1.704549789428711,4493:2.9781711101531982,4418:3.870169162750244,4868:3.5626842975616455,5574:4.786459922790527,5556:6.918078899383545,5802:4.449987411499023,779:5.297285556793213,1037:3.028601884841919,5024:3.655057668685913,6496:2.589235305786133,1246:5.009603500366211,7356:3.793208122253418,4662:3.5413002967834473,6829:3.756840467453003,4325:2.8123786449432373,2121:4.449987411499023,6497:5.292787075042725,2640:3.2604033946990967,1045:4.316456317901611,1542:5.075188636779785,643:5.143134593963623,2411:4.316456317901611,5123:7.907101154327393,5565:6.3307456970021484,4773:2.556445360183716,7500:3.1770219802856445,6687:5.080615043640137,2683:4.211770057678223,321:5.143134593963623,850:3.451458692550659,5807:3.1000609397888184,7750:5.479607105255127,6370:3.157219171524048,2868:5.9904327392578125,5561:2.276860475540161,3510:4.95756196975708,7066:4.691149711608887,5721:3.655057668685913,267
```

```
3:4.786459922790527,2397:4.604138374328613,5208:2.784979820251465,195:1.6337237358
093262,7737:3.3048553466796875,1856:8.246277809143066,1854:5.479607105255127,3564:
4.449987411499023,1402:3.451458692550659,7533:2.2746293544769287,1881:5.2972855567
93213,5236:2.493925094604492,5595:3.756840467453003,4947:2.589235305786133,5707:3.
081711769104004,6532:5.9904327392578125,4031:4.144606113433838,7249:2.840549707412
7197,4208:2.252763032913208,1902:4.997402191162109,5624:4.891820430755615,4676:1.9
650808572769165,7765:2.4770045280456543,1638:12.79179573059082,1637:4.604138374328
613,2995:2.930161714553833,4099:3.157219171524048,2778:5.143134593963623,5874:2.93
0161714553833,2483:8.76198959350586,574:5.143134593963623,3847:3.2199668884277344,
6704:4.786459922790527,3485:2.9146575927734375,3529:7.0053181648254395,7574:5.1431
34593963623,7608:3.4781270027160645,2697:4.198673248291016,3597:2.84804368019104,5
083:1.8686890602111816,2435:3.9109909534454346,2896:3.756840467453003,7386:5.47960
7105255127,6678:5.9904327392578125,4613:4.255831718444824,1526:4.691149711608887,4
517:5.26334810256958,4218:7.2734904289245605,2561:2.5044660568237305,2425:2.611708
164215088,7065:4.255831718444824,387:5.143134593963623,6800:3.687847375869751,6244
:2.635207414627075,3846:3.687847375869751,5904:2.352846384048462,3954:4.1446061134
33838,197:2.4069137573242188,6774:4.604138374328613,3235:3.756840467453003,7205:5.
143134593963623,1224:4.38099479675293,6898:2.473924398422241,32:1.2630447149276733
,601:5.143134593963623,3943:5.9904327392578125,2509:4.891820430755615,7181:3.47812
70027160645,3337:4.188774108886719,3860:2.6702041625976562,6963:4.198673248291016,
7216:3.5336968898773193,3925:4.152933120727539,1863:5.7027506828308105}
Input Path: /user/sandeepkaranth/grants-seqdir-sparse/dictionary.
file-0
...
Key: zirconia: Value: 7871
Key: znati: Value: 7872
Key: zoe: Value: 7873
Key: zone: Value: 7874
Key: zones: Value: 7875
Key: zooplankton: Value: 7876
Key: zygotes: Value: 7877
Key: zygotic: Value: 7878
```

(5) 一旦我们得到了授权文件的向量表达形式，就可以运行k-means聚类算法了。Mahout库有
kmeans命令行可以用于运行这个聚类算法。我们选择的距离度量是余弦距离度量，可以通过-dm
选项来指定。它通过org.apache.mahout.common.distance.CosineDistanceMeasure类
实现。在下面的例子中，我们通过-k选项指定簇集的数量为3。-x选项用于指定迭代的最大数量，
在此例中设置为10。

(6) 我们使用Mahout支持的clusterdump命令行查看k-means聚类算法输出的结果。
clusterdump命令行有很多精心设计的选项，例如，-b选项允许用户选择待显示文件中的字符
数量，-n选项基于Tf-idf分值显示最高的n个单词，-evaluate选项将对输入进行评估。如下的片
段显示了clusterdump命令行的输出：

```
14/09/09 15:45:51 INFO evaluation.ClusterEvaluator: Scaled Inter-Cluster Density =
0.6053257638783347
14/09/09 15:45:51 INFO evaluation.ClusterEvaluator: IntraCluster Density[277] =
0.6828160148795702
14/09/09 15:45:51 INFO evaluation.ClusterEvaluator: IntraCluster Density[423] =
0.6729720492208191
```

```
14/09/09 15:45:51 INFO evaluation.ClusterEvaluator: IntraCluster Density[97] =
0.6610114589088609
14/09/09 15:45:51 INFO evaluation.ClusterEvaluator: Average Intra-Cluster Density =
0.6722665076697502
14/09/09 15:45:51 INFO clustering.ClusterDumper: Wrote 3 clusters
```

12.5 RHadoop

R是一种用于统计学、数据科学和可视化的编程语言，拥有大量包可以导入，以完成特定的或自定义的任务。它还有超过5000个数据分析算法库的实现。这些算法可以很方便地用于各种数据分析任务，远远超过Apache Mahout所支持的数据分析任务。使用R语言的社区不仅范围广，而且非常活跃。

然而，R有两个缺点：在内存中执行；对多线程的支持有限。R的缺点使得其不适合大数据，因为在这种环境下基于磁盘的分析和分布式是必不可少的因素。一种替代方案是在Hadoop Streaming中使用R程序，但这个建议其实很无聊，因此我们必须来展望一下RHadoop。RHadoop也使用Hadoop Streaming作为执行R脚本的底层原理，但是消除了原始流处理中很多让人烦恼的方面。RHadoop的一些优点如下所示。

❑ 它无需在MapReduce中手动编写R功能。内置的库函数自动为用户实现这个功能。
❑ 它允许从HDFS读取和写入数据。
❑ 它允许同一个R脚本既在本地也在集群中运行。

RHadoop包含5个R包，可以用于在Hadoop中分析数据，具体如下所示。

❑ ravro：这是一个用于帮助序列化和反序列化的R包，它可以使用Avro数据格式。
❑ rmr：这是一个用R语言实现的提供MapReduce功能的R包。
❑ rhdfs：这是一个用R语言实现的提供管理HDFS文件功能的R包。
❑ rhbase：这是一个用R语言实现的提供管理HBase数据库功能的R包。
❑ plyrmr：这是一个用于处理结构化数据的R包，类似于plyr。这个包使用rmr作为底层框架。

12.6 小结

Hadoop对于大数据转换和处理是一个非常有用的工具，它可以很方便地用于数据分析工作流的各个阶段。数据分析更加关注的是数据而不是算法。较大规模的数据会使预测值几乎翻番。数据科学家应该更担心数据清洗、转换、特征提取和结果验证，而不是分析所实际使用的算法。当然，这并不是说分析算法的选择就不重要，而是说，对于有效的决策过程而言，其他的一些因素也同样重要和关键。

12

本章学到的主要内容如下所示。

- Hadoop通常在数据规模等于或超过1 TB时才使用，但是它简单易用的函数编程概念也吸引人们将其用在较小规模的数据上。这样做也无可厚非，只是要清楚这么做会引入更高的延时。
- 数据挖掘这个分支学科是从数据中发觉模式和知识。机器学习为数据挖掘提供了工具。
- 机器学习的算法分为监督学习、非监督学习和半监督学习。监督学习要求领域专家为数据打标签，这个过程非常昂贵。现在有一些新式众包方法可以收集标签数据，其中一个便是使用亚马逊的Mechanical Turk。
- Apache Mahout和RHadoop是Hadoop上很受欢迎且广受支持的数据分析库。从2014年4月开始，Apache Mahout停止接受使用MapReduce模式实现的算法。然而，库中已存在的条目还是支持Hadoop的。使用这些算法时，一定要检查算法库的实现是否实现并行化，因为这些库也接受非并行化的单机实现。
- Tf-idf是一个很受欢迎的文本分析度量指标。它既考虑了一个单词在一个文档中的普及度，也通过观察文档源的语料库来折衷那些无区分意义的单词。余弦距离被用于度量文档间的距离，而欧几里得距离之所以不合适，是因为文档的长度会使结果造成很大差异。

微软Windows中的Hadoop

传统上，Hadoop支持在基于Unix的操作系统上运行。在微软Windows上安装Hadoop显得繁琐且不兼容，这需要安装基于Unix的模拟器（如Cygwin），安装步骤类似于在Unix系统上安装Hadoop。还可以在Windows主机上运行Linux虚拟机，然后在虚拟机上安装Hadoop。但是Hadoop一直都不能原生地支持微软Windows操作系统，直到Hadoop 2.0的出现。

现在所有的大玩家都移到了云上，因此Hadoop即服务的概念变得流行起来。利用此服务在云端分析大数据，是一条便捷且实惠的途径。微软通过Azure云服务套件也加入了云服务浪潮。微软Azure云服务不仅支持Linux虚拟机，而且也提供HaaS。如Hortonworks这样的玩家与微软展开合作，一起引领Hadoop进入Windows。

Hadoop对微软Windows的原生支持之所以变得极为重要，原因如下所示。

❑ 众所周知，微软Windows拥有优秀的商业智能工具。这些工具通过分析和可视化企业级数据来帮助做出有影响力的决策，其中一些典型工具如Microsoft Excel、PowerPivot for Excel和PowerView。利用Hadoop存储和处理大数据能释放这些Windows原生工具的潜能。

❑ SQL Server及相关技术是原生的Windows数据库解决方案，在很多企业中都广泛部署。它们符合企业级存储并管理结构化数据的需求。随着Windows上的Hadoop变得原生化，非结构化数据也可以和结构化数据结合一起来帮助做出富有洞察力的决策。对企业来说，其中涉及的迁移和学习成本几乎为零。

在本章，我们将学习如何在微软Windows上部署单节点Hadoop。

在微软 Windows 上部署 Hadoop

在本节，我们将详细了解如何在Windows系统上原生地构建和安装Hadoop。我们会使用Windows 8来安装Hadoop。安装步骤同样适用于Windows Server 2008或Windows 7。我们会将Hadoop安装在运行64位硬件的64位的Windows操作系统上。

前提条件

为了在Windows上安装Hadoop，首先需要安装以下平台、软件和工具。

❑ Java JDK：Java是Hadoop的灵魂，必须安装在机器上。Oracle中的Java有Java Runtime Environment（JRE）和Java Development Kit（JDK）。安装Hadoop需要JDK。从Oracle网站上可以获得JDK。再次重申，一定要选择版本高于1.6的JDK。我们将选择最新版——JDK 1.8。以下屏幕截图展示了可以下载JDK的页面。本例中，我们选择Windows x64的产品。32位的用户可以选择Windows x86的产品。下载大小约170 MB。一旦下载完毕，可以使用下载包中的安装程序进行安装。为JDK选择合适的处理器架构和OS很重要，否则会导致出乎意料的不利后果。

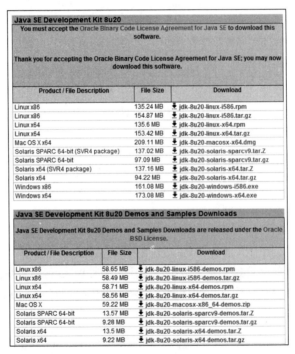

❑ 设置Path变量：现在需设置Windows Path环境变量，这样命令行工具才能直接从路径中获取Java可执行文件。在Windows控制面板（control panel）里的系统属性（system property）下，有个环境变量（environment variables）按钮。点击这个按钮会弹出环境变量对话框。如果合适的环境变量已经存在，那么可以选中后进行编辑，否则我们需全新创建一个。我们使用现存的Path变量，并添加Java二进制文件的bin目录。在之前的例子中，目录是C:\Program Files\Java\jdk1.8.0_20\bin\。需用分号隔开不同的路径，这很重要。可以打开命令提示符，然后键入java -version来测试路径是否正确。以下屏幕截图展示了如何设置Path环境变量：

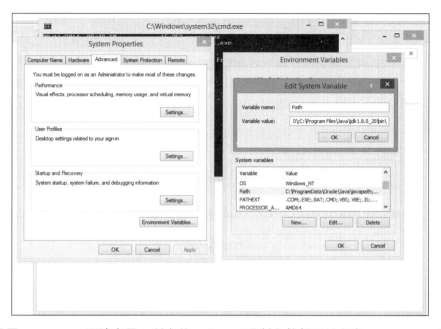

❑ **设置JAVA_HOME环境变量**：所有的Hadoop二进制文件都通过查询JAVA_HOME目录来选择Java的版本。一定要在开始部署和使用Hadoop之前设置这个变量。再次使用环境变量对话框来设置这个变量。这次，我们不使用编辑，而是点击新建（new）按钮来添加一个变量。在下例中，我们设置JAVA_HOME为C:\Progra~1\Java\jdk1.8.0_20。这里需要注意的一点是，Program Files目录被缩写成8字目录，称为Progra~1。这是因为Hadoop无法处理路径中的空格。Windows操作系统理解这种8字格式，因为它是一个遗留特性。以下屏幕截图展示了如何实际设置JAVA_HOME环境变量。

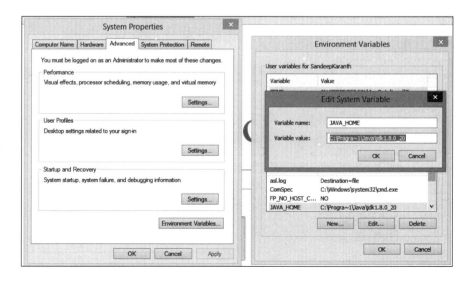

- ❏ 下载Hadoop源代码：我们从最近的镜像站点下载Hadoop源代码。下载源代码，编译源代码，然后把Hadoop部署在Windows上，这对于原生支持很重要。当在Windows上部署Hadoop二进制包时，会抛出错误。以后可能会支持使用二进制包安装Hadoop。我们选择安装Hadoop的最新版本，Hadoop 2.5.0。如以下屏幕截图所示，我们只下载tar格式的源码文件，hadoop-2.5.0-src.tar.gz。这个源码包可以解压到一个本地目录。下载大小约为15 MB。

  本例中，我们下载并解压源码包到目录C:\hdp\hdp下。短目录名是有好处的。Windows对目录名有最大字符数的限制。

- ❏ Protobuf编译器：Protobuf是一种序列化格式，Hadoop构建的过程中需要这个编译器。需要下载Windows版的编译器二进制文件。本例中，我们选择protoc-2.5.0-win32.zip，下载页面如以下屏幕截图所示。一旦下载完毕并完成解压，我们使用环境变量对话框把protobuf编译器的bin目录添加到Path中。

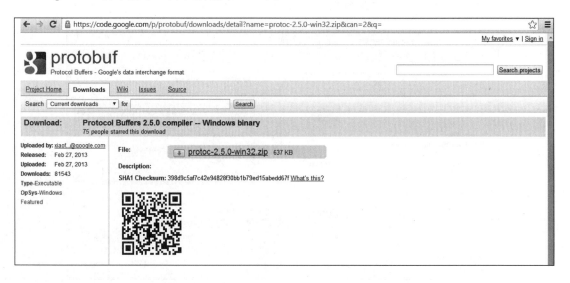

❑ **Maven构建系统：**Hadoop使用Maven构建系统进行构建。这个构建系统在pom.xml文件中对项目进行了规范化的描述，这个文件位于Hadoop源码的root目录下。为了在Windows上安装Maven，我们可以访问Maven项目页面，然后下载最新的Apache Maven二进制包。我们选择的版本为3.2.3。一旦下载完毕就解压ZIP文件，为了便于使用，需再次把bin目录添加到Path环境变量中。

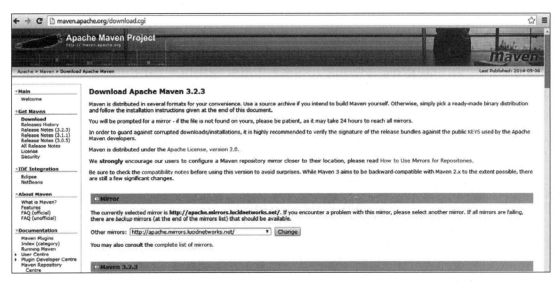

❑ 下一个重要步骤是下载Windows SDK。如果你使用x86机器，那就一定要获取x86构建工具。如果不是，用户则需要获取x64构建工具。安装高SKU的Visual Studio会需要安装所有的必要工具。本例中，我们将安装Visual Studio Express C++ 2010，这是一个免费的Visual Studio。这个 Visual Studio SKU不包含Windows SDK。我们需单独安装Windows SDK。安装Windows SDK的版本是7.1。为了验证SDK已安装完毕，你可以查看机器里的C:\Program Files\Microsoft SDKs\Windows 文件夹。对于x86的机器，相关文件夹是C:\Program Files(x86)\Microsoft SDKs\Windows。在Path环境变量中包含SDK的bin目录也很重要，这样在构建中就能自动获取SDK。也可以安装CMake来替代Windows构建工具，但这需要用户更改Hadoop源码中pom.xml文件的一些配置。

构建 Hadoop

一旦准备就绪，就能构建和打包Hadoop了。为了构建Hadoop，你需打开Microsoft Visual Studio命令提示符。它会设置一些必要的环境配置。此外，还需注意以下几点。

(1) 根据Hadoop部署的要求，设置Platform环境变量为x64或Win32，这很重要。可使用如下命令完成设置：

```
set Platform=x64
```

对于Win32，使用如下命令：

```
set Platform=Win32
```

(2) 保证环境变量名称的正确性，这一点很重要。这个变量是区分大小写的，并用于指导Visual Studio项目文件使用正确的构建配置。

(3) 下一步则是真正执行Maven构建命令。命令mvn package-Pdist,native-win-Dskip-Tests-Dtar用于启动构建。当生成Javadocs的时候，如果使用较新的JDK会产生解析错误。可以使用老版JDK（如1.7）或跳过生成Javadocs来解决这个问题。若要跳过生成Javadocs，需要在Maven打包（package）命令中添加-Dmaven.javadocs.skip=true选项。以下屏幕截图展示了构建的最终结果。标准输出中的汇总信息显示了每步构建的状态。一旦构建遇到失败，那么将跳过其余步骤。在构建过程中，一定要确保计算机与互联网连通，这很重要。在构建过程中，Maven会自动地从已配置的二进制软件仓库中下载依赖软件。

(4) 构建会生成一个目标（target）目录。在目标目录中，Hadoop的二进制文件、示例以及配置文件都会被打包到一个TAR压缩文件中。本例产生的文件是hadoop-2.5.0.tar.gz。我们把文件内容解压到C:\hdp\hdp目录。

配置 Hadoop

在本节，我们将会看到在Windows上部署Hadoop单节点的不同配置设置。

(1) Hadoop-env.cmd文件位于etc\hadoop目录下，此目录在Hadoop安装路径的根目录下。这个目录是Hadoop的配置目录。为了正确地执行Hadoop守护进程，需要在hadoop-env.cmd文件中设置正确的环境变量信息。其中最重要的配置是设置JAVA_HOME环境变量。我们同样需设置HADOOP_HOME为Hadoop安装路径的根目录，Hadoop的二进制文件和配置文件都在这个目录下。HADOOP_CONF_DIR和YARN_CONF_DIR环境变量分别设置为Hadoop和YARN的配置目录。本例中YARN的配置目录和Hadoop的配置目录是一样的。我们同样需要添加Hadoop目录到Path变量。以下脚本片段是hadoop-env.cmd脚本文件的一个样例：

```
@rem The java implementation to use. Required.
set JAVA_HOME=%JAVA_HOME%

set HADOOP_HOME=c:\hdp\hdp

@rem The jsvc implementation to use. Jsvc is required to run secure datanodes.
@rem set JSVC_HOME=%JSVC_HOME%

set HADOOP_CONF_DIR=%HADOOP_HOME%\etc\hadoop

set YARN_CONF_DIR=%HADOOP_CONF_DIR%
set PATH=%PATH%;%HADOOP_HOME%\bin

@rem Extra Java CLASSPATH elements. Automatically insert capacity-scheduler.
if exist %HADOOP_HOME%\contrib\capacity-scheduler (
    if not defined HADOOP_CLASSPATH (
        set HADOOP_CLASSPATH=%HADOOP_HOME%\contrib\capacity-
            scheduler\*. jar
    ) else (
        set HADOOP_CLASSPATH=%HADOOP_CLASSPATH%;%HADOOP_HOME%
            \contrib\capacity-scheduler\*.jar
    )
)

@rem The maximum amount of heap to use, in MB. Default is 1000.
@rem set HADOOP_HEAPSIZE=
@rem set HADOOP_NAMENODE_INIT_HEAPSIZE=""

@rem Extra Java runtime options. Empty by default.
@rem set HADOOP_OPTS=%HADOOP_OPTS% -
Djava.net.preferIPv4Stack=true
```

```
@rem Command specific options appended to HADOOP_OPTS when specified
if not defined HADOOP_SECURITY_LOGGER (
    set HADOOP_SECURITY_LOGGER=INFO,RFAS
)
if not defined HDFS_AUDIT_LOGGER (
    set HDFS_AUDIT_LOGGER=INFO,NullAppender
)

set HADOOP_NAMENODE_OPTS=-
    Dhadoop.security.logger=%HADOOP_SECURITY_LOGGER% -
        Dhdfs.audit.logger=%HDFS_AUDIT_LOGGER%  %HADOOP_NAMENODE_OPTS%
set HADOOP_DATANODE_OPTS=-Dhadoop.security.logger=ERROR,RFAS
    %HADOOP_DATANODE_OPTS%
set HADOOP_SECONDARYNAMENODE_OPTS=-
    Dhadoop.security.logger=%HADOOP_SECURITY_LOGGER% -
        Dhdfs.audit.logger=%HDFS_AUDIT_LOGGER%
            %HADOOP_SECONDARYNAMENODE_OPTS%

@rem The following applies to multiple commands (fs, dfs, fsck, distcp etc)
set HADOOP_CLIENT_OPTS=-Xmx512m %HADOOP_CLIENT_OPTS%
@rem set HADOOP_JAVA_PLATFORM_OPTS="-XX:-UsePerfData
    %HADOOP_JAVA_PLATFORM_OPTS%"

@rem On secure datanodes, user to run the datanode as after dropping privileges
set HADOOP_SECURE_DN_USER=%HADOOP_SECURE_DN_USER%

@rem Where log files are stored. %HADOOP_HOME%/logs by default.
@rem set HADOOP_LOG_DIR=%HADOOP_LOG_DIR%\%USERNAME%

@rem Where log files are stored in the secure data environment.
set HADOOP_SECURE_DN_LOG_DIR=%HADOOP_LOG_DIR%\%HADOOP_HDFS_USER%

@rem The directory where pid files are stored. /tmp by default.
@rem NOTE: this should be set to a directory that can only be written to by
@rem       the user that will run the hadoop daemons.
    Otherwise there is the
@rem       potential for a symlink attack.
set HADOOP_PID_DIR=%HADOOP_PID_DIR%
set HADOOP_SECURE_DN_PID_DIR=%HADOOP_PID_DIR%

@rem A string representing this instance of hadoop. %USERNAME% by default.
set HADOOP_IDENT_STRING=%USERNAME%
```

　　(2) 接着我们会配置core-site.xml文件。其中最重要的配置是设置fs.default.name为HDFS NameNode 的主机地址和端口。本例中，因为是单节点部署，所以配为localhost，端口是19000。以下配置片段展示了这个设置：

```
<configuration>
    <property>
        <name>fs.default.name</name>
        <value>hdfs://0.0.0.0:19000</value>
    </property>
```

```
</configuration>
```

(3) 我们接着配置hdfs-site.xml文件。在这里，我们设置复制因子为1，因为我们是Hadoop单节点部署。以下配置片段展示了这个设置：

```
<configuration>
    <property>
        <name>dfs.replication</name>
        <value>1</value>
    </property>
</configuration>
```

(4) mapred-site.xml也需要配置，并且指向Hadoop 2.X的YARN。%USERNAME%元素会替换成提交作业时所用的用户名。以下配置片段展示了mapred-site.xml文件样例。如果该文件不存在，可以复制位于配置目录的mapred-site.xml.template文件。

```
<configuration>
    <property>
        <name>mapreduce.job.user.name</name>
        <value>%USERNAME%</value>
    </property>
    <property>
        <name>mapreduce.framework.name</name>
        <value>yarn</value>
    </property>
    <property>
        <name>yarn.apps.stagingDir</name>
        <value>/user/%USERNAME%/staging</value>
    </property>
    <property>
        <name>mapreduce.jobtracker.address</name>
        <value>local</value>
    </property>
</configuration>
```

(5) yarn-site.xml用于配置ResourceManager和NodeManager守护进程。这些配置包括守护进程的地址和端口以及日志目录，还有指定的洗牌处理器。以下配置片段展示了YARN守护进程的样例配置：

```
<configuration>
    <property>
        <name>yarn.server.resourcemanager.address</name>
        <value>0.0.0.0:8020</value>
    </property>
    <property>
        <name>yarn.server.resourcemanager.application.expiry.interval</name>
        <value>60000</value>
    </property>
     <property>
        <name>yarn.server.nodemanager.address</name>
        <value>0.0.0.0:45454</value>
```

```
            </property>
             <property>
                <name>yarn.nodemanager.aux-services</name>
                <value>mapreduce_shuffle</value>
            </property>
            <property>
                <name>yarn.nodemanager.auxservices.mapreduce.shuffle.class</name>
                <value>org.apache.hadoop.mapred
                    .ShuffleHandler</value>
            </property>
            <property>
                <name>yarn.server.nodemanager.remote-app-logdir</name>
             <value>/app-logs</value>
            </property>
            <property>
                <name>yarn.nodemanager.log-dirs</name>
                <value>/dep/logs/userlogs</value>
            </property>
            <property>
                <name>yarn.server.mapreduce-appmanager.attemptlistener.bindAddress</name>
                <value>0.0.0.0</value>
            </property>
            <property>
                <name>yarn.server.mapreduce-appmanager.clientservice.
                    bindAddress</name>
                <value>0.0.0.0</value>
            </property>
            <property>
                <name>yarn.log-aggregation-enable</name>
                <value>true</value>
            </property>
            <property>
                <name>yarn.log-aggregation.retain-seconds</name>
                <value>-1</value> </property>
            <property>
                <name>yarn.application.classpath</name>
                <value>%HADOOP_CONF_DIR%,%HADOOP_COMMON_HOME%/share/hadoop/common/*,%HADOOP
                _COMMON_HOME%/share/hadoop/common/lib/*,%HADOOP_HDFS_HOME%/share/hadoop/
                hdfs/*,%HADOOP_HDFS_HOME%/share/hadoop/hdfs/lib/*,%HADOOP_MAPRED_HOME%/
                share/hadoop/mapreduce/*,%HADOOP_MAPRED_HOME%/share/hadoop/mapreduce/lib
                /*,%HADOOP_YARN_HOME%/share/hadoop/yarn/*,%HADOOP_YARN_HOME%/share/hadoop/
                yarn/lib/*</value>
            </property>
        </configuration>
```

部署 Hadoop

一旦配置完毕，就可以启动Hadoop守护进程了。部署需执行以下几个步骤。

(1) 启动守护进程之前，我们可以使用以下命令格式化NameNode。

```
hdfs namenode -format
```

以下屏幕截图展示了格式化命令的执行结果。现在HDFS已被格式化，并可以使用了。由于没有指定一个特定目录名，所以NameNode会使用C:\tmp目录来存放所有的元数据。

(2) 我们接着启动HDFS守护进程，即NameNode和DataNode。使用`start-dfs.cmd`可以启动它们。这个命令脚本位于%HADOOP_HOME%\sbin目录中。Windows防火墙可能会弹出一个通知，询问用户是否允许守护进程在防火墙中打开一个监听端口。一定要允许重新配置防火墙，这样才可以让DataNode与NameNode互相通讯。以下屏幕截图展示了Windows Firewall的访问认可界面。

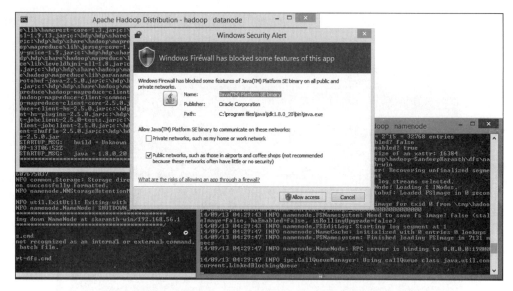

一旦授权了访问权限，那么NameNode和DataNode会在两个单独的命令窗口中启动，如以下屏幕截图所示。在这两个窗口中，可以查阅每个HDFS操作的标准输出结果。一旦这些守护进程都启动并运行了，可以使用HDFS文件系统命令来测试验证HDFS。在开始测试前，你可能得使用`mkdir`命令来创建用户目录。

NameNode和DataNode的命令窗口

(3) 接下去，我们得启动YARN用于运行MapReduce作业。可以使用start-yarn.cmd文件来启动YARN，此文件位于sbin目录下。ResourceManager和NodeManager也是在两个单独的命令窗口中启动，如以下屏幕截图所示。这些窗口中的标准输出结果可以用于跟踪调试ResourceManager和NodeManager。

ResourceManager和NodeManager的命令窗口

（4）在浏览器中打开localhost:50070，用户就能在Web端查看HDFS。其主页如以下屏幕截图所示。这个主页展示了HDFS健康度概况和不同的配置参数。

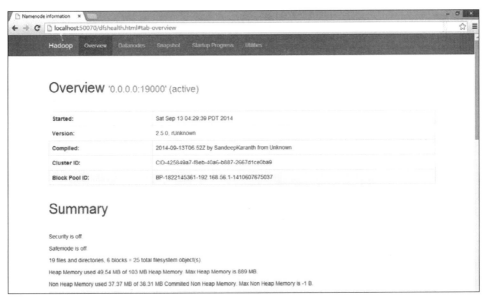

（5）在顶部栏中选择 Datanodes链接可以查看HDFS中不同的DataNode及其相关健康度，如以下屏幕截图所示：

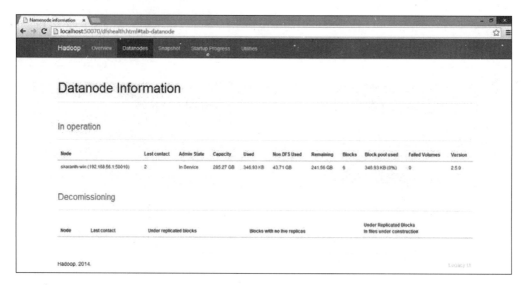

(6) 顶部栏中的startup progress链接展示了HDFS启动时的健康度。其中包括NameNode启动时有关fsimage和edits文件的统计信息。它同时也标明了HDFS是否处于安全模式。

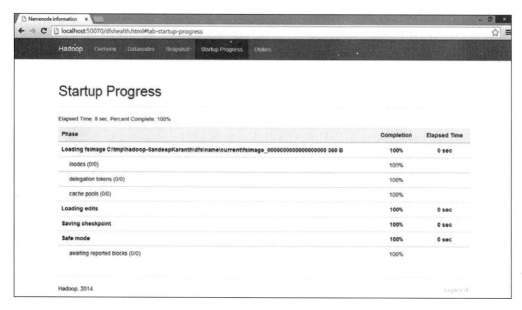

(7) utilities链接有两个选项：一个是浏览HDFS，另一个是查看日志文件。基于查询框的浏览功能用于查询HDFS目录结构。每个文件的列表信息，类似于在目录上执行`hdfs dfs -ls`返回的结果。它同时也展示了有关块大小的统计信息和一个深度链接用于查看文件内容。

Hadoop, 2014.

小结

云计算因其伸缩性和成本高效性渐渐成为了焦点，所以微软也加入了这个领域与其他对手竞争。为了公平竞争，微软Azure不仅支持基于Linux的虚拟机，同时也支持开源大数据系统，如Hadoop。HDInsight基于微软Azure提供HaaS服务。

本章学到的主要内容如下所示。

- □ 如今Hadoop原生支持Windows，无需在Windows操作系统上安装Unix模拟器或Linux虚拟机。
- □ Hadoop Windows原生支持版不具备两个特性：安全特性和短路径HDFS读取（short-circuit HDFS read），这两个特性还没有集成到这个系统中。
- □ Hadoop Windows需要从头构建Hadoop。目前还没有可供直接下载的Windows版Hadoop二进制包。
- □ HDInsight，即基于微软Azure提供的HaaS，支持与Excel无缝集成，还能和其他平台集成，如Hortonworks Data Platform。

版权声明

站在巨人的肩上
Standing on Shoulders of Giants

TURING
图灵教育

iTuring.cn

站在巨人的肩上
Standing on Shoulders of Giants

iTuring.cn